教与思

生物统计学
素质教育实践

侯沁文

编著

江苏大学出版社
JIANGSU UNIVERSITY PRESS

镇 江

图书在版编目(CIP)数据

教与思 ：生物统计学素质教育实践 / 侯沁文编著
. — 镇江 ：江苏大学出版社，2023.12
ISBN 978-7-5684-2046-4

Ⅰ. ①教… Ⅱ. ①侯… Ⅲ. ①生物统计－素质教育－
教案(教育) Ⅳ. ①Q－332②G40－012

中国国家版本馆 CIP 数据核字(2023)第 213730 号

教与思：生物统计学素质教育实践

编　　著/侯沁文
责任编辑/李菊萍
出版发行/江苏大学出版社
地　　址/江苏省镇江市京口区学府路 301 号(邮编：212013)
电　　话/0511-84446464(传真)
网　　址/http：//press.ujs.edu.cn
排　　版/镇江市江东印刷有限责任公司
印　　刷/南京玉河印刷厂
开　　本/718 mm×1 000 mm　1/16
印　　张/13.25
字　　数/242 千字
版　　次/2023 年 12 月第 1 版
印　　次/2023 年 12 月第 1 次印刷
书　　号/ISBN 978-7-5684-2046-4
定　　价/66.00 元

如有印装质量问题请与本社营销部联系(电话：0511-84440882)

前　言

　　为深入贯彻落实习近平新时代中国特色社会主义思想,贯彻落实习近平总书记关于教育的重要论述,特别是在学校思想政治理论课教师座谈会上的重要讲话精神,2019年,中共中央办公厅、国务院办公厅印发《关于深化新时代学校思想政治理论课改革创新的若干意见》,指出教育应以立德树人为根本任务,全面推进课程思政建设,解决好培养什么人、怎样培养人、为谁培养人这个根本问题,坚持不懈用习近平新时代中国特色社会主义思想铸魂育人。2020年,《教育部关于印发〈高等学校课程思政建设指导纲要〉的通知》指出,应把思想政治教育贯穿人才培养体系,全面推进高校课程思政建设,发挥好每门课程的育人作用,提高高校人才培养质量。2021年,国家教材委员会印发《习近平新时代中国特色社会主义思想进课程教材指南》,明确要求把习近平新时代中国特色社会主义思想全面融入课程教材,覆盖各学段,落实立德树人根本任务,培养德智体美劳全面发展的社会主义建设者和接班人。

　　应用型本科院校应坚持以习近平新时代中国特色社会主义思想为指导,全面贯彻党的教育方针,以立德树人为根本任务,牢固树立创新发展理念,遵循教育教学规律,建设既具有学校特色,又符合时代发展需求和市场需求的高质量教材。为切实落实本科专业类教学质量国家标准和一流专业建设的基本要求,充分发挥教材在课程思政建设中的关键作用,根据《长治学院校本应用型本科教材建设与管理办法》(长学院字〔2022〕74号)的相关规定,学校组织开展了2022年校本教材立项申报工作。

　　"生物统计学"是利用数理统计方法研究生物现象规律的应用统计学课程,是生物科学、环境生态工程、生物技术等专业的工具性课程。该课程具有理论与实践的双重性,要求结合实际生物学问题,培养学生的统计思维能力。然而,该课程在实际教学中存在较多困难和问题,尤为突出的是:第一,在有限的课堂学习时间内,学生只能完成理论知识的学习,不能深入理解统计原理和方法,数学基础不好的学生存在畏惧心理;第二,教学过程不能体现以学生为中心,学生缺乏学习该课程的兴趣和动机，教师和学生互动效率不高。

考虑到上述原因，本书作为"生物统计学"课程的辅助资料，通过以下三种方式助力教学改革，提升课堂教学效果。第一，增加案例，突出应用，与实际生物学问题、人类生活生产实践紧密结合。编著者本着以"实践为主，理论为辅"的原则，紧紧围绕统计分析思路，引出相关教学任务，并为学生提供完成任务所需的信息资源。引入的案例贴近学生的学习与生活实际，既能充分体现理论与实践的双重性，又能突出实践应用性。第二，融入思政，凸显育人。例如：从统计学发展历史出发，培养学生"艰苦奋斗，永不言败"的精神；从马克思主义哲学思想出发，培养学生的辩证唯物主义思想；从具体经典生物统计案例出发，唤醒学生的学习热情，增长学生的见识；从"文化—中华优秀文化—中华民族精神（太行精神）"的传承关系出发，帮助学生理解"数据—描述统计—推断统计"数据分析的逻辑关系，激发学生"爱国爱家，根植于心"的情怀，引导学生认同并践行社会主义核心价值观，促使学生素质能力得到全面的发展。第三，选择恰当的课程素质教育元素的融入方式，提出生物统计学课程思政融入的新思路：采用"谚语（成语）故事案例+课程思政"、"生活故事案例+课程思政"和"课程思政嵌入生物统计学的概念和原理"等方式开展教学，基于 BOPPPS 教学模式将素质教育元素融入生物统计学的教学全过程，激发学生的学习兴趣，唤醒学生的学习热情，帮助学生理解知识，增长见识，培育综合概括能力和利用统计方法处理生物学问题的能力。

本书的出版得到了山西省"1331 工程"重点学科建设计划的经费支持。在本书编写和出版过程中，长治学院生命科学系生物统计学课程组教师以及其他部分专业教师提出了重要建议，江苏大学出版社编辑部编辑和校对人员予以仔细审校，确保了准确性和可读性。书中内容大部分是编著者结合自身工作和实际生活所撰写的，另有部分案例引自书中所列参考文献，这些文献来源于各种学术研究、技术报告、实践经验等，它们为书中的内容提供了有力的支持和佐证。在此，对这些文献的原作者致以衷心的感谢和敬意。尽管我们尽力确保内容的准确性和完整性，但仍然可能存在一些疏漏。恳请广大读者在使用本书的过程中，对发现的问题和不足之处提出宝贵的意见和建议，以便本书能够在辅助生物统计学教学中发挥更大的作用。对此，编著者深表感激。编著者的电子邮箱地址是 cy12003223@czc.edu.cn。您的反馈和建议是我们改进和提高的动力，我们非常重视您的意见和建议，感谢您的支持和关注。

侯沁文

2023 年 12 月

目 录

第1章 绪 论

统计学(Statistics)是从数据中提取信息的一门学科,其发展历程分为三个阶段,即古典记录统计学、近代描述统计学和现代推断统计学。生物统计学是概率论与数理统计的原理和方法在生物学中的应用,具体可分为研究设计、资料搜集、资料整理、数据分析和数据解释四个步骤,也可分为实验设计和统计分析两个阶段。统计学的常用术语有同质(homogeneity)和变异(variation)、总体(population)和样本(sample)、参数(parameter)与统计量(statistic)、准确度(accuracy)与精密度(precision)、随机误差(random error)与系统误差(systematic error)等。

◎ 案例一——研究设计

一、素质教育目标

1.引导学生思考"好的计划是成功的一半"这句话的深刻含义,让学生认识到合理计划的重要性。

2.引导学生从小事做起,从身边做起,从点滴做起,努力夯实自身的知识和综合能力基础,不懈奋斗。

二、教学内容

研究设计包括实验设计和调查设计,其中实验设计根据研究对象不同,分为实验研究(植物、动物和标本)和临床研究(人)。研究设计的内容包括对资料搜集、整理和分析全过程的设想与安排。

1. 实验设计

实验设计有广义与狭义之分。广义的实验设计是指实验研究课题的设计,即整个实验方案的制订,包括课题名称、实验目的、研究依据、研究内容及预期结果、实验单位的选择、重复次数的确定、实验单位的分组、实验记录项目及要求、实验结果分析方法、经济效益或社会效益评估,以及现有条件分析、需购置仪器设备、参与研究人员分工、实验时间、实验地点、进度安排和预算、成果评价、学术论文的撰写等。狭义的实验设计主要是指实验单位的选择、重复次数的确定、实验单位的分组等。生物统计学中的实验设计一般是指狭义的实验设计。合理的实验设计可以控制和减少实验误差，提高实验精度，并为统计分析提供必要的数据，以获得对实验处理效果和实验误差的无偏估计。

2. 调查设计

调查设计也有广义与狭义之分。广义的调查设计是指制订整个调查计划，包括调查研究的目的、对象和范围，调查项目和问卷，抽样方法的选择，抽样单位和抽样数量的确定，调查组织工作，数据分析方法，调查报告的撰写及预算等内容。狭义的调查设计主要包括抽样方法的选择、抽样单位和抽样数量的确定等。生物统计学中的调查设计主要是指狭义的调查设计。合理的调查设计可以控制和减少抽样误差，提高调查精度，为总体参数的可靠估计提供必要的数据。

简而言之，实验或调查设计主要解决如何以合理的方式收集必要的和有代表性的数据的问题。

三、素质教育元素

1. 研究工作者要提前制订好研究计划，研究行动要科学规范，思想要坚定，以培养"合理规划"的科学品质

春天是万物复苏的季节，春天是生机勃勃的季节，春天是播种希望的季节。明无名氏《白兔记·牧牛》中提到："一年之计在于春，一生之计在于勤，一日之计在于寅。春若不耕，秋无所望。寅若不起，日无所办。少若不勤，老无所归。"这告诉了我们"因果循环"的自然规律：春天不耕种，秋天就没有收获的希望；年轻时不努力，老了就没有依靠，没有归宿。

若把研究设计比作"因"，统计分析则为"果"，只有种下好的"因"，才能收获好的"果"。研究设计是统计分析的前提。研究设计其实就是"好的计划"，统计分析就是"按照好的计划做事"。人们常说："好的计划是成功的一半。"凡事只有制订好计划，成功的概率才能大大提高。当然，"因果循坏"的自然规律不是绝对的，而是相对的。对于实验研究的"果"而言，研究设计和统计分析都为"因"，都是实验研究能否成功的影响因素。研究者只有先科学合理地进行研究设计，再进行合理的统计分析，才能得到科学可靠的结论。

2. 统计工作应从做好实验研究开始，国家强大要重视青少年培养

青少年是祖国的未来和民族的希望，正如梁启超在《少年中国说》中写的："少年智则国智，少年富则国富，少年强则国强，少年独立则国独立，少年自由则

国自由……"2020 年"六一"国际儿童节前夕,习近平总书记代表党中央向全国各族少年儿童致以节日祝贺。习近平总书记强调,当代中国少年儿童既是实现第一个百年奋斗目标的经历者、见证者,更是实现第二个百年奋斗目标、建设社会主义现代化强国的生力军。他希望广大少年儿童刻苦学习知识,坚定理想信念,磨炼坚强意志,锻炼强健体魄,为实现中华民族伟大复兴的中国梦时刻准备着。

"天行健,君子以自强不息",这是年轻人应该有的态度。少年司马迁胸怀大志,志存高远,他走遍名山大川,实地考察历史,以非凡的志向和毅力,终于著成对后世史学和文学发展产生深远影响的《史记》。班固曾评价:"其文直,其事核,不虚美,不隐恶,故谓之实录。"有志者,事竟成。太史公与《史记》的故事启迪年轻人既要有理想、有志向,又要有坚韧不拔、为之奋斗的精神,只有这样才能成为国家的栋梁。作为新时代的大学生,作为社会主义核心价值观的学习者和践行者,立志成才,济世破壁,务实奋进,才是我们应有的态度。

拓展知识:如何制订好的学习计划?

如果你想提高学习成绩,就必须先制订一个好的学习计划并努力按计划执行。

首先,计划中除了安排学习时间,还要规划社会工作、集体服务的时间和娱乐时间。思维、学习和身体相互影响,优秀的人在做规划的时候肯定会考虑这三个方面。学习计划既要保证我们得到全面发展,又要能让我们保持旺盛的精力,使学习生活丰富多彩、生动有趣。其次,应从自己的学习实际出发制订计划,目标既不能过高,也不能过低。目标过高,通过努力仍难以实现,就会挫伤积极性;目标过低,很容易实现,就起不到促进学习的作用。因此,在制订学习计划时,一定不能脱离学习的实际情况。再其次,无论学习计划多么完美,都难免出现不可预知的情况。比如,某门课程难度大,作业多,导致常规学习时间增加,自由学习时间减少,无法按计划完成其他的任务;再比如,学校、院系、班级集体活动较多,占用大量自学时间,影响学习计划的实施;等等。所以,为了保证计划的实现,学习计划不应安排得太满、太死、太紧,要给自己留出一定的机动时间。最后,学习时间有限,学习内容无限,在制订学习计划时,要学会在有限的时间内抓住重点,不均衡发力。

◎ **案例二——实验设计原则**

一、素质教育目标

1.引导学生树立"平等"的意识,在生活中能做到平等处事、友善待人。

2.弘扬"艰苦朴素、勤俭节约"的传统美德;引导学生意识到"帮助他人、团结协作"的力量,培养学生优良的品质。

二、教学内容

实验设计的基本原则包括随机化原则、重复原则、对照原则、平衡原则、弹性原则、最经济原则等。

1. 随机化原则(randomization principle)

随机化是指实验对象的抽样、分组和实施均应随机进行。随机化原则是指总体中的每个个体都有平等的机会被选为样本或分配到实验组和对照组进行研究。随机化是实验统计分析中使用的数理统计方法的基石。随机抽样和分组的目的是避免人的主观性,准确反映整体的客观情况。随机化原则的核心是机会均等。具体实施方式如下:

(1)随机抽样:每个符合条件的实验对象都有相同的机会参与实验,即总体中的每个个体都有相同的机会被抽入样本。

(2)随机分组:每个实验对象被分配到实验组和对照组的机会相同,保证实验组和对照组的实验对象尽可能均衡一致,从而提高组间的可比性。

(3)随机实验:每个实验对象接受处理先后的机会相同,以消除实验顺序不平衡造成的偏差。

随机化可以通过使用"随机数表"、"随机排列表"和计算机生成的"伪随机数"来实现。

2. 重复原则(repetition principle)

在实验中出现同一处理的实验单位的个体数称为重复。当实验的样本量足够大时,在相同的实验条件下必须有足够的重复次数,以避免实验结果的偶然性,反映其必然规律;同时,任何测试结果的可靠性都应该经得起反复测试的检验。重复实验是检查实验结果可靠性的唯一方法。重复实验不仅可稳定标准差,得到实验误差的估计值,而且可使均值接近真实值,从而准确揭示实验组和对照组之间的差异。

重复的作用:估计实验误差。实验误差是客观存在的,只有反复测量实验对象的某项指标,才能根据观测值的差异计算误差,掌握统计指标的变化规律,减少实验误差,从而提高实验的精密度。

3. 对照原则(contrast principle)

对照原则可保证科研设计的科学性和严密性,通过对照可以消除或减少非处理因素的影响,减少实验误差,校正观察数据(如试剂空白对照)。

对照,即"齐同对比",除了要观察的研究因素外,实验组与对照组条件应尽量相同,要有完全的可比性,以排除其他因素的影响,针对实验观察的项目得出科学结论。通过设置对照,不仅可以甄别处理因素与非处理因素效应,排除非处理因素的干扰,还可以减少实验误差。

对照的要求:① 对等,即除处理因素外,对照组要具备与实验组对等的非处理因素。② 同步,即在研究过程中对照组与实验组始终处于同一空间和同一时间。③ 专设,即对照组是专门为相应的实验组设立的。

4. 平衡原则(balance principle)

一个实验设计方案的均衡性好坏,关系到实验研究的成败。科学实验中应充分发挥具有各种知识结构和背景的人的作用,群策群力,有效地提高实验设计方案的均衡性。在实验设计的过程中要注意时间上的分配,只有科学做好时间分配,才不会出现一段时间特别忙而另一段时间特别闲的情况。

5. 弹性原则(elastic principle)

弹性原则指的是时间分配图上应留有空缺。时间安排上留有适当的空缺是非常必要的,只有这样才能有效地实施实验计划,并不断地调整实验进度。

6. 最经济原则(the most economical principle)

不论什么实验,都有最优方案。最优方案既涉及资金的使用,也包括人力、时间的安排。必要时可以预测一下拟做实验的产出与投入的比值,这个比值越大越好,当然要以现实具备的实验条件为基础。

三、素质教育元素

1. 随机化原则体现个体参与机会是相同的,引导学生树立平等意识

首先,在随机抽样中,每一个符合条件的实验对象是随机自由的,可能被选中,也可能不被选中,从而确保它们参加实验的机会平等;其次,随机分组中每个实验对象去向哪个处理组是随机的,以保证每一个实验对象进入各处理组的机会平等,保证各处理组间实验对象尽可能均衡一致,进而提高组间的可比性;最后,随机实验中每个实验对象接受不同处理的先后次序是随机的,以消除不平衡的实验顺序所产生的偏差。

平等也是人和人之间的一种关系、人对人的一种态度,它是人类的终极理想之一。世上不存在绝对的平等,只存在相对的平等,现代社会的进步就是人和人之间从不平等走向平等的过程。人和人之间的平等是指在精神上互相理解、互相尊重,不区别对待,平等享有社会权利。我们在生活中要树立"平等"意识,友善对待身边的人。

2. 重复原则避免偶然性，突出必然性，从而保证实验结果的可靠性

同一个处理内部每个研究个体呈现出的表面现象或结果是变化的，具有偶然性，需要通过重复实验获得更多实验结果，从而推理分析出大量的表象蕴含的事物的内在规律。因此，在科学领域，重复原则保证了实验的可重复性和结果的可靠性。当实验的样本量足够大时，在相同实验条件下有充分的重复，可以避免实验结果的偶然性，突出表现其必然规律；同时，任何实验结果的可靠性应经得起重复实验的考验。重复原则可确保公正可靠的实验结果，使均值接近真实值，这启发我们，一次失败往往是偶然的，并不可怕，相反，它是一种提醒。面对失败，我们应该不断重复尝试和挑战，从中吸取宝贵的经验和教训，只有这样才能不断进步和发展，实现自己的目标和梦想。

3. 对照原则消除外部干扰，确保研究个体只受处理效应影响

消除外部干扰，就是在实验或研究中排除非处理因素的影响。非处理因素会增大系统误差，不能施加在实验对象上，实验设计通过对照原则，对非处理因素加以控制，排除它的干扰。对照实验包括实验组和对照组。实验组是指接受处理或实验条件的组，而对照组是指不接受处理或实验条件的组。通过比较实验组和对照组的结果，研究人员可以更准确地评估处理效应。或者将整个实验空间分成若干个相对均匀的局部，每个局部称为一个区组。将要比较的全部或部分处理安排在同一区组中，从而增加区组内处理间的可比性，以控制和减少实验误差，保证实验结果的可靠性。这说明消除外部干扰是实现目标的重要步骤之一。我们在学习与工作中，也应该尽可能避免受外界干扰，不能一心二用，而是要专注于自己的任务，提高自己的工作效率。

4. 随机化、重复和对照"团结协作"，保证实验结果的可靠性和有效性

随机化、重复和对照是科学实验的三大基石。实验设计中，随机化和重复"通力合作"可以估计实验误差。对照和重复"携手"共同降低实验误差，从而提高实验结果的精密度。随机化、重复和对照相互配合，相互补充，相互依赖，共同保证了科学实验的准确性和可靠性。在科学研究和实验中，遵循随机化、重复和对照原则，可以减少误差、提高效率、增强可信度和准确性。

5. 实验设计要体现"勤俭持家"的传统美德

勤俭持家是中华民族的传统美德。实验设计也要遵循"勤俭持家"的思想，根据具备的实验条件，在不影响实验结果可靠性的前提下，考虑实验经费、人力和时间投入，尽可能使实验的产出与投入的比值变大，进而选择出最优方案。

◎ 案例三——描述统计与推断统计

一、素质教育目标

1.让学生了解"从浅到深、从外到里、从表象到实质"的认识事物的一般规律。

2.引导学生发扬"不畏艰难""百折不挠""敢于胜利"的太行精神。

二、教学内容

在生物学调查或实验中,能够收集到大量的原始数据。在一定条件下,对某种具体实物或现象观察的结果,我们称之为资料(data)。

1. 描述统计(descriptive statistics)

描述统计是指运用制表、分类、图形以及计算概括性数据来描述数据特征的方法。描述统计分析要对调查总体所有变量的有关数据进行统计性描述,主要包括数据的频数分析、集中趋势分析、离散程度分析、分布分析以及绘制基本的统计图形。① 数据的频数分析,用来计算数据的出现次数和比例。在数据的预处理部分,利用频数分析可以检验异常值。② 数据的集中趋势分析,用来反映数据的一般水平,常用的指标有平均值、中位数和众数等。③ 数据的离散程度分析,主要用来反映数据之间的差异程度,常用的指标有方差和标准差等。④ 数据的分布分析,用来解释数据的分布特征和分布类型。在统计分析中,通常假设样本所属总体的分布属于正态分布,因此需要用偏度和峰度两个指标来检查样本数据是否符合正态分布。⑤ 绘制统计图。用图形分析数据比用文字表达更清晰、更简明。因此,通过整理、分析、归类,将相应数据列成统计表,绘出统计图,计算出平均数、方差及变异系数等特征数,可化繁为简,直接对实验数据进行描述和展示。

2. 推断统计(inferential statistics)

推断统计是指以概率论为基础,用随机样本的数量特征信息来推断总体的数量特征。推断统计可用于分析描述统计得出的数据表面差异是源于总体的差异,还是源于实验误差。利用假设检验、方差分析、回归分析等推断统计方法,可做出具有一定可靠性保证的估计或检验。推断统计的结果分为两类:处理效应显著和不显著,通过博弈选择其中之一。假设检验利用了统计学的小概率反证法原理。小概率原理是指小概率事件($P<0.05$)在一次实验中基本上不会发生。反证法思想是先提出假设(原假设和备择假设),再用适当的统计方法确定假设

成立的可能性大小,若可能性小($P<0.05$),则认为原假设不成立,若可能性大($P>0.05$),则不能认为原假设不成立,从而接受备择假设。

三、素质教育元素

1. "数据→描述统计→推断统计"的统计分析逻辑关系符合"从浅到深、从外到里、从表象到实质"的事物认识规律

人们对事物的认识一般从初步的定性认识开始,逐渐走向量化的定量性精准认识;或是从浅到深、从外到里、从表象到实质认识不断深入。描述统计和推断统计都是统计学方法。描述统计是整个统计学的基础,推断统计则是现代统计学的主要内容。在实践的基础上,人们对事物的认识分为两个阶段,即感性认识阶段和理性认识阶段。第一阶段,感性认识阶段(归纳)。资料在未整理之前,内容繁杂,是一堆杂乱无章的数据,让人摸不着头脑。这些资料通过整理加工,可化繁为简,综合概括地反映出客观现象的规律性数量特征,即描述统计。这是人们对资料的初步认识,体现出事物的表面现象。第二阶段,理性认识阶段(推断)。依据小概率反证法原理利用描述统计量对总体做出推断,这是人们对资料的深入认识,体现出事物的内在规律。从资料到描述统计,再到推断统计,步步递进,环环相扣。这符合人们认识事物的一般规律,即描述统计就是对资料进行归纳,化繁为简形成表象,推断统计就是深入资料内部寻找本质。

2. 统计学发展历程符合"文化→中华优秀文化→中华民族精神"的传承关系,体现了量变到质变的升华

第一阶段,去劣取精。文化是民族的灵魂,也是一个民族生存发展的精神命脉。文化积淀既取决于一个民族的历史基因,也取决于一个民族的教育基础。中华民族五千多年文明发展的一项项伟大奇迹、一次次伟大进步促进了文化积淀,中华民族在文化演变的长河中扬长避短,去劣取精,形成了具有中国特色的中华优秀文化。中华优秀文化是我们国家、民族休戚与共、血脉相连的重要精神文化纽带,也是中华民族取之不尽、用之不竭的心灵养分。中华优秀文化,具有极为深厚的底蕴,彰显了中华民族的精神气节。中华优秀文化传承是培育新时代民族精神的必由之路。中华民族精神是中华文化的高度凝练,离开了中华文化,中华民族精神也就失去了其生存的土壤。

第二阶段,凝练升华。在中华优秀文化传承过程中凝练出中华民族精神。"人无精神则不立,国无精神则不强。"中华民族精神是广大人民群众在长期生产生活实践中形成的精神风貌和价值取向。太行精神是其中之一,是中国共产党人在抗日斗争和解放战争实践中形成的精神成果,凝聚着共产党人和革命群

众独特的意志品质和精神风貌。太行精神是国家和民族处于生死存亡的关键时刻，中国共产党领导太行军民不怕牺牲、不畏艰险、百折不挠、艰苦奋斗、万众一心、敢于胜利、英勇奋斗和无私奉献的伟大民族精神，是在抗日烽火中铸就的民族魂；是近代以来中华儿女抵御外侮、追求民族独立的精神结晶，是中华民族优秀文化的重要组成部分；是坚定民族文化自信、激励民族团结奋进、实现中华民族伟大复兴的强大精神动力。

太行精神作为一笔宝贵的精神财富，在实现中华民族伟大复兴中起到不可替代的作用。岁月更迭，时代变迁，太行精神已深深融入中华民族的血液之中，成为中华民族精神的重要组成部分，也将贯穿于改革开放和经济社会发展的全过程。

◎ 案例四——许宝騄的人生经历

一、素质教育目标

1. 让学生认识到要想形成质的突破与飞跃，就必须有量的充分积累，培养"持之以恒、艰苦奋斗"的科学精神。

2. 通过许宝騄的生平事迹，激发学生对专业知识的学习兴趣，增强其专业自信心、民族自豪感和振兴民族的使命感，引导其厚植科技报国的家国情怀，帮助其形成正确的价值观。

二、教学内容

许宝騄（1910—1970），字闲若，北京人，我国著名的数学家，第一届中央研究院（现为中国科学院南京分院）院士，中国科学院学部委员，主要从事数理统计与概率论研究。许宝騄是中国最早在概率论与数理统计研究方向达到世界先进水平的杰出数学家。他加强了强大数定律，研究了中心极限定理中误差大小的精确估计，发展了矩阵变换技巧，得到了高斯-马尔科夫（Gauss-Markov）模型中方差的最优估计，揭示了线性假设似然比检验的第一个优良性质等。其研究成果已经成为当代概率论与数理统计理论的重要组成部分，推动了概率论与数理统计的发展。至今，"许方法"仍被认为是解决检验问题的最实用方法。也正是许宝騄拉开了中国概率论与数理统计学科研究的帷幕。他在伦敦大学学院攻读学位时，通过学习克拉美的《随机变量与概率分布》（1937年版），掌握了特征函数这一工具，因此对极限论产生了浓厚的兴趣。他在1945年完成的一篇论文中，首次用特征函数的方法来逼近两个高度相关的随机变量的分布，并给出了样本方差的渐近展开和余数的估计。在学术研究中,许宝騄知难而进,积极参与重大问题的讨论,力求把问题彻底解决。他最先发现了线性假设的似然比检验(F 检验)的优越性,并给出了多元统计中一些重要的统计量。分布的推导过程促进了矩阵理论在多元统计中的应用。1947 年,他与罗宾斯合著了论文《全收敛和大数定律》,首次引入了全收敛的概念。同年,他得出每行独立的无限小随机变量三角阵列的行之和依分布收敛于给定的无限可分律的充分必要条件。

1959 年后,他的兴趣转向了组合设计。张里千在三角方案方面的工作引起了他对组合数学的兴趣。他觉得可以将矩阵的方法系统地引入组合学。1961 年,他主持实验设计研讨会,汇报这方面的研究进展。他以笔名班成发表在《数学进展》上的文章就是此次研讨会的成果。1964 年冬,他在讨论课上系统讲授点集拓扑时,每一个证明都是由集合运算推导出来的,后来由于社会主义教育运动,他停止了之前的工作。在教学上,他提倡"好作品,朴实无华",要把原汁原味的思想讲给学生听。在形式和证明方法上,他力求简明扼要,不赘述。他的课思想深刻,形式丰富。他的中外学生称赞道:"他的课讲得很完美。"作为一位教师和科学家,他对学生和同事有很强的影响力。他长期带病从事科研和教学工作,为祖国的科学事业奋斗到最后一刻。"文化大革命"期间,他的研究没有中断,可是那时,他看不到任何杂志。直到 1970 年他才开始重新阅读杂志,那时他已瘫痪。他在两个月内读完了 1966 年后出版的全部《数理学纪事》,了解国际学术动态,并写了一篇关于平衡不完全区组(BIB)和编码的论文。1970 年 12 月 18 日凌晨,他在北京大学勺园佟府病逝。

许宝騄很有才华,学习外语的能力很强。他在中学时利用课余时间学习法语,两年后就能写出短文和对话。除了在校学习的英语外,他还自学了德语和俄语。新中国成立初期,为翻译大量苏联教科书,他刻苦自学和研究俄语,在较短的时间内就翻译了一些重要教科书,如《微分方程教程》等。他还自学掌握了勒贝格积分、测度论、泛函分析等诸多内容。除了天赋异禀外,勤奋和毅力非凡是他取得成就的重要原因。他在昆明西南联大任教时,生活十分贫困。他的书架上放着当时他手抄的蒂奇马什的整本《函数论》。他曾逐章解答那汤松的《实变函数论》和安德森的《多元统计分析引论》中的习题。他可以把一些习题深化,变成小的研究习作,有的可以整理发表。他对论文发表的要求非常高。他曾说过这样一句话:"我不希望我的文章在名刊上出名,我希望杂志因我的文章而出名。"他的论文都以解决问题为目的,朴实无华,简明扼要。他生前正式发表的论文只有 30 多篇,但都有非常重要的意义。

许宝騄对科学研究的态度和精神永远值得我们学习。

三、素质教育元素

1. 许宝騄的科学研究历程体现了"从量变到质变"的唯物辩证规律

质量互变规律,是唯物辩证法的基本规律之一。它揭示了事物发展量变和质变的两种状态,以及由事物内部矛盾所决定的由量变到质变,再到新的量变的发展过程。这一规律揭示了事物的发展是量变和质变的统一,是连续性和阶段性的统一,质变是量变的结果,但量变不因质变而停止。

许宝騄在概率论、多元分析、数理统计上的突破,都是因为其在分析和代数方面有了深厚的积累,这可以用来引导学生充分重视分析和代数在统计学中的重要作用。统计极限和收敛理论也是在充分发展的基础上前进的,从大数定律到中心极限定理,再到一致性收敛、强收敛、全收敛,都是步步递进的。这些都说明了"从量变到质变"的过程,有了量上的充分积累,才能在质上形成突破,原有理论不断实践和周围学科充分发展最终促成新理论的产生。

2. 厚植科技报国的家国情怀与价值理想

许宝騄在学术研究的路上迎难而上,积极参与重大问题的探讨,力求问题的彻底解决。为了报效祖国,他谢绝了国外许多大学的聘任,毅然回到北京大学任教。作为教师和科学家,他对学生和同行的影响极其深远。有人回忆说:"许宝騄坚持深入浅出,毫不回避困难,特别是深沉、明确而默默地投身于学术的最高目标和水准,这种精神吸引了我们。"

许宝騄的事迹可激发学生对专业知识的学习兴趣,增强其专业自信心、民族自豪感和振兴民族的使命感,引导其厚植科技报国的家国情怀,帮助其形成正确的价值观。

◎ 案例五——李景均归国之旅

一、素质教育目标

通过阅读李景均先生"锲而不舍,严谨治学"的科研故事,激发学生振兴民族的使命感;通过了解李景均先生为世界和国家所做出的重要贡献,增强学生的民族自豪感和文化自信。

二、教学内容

李景均(1912—2003),我国遗传学家、生物统计学家,曾经担任北京大学农学院农学系主任,主讲遗传学、田间设计和生物统计三门课程。他的著作《群体遗传学导论》是中国现代史上极少数在中国出版并同时在西方某个科技领域产生重大影响的专业书。在生物统计方面，他于 20 世纪 50 年代中期提出临床实验的随机、双盲两个原则，随机双盲对照实验被公认为评估药物疗效的黄金标准。他的《通径分析入门》(1975 年)第一次系统论述了通径分析的原理、方法和应用，《不平衡资料的分析》(1982 年)推动了统计方法的发展。1940 年，李景均在美获博士学位。此时的中国，正在侵华日寇的铁蹄下遭受蹂躏。李景均先生毅然放弃在美国舒适的生活、工作条件，携妻回国，施展才华，报效国家。原本他乘坐的邮轮仅需三周就能到上海，但是为了躲避在太平洋水下游弋的日军潜艇的攻击，邮轮不得不多次改变航向，历经 51 天辗转，经爪哇岛抵达九龙。李景均到达九龙的第三天，日本偷袭了珍珠港，并几乎同时进攻香港。驻港英军节节败退，使得李景均被困在香港近两个月。由于他只带了旅行支票，无人愿意兑现，因此他十分窘迫，天天处于饥饿之中。在一个香港地下组织的帮助下，李景均跋山涉水，历经千辛万苦到达广东惠阳，再从惠阳乘船坐车抵达桂林，又花了整整 38 天。

三、素质教育元素

1. 跨越千难万险回国报效的爱国主义精神

李景均先生为报效祖国，遇逆境百折不挠，处变不惊，奋力穿过敌人的封锁线，回到祖国怀抱。他本人从未在公开场合标榜过自己是一个爱国者，但其行动真真切切地表明他是一个真正的爱国主义者。

2. 面对困难，锲而不舍，勇于探索，不怕困难的科研精神

以李景均等统计学家的奋斗历程，教育学生对未知事物要有强烈的好奇心，对科学研究要有勇于创新的探索精神和严谨的治学态度，要甘于寂寞，不怕困难和失败，锲而不舍。我国的统计学家为世界科学发展做出了重要贡献，增强了学生的民族自豪感和文化自信。

◎ 案例六——随机抽样

一、素质教育目标

通过疫情防控期间规模检测以混采减轻经济负担的措施，让学生体会知识的应用价值和重要性。

二、教学内容

随机抽样(random sampling)是指调查对象总体中每个部分都有同等机会被

抽中,是一种完全依照机会均等的原则进行的抽样调查,又被称为"等概率抽样"。随机抽样有 5 种基本形式,即简单随机抽样、分层抽样、系统抽样、整群抽样和多阶段抽样。

1. 简单随机抽样

又称单纯随机抽样,是最基本的抽样方法,分为重复抽样和不重复抽样。在重复抽样中,每次抽中的单位仍放回总体,样本中的单位可能不止一次被抽中。在不重复抽样中,抽中的单位不再放回总体,样本中的单位只有一次机会被抽中。社会调查多采用不重复抽样。单纯随机抽样的具体做法有:① 抽签法。将总体的全部单位逐一作签,混合均匀后进行抽取。② 随机数字表法。将总体所有单位编号,然后从随机数字表中一个随机起点(任一排或一列)开始从左向右或从右向左,向上或向下抽取,直到获得所需的样本容量。单纯随机抽样必须有一个完整的抽样框,即总体各单位的清单。总体太大时,制作这样的抽样框工作量巨大,加之实际工作中有许多情况使得总体清单根本无法获得,故在大规模社会调查中很少采用单纯随机抽样。

2. 分层抽样

先依据一种或几种特征将总体分为若干个子总体,每一子总体称作一个层,然后从每一层中随机抽取一个子样本,这些子样本合起来就是总体的样本。分层抽样各层样本数的确定方法有 3 种:① 分层定比法,即各层样本数与该层总体数的比值相等。例如,样本容量 $n=100$,总体容量 $N=1\,000$,则 $n/N=0.1$ 即为样本比例,每层均按这个比例确定该层样本数。② 奈曼法,即各层应抽样本数与该层总体数及其标准差的积成正比。③ 非比例分配法。当某个层包含的个体数在总体样本数中所占比例太小时,为使该层的特征在总体样本中得到足够的反映,可人为地适当增加该层样本数在总体样本数中的比例,但这样做会增加推论的复杂性。总体中赖以进行分层的变量为分层变量,理想的分层变量是调查中要测量的变量或与其高度相关的变量。分层的原则是增加层内的同质性和层间的异质性。常见的分层变量有性别、年龄、教育、职业等。分层随机抽样在实际抽样调查中使用广泛,在同样样本容量的情况下,它比单纯随机抽样的精度高,且管理方便,费用少,效度高。

3. 系统抽样

又称等距抽样,是单纯随机抽样的变种。在系统抽样中,先将总体按 $1\sim N$ 顺序编号,并计算抽样距离 $K=N/n$(N 为总体容量,n 为样本容量)。然后在 $1\sim K$ 中抽一随机数 k_1,作为样本的第一个单位,接着抽取 $k_1+K,k_1+2K,\cdots$,直至抽

够 n 个单位为止。系统抽样要防止周期性偏差，因为它会降低样本的代表性。例如，军队人员名单通常按班排列，10 人一班，班长排第 1 名，若抽样距离也取 10，则样本全由士兵组成或全由班长组成。简单举一个系统抽样的例子：要在 100 个人里抽 10 个人，先把他们从 1 号到 100 号顺序编号，然后分成 1~10 号，11~20 号，21~30 号，31~40 号，41~50 号，……，91~100 号，共 10 个组。在这 10 个组中，第 1 组抽 3 号（其实可以选 1~10 号里的任意一号），那么第 2 组抽 13 号，第 3 组抽 23 号，第 4 组抽 33 号，……，第 10 组抽 93 号。

4. 整群抽样

又称聚类抽样，先将总体按照某种标准分群，每个群为一个抽样单位，然后用随机的方法从中抽取若干群，抽中的样本群中所有单位都要进行调查。与分层抽样相反，整群抽样的分类原则是使群间异质性小，群内异质性大。分层抽样时各群（层）都有样本，整群抽样时只有部分群有样本。整群抽样只需列出入样群的单位，因此可节约人力、财力。整群抽样的代表性低于单纯随机抽样。

5. 多阶段抽样

又称多级抽样。前 4 种抽样方法均是一次性直接从总体中抽出样本，称为单阶段抽样。多阶段抽样则是将抽样过程分为几个阶段，结合使用上述方法中的两种或数种。例如，先用整群抽样从长治市的中等学校中抽出样本学校，再用整群抽样从样本学校中抽选样本班级，最后用系统或单纯随机抽样从样本班级的学生中抽出样本学生。当研究总体广泛且分散时，多采用多阶段抽样，以节约调查费用。但由于每级抽样都会产生误差，经过多级抽样产生的样本，误差相应增大。

三、素质教育元素

秉承"勤俭节约"的原则，利用整群抽样方式进行新冠病毒检测

新冠疫情期间，核酸检测可有效防止疫情传播。假设某社区共有 5 000 人参加全员核酸检测，已知每人检测呈阴性的概率是 0.999 95。该社区拟采用 3 种方案进行采样化验。

方案 1：逐一化验；

方案 2：每 5 人为一组进行分组化验；

方案 3：每 10 人为一组进行分组化验。

若一组检验结果呈阴性，则一次通过；若一组检验结果呈阳性，则组内逐一化验。请问哪一种方案最优？

方案 1：方法比较简单，逐一化验，所以化验次数为 5 000 次。

方案 2：设随机变量 X 为一组化验所需的化验次数，那么 X 的可能取值要么为 1（阴性），要么为 6（阳性，须逐一化验）：$X=1$，意味着 5 人全为阴性，一个人检测呈阴性的概率为 0. 999 95，5 个受试者检测均为阴性的概率为 0. 999 95^5；$X=6$，意味着至少有一个人呈阳性，也就是全为阴性的逆事件，其概率为 $1-$ 0. 999 95^5。每组平均化验次数为

$$E(X)=1×0. 999\ 95^5+6×(1-0. 999\ 95^5)≈1. 001$$

方案 2 总化验次数 Z 为

$$Z=1\ 000×1. 001=1\ 001$$

方案 3：设随机变量 Y 为一组化验所需的化验次数，那么 Y 的可能取值要么为 1（阴性），要么为 11（阳性，须逐一化验）：$X=1$，意味着 10 人全为阴性，一个人检测呈阴性的概率为 0. 999 95，10 个受试者检测均为阴性的概率为 0. 999 95^{10}；$X=$ 11，意味着至少有一个人呈阳性，也就是全为阴性的逆事件，其概率为 $1-$0. 999 95^{10}。每组平均化验次数为

$$E(Y)=1×0. 999\ 95^{10}+11×(1-0. 999\ 95^{10})≈1. 005$$

方案 3 总化验次数 Z 为

$$Z=500×1. 005≈502. 5$$

因此，方案 2 远比方案 1 更高效，方案 3 比方案 2 高效。

◎ 案例七——精确度与误差

一、素质教育目标

1. 通过介绍我国科学家和工程师迎难而上，排除万难，攻克难题的故事，增强学生的民族自豪感和文化自信。

2. 以科学家们"排除万难、不甘落后"的责任感和使命感，"大胆探索、勇于创造"的时代精神和"创造、奋斗"的民族精神，激励学生努力学习，立志报效祖国。

二、教学内容

1. 准确度、精密度与精确度

准确度、精密度与精确度是对在实验（试验）中所获得的样本数据的质量的一种度量。

（1）准确度

准确度也叫准确性，为反映系统误差的平均大小的度量，是指在实验（试

验)中某一指标的观测值与其真值(总体平均数)的接近程度。直观上理解,观测值与真值越接近,其准确度越高,反之则越低。例如,某一实验(试验)指标或性状的真值为 μ,观测值为 x,则 $|x-\mu|$ 为实验(试验)的准确度。

测量的准确度高,是指系统误差较小,测量数据的平均值偏离真值较少,但数据分散的情况,即偶然误差的大小不明确。

(2)精密度

精密度也叫精密性,为反映偶然误差的平均大小的度量,是指同一实验(试验)指标的重复观测值彼此接近的程度。若观测值彼此接近,则测量精密度高;反之,则测量精密度低。某一实验(试验)任意两个观测值 x_i,x_j 之差的绝对值 $|x_i-x_j|$ 为实验(试验)的精密度。由于真值常常未可知,所以准确度只是一个概念,不易度量。而精密度在统计学中可以通过随机误差的大小加以度量。准确度是指所得到的测定结果与真实值的接近程度。例如,使用 0.5 mg/mL 的标准溶液进行浓度测定时得到的结果是 0.5 mg/mL,则该结果是相当准确的。如果测得的 3 个结果分别为 0.83 mg/mL,0.84 mg/mL 和 0.85 mg/mL,那么虽然测量的精密度较高,但却是不准确的。也就是说,精密度高时,准确度不一定高。

(3)精确度

精确度是指使用同种备用样品进行重复测定所得到的结果之间的重现性,为反映偶然误差和系统误差平均大小的度量,传统的精确度指标指的就是精密度。测量的精确度(常简称"精度")高,是指偶然误差与系统误差都比较小,这时测量数据集中在真值附近。

综上,准确度表示测量结果的正确性,精密度表示测量结果的重现性,精确度是准确度与精密度的综合指标。对于具体的测量,精密度高的准确度不一定高,准确度高的精密度也不一定高,但精确度高的精密度和准确度都高。

2. 实验误差

实验误差是统计学的核心问题。观测数据之所以表现出随机性波动性,主要是由随机误差引起的。因此,正确地估计实验误差,对于提高统计推断的效率至关重要。实验误差分为两类:随机误差与系统误差。

(1)随机误差

随机误差是由许多无法控制的内在和外在的偶然因素引起的,是客观存在的,且无处不在,无时不在。在实验中,实验设计良好、实验操作正确、增加抽样或实验次数,则随机误差可能减小,但不可能完全消灭。随机误差的大小和正负都不固定,但在同一个处理组内,绝对值相同或相近的正负随机误差出现的概率大致相等,计算处理组内的平均数可以抵消随机误差。因此,设置更大的重复数,可以降低随机误差对实验结果的影响。随机误差影响实验的精密度,随机误差愈小,实验的精密度愈高。随机误差也叫抽样误差(sampling error),这是因为各个样本平均数之间的差异实际上是由抽样造成的。

（2）系统误差

系统误差也叫片面误差,是由实验材料的初始条件如年龄、初始重、性别、健康状况等相差较大,饲料种类、品质、数量、饲养条件未控制相同,测量的仪器不准,以及观测、记载、抄录、计算中的错误所引起的。系统误差影响实验的准确度,应当采用适当的实验设计加以控制。

系统误差是一种非随机的误差,是一种违反随机原则的误差,一般会偏高或偏低,但是得到的结果仍是有效的。系统误差中的操作误差是由操作者个人感官或运动器官的反应和个人习惯引发的误差。过失误差是指实验过程中出现了非随机的事件,如仪表失灵、设备故障等造成实验结果严重失真的现象,此误差造成的实验结果是不可信的、无效的。从结果上看,操作误差的结果仍是可信的,可以被使用;过失误差的结果是产生了重大失误的结果,有重大的偏差,是不可信的、无效的。从操作层面上看,操作误差是不可避免的误差,如对于同一刻度的读数,不同人采用正确方法读出的结果可能存在一定的偏差。而过失误差是可以避免的误差。

三、素质教育元素

我国科学家迎难而上,攻坚克难,通过长期的不懈努力,研制出一批代表世界先进水平的“高、精、尖”产品亮相世界

2022 年 11 月 8 日,第十四届中国国际航空航天博览会在珠海拉开帷幕。一批代表世界先进水平的“高、精、尖”展品集体亮相,展示了我国在航空航天和国防科技领域的尖端技术和创新突破,展品实现“陆海空天电网”六位一体系统化、全维度覆盖。我国一代又一代的科学家迎难而上,排除万难,经过长期的不懈努力,才取得如今的伟大成就。我国制造的国之重器的精度、灵敏度已领先世界。

例如,大国重器之 FAST 天文望远镜。2016 年 9 月 25 日,全球最大的 500 m 口径球面射电望远镜 FAST 宣告落成启用,被称为中国“天眼”。它将带着人类一起见证科学奇迹,探索宇宙深处的奥秘。“天眼”的灵敏度,比曾号称“地面最大的机器”的德国波恩 100 m 望远镜提高约 10 倍,比美国阿雷西博 300 m 望远镜提高约 2.25 倍。此外,它在观测时会变换角度,接收更广阔、更微弱的信号。

它一开机,就能收到 1 351 光年外的电磁信号。FAST 各个节点 5 次测量径向误差标准差的最大值 $\text{Max}(v) = 4.11$ mm,平均值 $\text{Mean}(v) = 0.63$ mm。从中性球面的节点误差分布图可以看出,节点径向误差在反射面边缘普遍比较大,总体上离圆心愈近,误差愈小。通过对四次抛物面的最小二乘拟合,发现抛物面顶点位于圆心时的表面精度最高,可达到 2 mm,而其他三次抛物面最佳拟合表面精度均为 14 mm 左右。

拓展知识:中国"天眼"之父——南仁东

南仁东,1945 年出生在吉林省辽源市,6 岁上学,18 岁夺得吉林省高考理科状元,并考入清华大学无线电系。毕业后,他便前往吉林通化无线电厂当了一名普通的车间工人。20 世纪 80 年代,南仁东使用国际甚长基线网对活动星系核进行了系统观测研究,并在这一领域的早期发展阶段,主持完成欧洲及全球网 10 余次观测。2006 年,在南仁东本人不在场的情况下,他被国际天文学会射电天文分部选为主席。

1993 年,全球顶尖无线电科学家联盟大会在日本东京举办,会议现场无线电科学家提出全球电波环境逐步恶化,人类急需建造新一代射电望远镜,接收更多来自外太空的信息。南仁东坐不住了,他对同事说道:"中国为什么不能做?我们也建一个吧!"自此,他的生命重心转向中国自己的新一代射电望远镜的建造。20 世纪 90 年代初,中国最大的射电望远镜口径不到 30 m,南仁东却放出"狂言",要建造一个口径 500 m、全球最大的射电望远镜。对于有人嘲讽他痴人说梦,南仁东说了一个比喻:当年哥伦布建造巨大船队,得到的回报是满船金银、香料和新大陆;但哥伦布计划出海的时候,伊莎贝拉女王不知道,哥伦布也不知道,未来会发现一片新大陆。

有人告诉他,贵州的喀斯特洼地多,能选出"性价比"最高的"天眼"台址,南仁东马上跳上了从北京到贵州的火车,绿皮火车咣当咣当要开近 50 个小时,他一趟一趟地坐着。从 1994 年到 2005 年,南仁东带着 300 多幅卫星遥感图,走遍了贵州大山里 300 多个备选点,上百个窝凼。乱石密布的喀斯特石山里,有些荒山野岭连条小路都没有,只能从石头缝间的灌木丛中深一脚、浅一脚地挪过去。因道路条件差,南仁东每天最多走几十公里,晚上回到县城,第二天白天再跋涉过来。当时,周边县里的人几乎都认识南仁东,一开始人们以为他发现了矿,后来又听说他发现了"外星人"。时任贵州平塘县副县长的王佐培,负责联络望远镜选址,第一次见到这个"天文学家",

就诧异他太能吃苦。七八十度的陡坡,人就像挂在山腰间,要是抓不住石头和树枝,一不留神就摔下去了。有一次,南仁东下窝凼时,瓢泼大雨从天而降。他亲眼见过窝凼里的泥石流,山洪裹着砂石,连人带树一起冲走。他往嘴里塞了颗救心丸,连滚带爬回到垭口。最终,南仁东选择了贵州省平塘县金科村大窝凼的喀斯特洼坑。这个洼地刚好能盛得下差不多 30 个足球场面积大的 FAST 巨型反射面。

南仁东的一位同事说:"他用 20 多年只做了这一件事。一个当初没有多少人看好的梦想,最终成为一个国家的骄傲。"令人遗憾的是,2017 年4 月底,南仁东病情加重,进入人生倒计时阶段。9 月 15 日夜间,72 岁的南仁东因病情恶化抢救无效逝世。再有 10 天,就是"天眼"落成启动一周年纪念日,这不禁让人扼腕叹息。南仁东是勇担民族复兴大任的"天眼"巨匠,他为科学事业奋斗到了生命的最后一刻。20 多年时间里,他从壮年走到暮年,把一个朴素的想法变成了国之重器。此外,南仁东还自编教材《射电天文》,为中国培养了陈学雷、张晓宇、李辉、袁维盛、张海燕、甘恒谦等一批天文工作人才。同时,南仁东还热心科普事业,他完成 CCTV 的五小时美国宇航局 NASA 火星着陆直播;通过百家讲坛《寻找地外生命》,用科学思想影响公众与媒体对太空生命和地外文明的认识。南仁东说过:"人类之所以脱颖而出,就是因为有一种对未知的探索精神。"他无私奉献的精神谱写了精彩的科学人生,鲜明地体现了胸怀祖国、服务人民的爱国情怀,敢为人先、坚毅执着的科学精神,淡泊名利、忘我奉献的高尚情操,真诚质朴、精益求精的杰出品格。他不愧为广大科技工作者的优秀代表,不愧为全社会学习的榜样。

第 2 章　资料整理与统计描述

　　资料的整理主要通过对原始资料进行核查、校对,并绘制次数分布表(frequency distribution table)和次数分布图(frequency distribution diagram)来完成。生命科学领域的实验资料一般都具有集中性(central tendency)、离散性(discreteness)及分布形态(distribution pattern)3 个基本特征:集中性主要用算术平均数(arithmetic mean)、中位数(median)、众数(mode)、几何平均数(geometric mean)和调和平均数(harmonic mean)来表示;离散性则通过标准差(standard deviation)、方差(variance)、变异系数(coefficient of variation)等特征数来反映;分布形态主要借助偏度(skewness)和峰度(kurtosis)体现。本章主要介绍原始资料的整理方法、计算特征数据,并对其进行描述性分析。

◎ 案例八——数据资料的收集、检查与核对

一、素质教育目标

　　1. 让学生体会资料检查和核对中蕴含的"公正"的价值理念。

　　2. 让学生认识到打好基础的重要性,只有夯实地基,万丈高楼才能拔地而起。

二、教学内容

1. 数据资料的收集

　　数据资料的收集是指采取措施取得准确可靠的原始数据。数据资料来源形式多样,包括:① 专题调查(社会调查和野外调查)或试验研究(实验研究和临床研究);② 网站平台数据库;③ 经常性工作记录;④ 统计报表;⑤ 统计年鉴和统计数据专辑等。为了获得准确可靠的原始数据资料,必须采用随机抽样方法取样,同时保证样本量足够大。

2. 数据资料的检查和核对

检查和核对原始数据资料的目的在于确保原始资料的完整性和正确性。所谓完整性是指原始数据资料无遗缺或重复。所谓正确性是指原始数据资料的测量和记载无差错或未进行不合理的归并。检查中要特别注意特大、特小和异常数据(可结合专业知识做出判断)。对有重复、异常或遗漏的资料,应予以删除或补齐;对有错误、相互矛盾的资料,应进行更正,必要时进行复查或重新实验。资料的检查与核对工作虽然简单,但在统计处理工作中却非常重要,因为只有完整、正确的数据资料才能真实地反映出调查或实验的客观情况,才能经过统计分析得出正确的结论。

3. 数据中的异常值分析与处理

在处理实验数据的时候,常常会遇到个别数据偏离预期或大量统计数据结果的情况:如果把这些数据和正常数据放在一起进行统计,可能会影响实验结果的准确性。如果把这些数据简单地剔除,又可能会忽略某些重要的实验信息。

因此,判断和剔除异常数据是数据处理中的一项重要任务。目前,人们主要采用物理判别法和统计判别法对异常数据进行判别与剔除。所谓物理判别法就是根据人们对客观事物已有的认识,判别外界干扰、人为误差等原因造成实测数据偏离正常结果,在实验过程中随时判断,随时剔除。统计判别法是给定一个置信概率,并确定一个置信限,凡超过此限的误差,就认为它不属于随机误差范围,将其视为异常数据剔除。

下面介绍两种常用的判别方法。

（1）拉依达(PauTa)法

如果实验数据的总体 x 是服从正态分布的,且 $|x-\bar{x}|>3S$ 或 $2S$($\bar{x}$ 与 S 可近似表示正态总体的数学期望 μ 和标准差 α),那么在实验数据中出现大于 $\bar{x}+3S(2S)$ 或小于 $\bar{x}-3S(2S)$ 的数据的概率是很小的。因此,根据上式将大于 $\bar{x}+3S(2S)$ 或小于 $\bar{x}-3S(2S)$ 的实验数据作为异常数据,予以剔除。需要说明的是:

① 计算平均值及标准差 S 时,应包括可疑值在内;

② 可疑数据应逐一检验,不能同时检验多个数据,首先检验偏差最大的数;

③ 剔除一个数后,如果还要检验下一个数,应重新计算平均值及标准差;

④ 该检验法适用于实验次数较多或要求不高时。

当以 $3S$ 为界时,要求 $n>10$;当以 $2S$ 为界时,要求 $n>5$。拉依达法是最常用的异常数据判定与剔除方法。

（2）狄克逊（Dixon）法

狄克逊法通过极差比判定和剔除异常数据。与一般比较简单极差的方法不同，为了提高判断效率，该法对不同的实验量测定数据应用不同的极差比进行计算。狄克逊认为，异常数据应该是最大数据和最小数据，因此其基本方法是将数据按大小排列，检验最大数据和最小数据是否为异常数据。此法适用于一组测定数据的一致性检验和剔除异常数据检验，可检出一个或多个异常值。但是，当最小值和最大值同为可疑值时，或者在最小值（或最大值）一侧同时出现两个及两个以上可疑值时，狄克逊法检验不理想。具体做法如下：先将实验数据 x_i 按值的大小排成顺序统计量 $x_1 \leqslant x_2 \leqslant x_3 \leqslant \cdots \leqslant x_n$，然后按照表2-1中公式计算统计量（$f_0$）。

表2-1　计算统计量 f_0

n	检验 $x_n(f_0)$	检验 $x_1(f_0)$
3~7	$(x_n-x_{n-1})/(x_n-x_1)$	$(x_2-x_1)/(x_n-x_1)$
8~10	$(x_n-x_{n-1})/(x_n-x_2)$	$(x_2-x_1)/(x_{n-1}-x_1)$
11~13	$(x_n-x_{n-2})/(x_n-x_2)$	$(x_3-x_1)/(x_{n-1}-x_1)$
14~25	$(x_n-x_{n-2})/(x_n-x_3)$	$(x_3-x_1)/(x_{n-2}-x_1)$

然后根据表2-2将 f_0 与 $f_{(n,\alpha)}$ 进行比较，如果 $f_0 > f_{(n,\alpha)}$，则判定该数据为异常数据，予以剔除。

表2-2　狄克逊检验临界值

n	显著水平（α）			n	显著水平（α）		
	0.10	0.05	0.01		0.10	0.05	0.01
3	0.886	0.941	0.988	15	0.472	0.525	0.616
4	0.679	0.765	0.899	16	0.454	0.507	0.595
5	0.557	0.642	0.780	17	0.438	0.490	0.577
6	0.482	0.560	0.689	18	0.424	0.475	0.561
7	0.434	0.507	0.637	19	0.412	0.462	0.547
8	0.479	0.554	0.683	20	0.401	0.450	0.535
9	0.441	0.512	0.635	21	0.391	0.440	0.524
10	0.409	0.477	0.597	22	0.382	0.430	0.514
11	0.517	0.576	0.679	23	0.374	0.421	0.505
12	0.490	0.546	0.642	24	0.367	0.413	0.497
13	0.467	0.521	0.615	25	0.360	0.406	0.489
14	0.492	0.546	0.641				

【**例 2-1**】　给出一组测量数据(20.30,20.39,20.39,20.39,20.40,20.40, 20.41,20.41,20.42,20.42,20.42,20.43,20.43,20.43,20.43),试用上述 2 种方法来判断有无异常值存在。

1. 利用拉依达法

$$\bar{x} = \frac{\sum x}{n} = \frac{306.07}{15} \approx 20.405$$

$$S = \sqrt{\sum (x - \bar{x})^2 / n} = 0.01498$$

$$3S \approx 0.04494$$

因为 $|x_1 - \bar{x}| = 0.105 > 3\sigma$,所以 x_1 为异常值,应予以舍弃。依据拉依达法逐一检验。

2. 利用狄克逊法

由于 $n = 15$,所以 $f_0 = (x_3 - x_1)/(x_{15} - x_1) = (20.39 - 20.30)/(20.43 - 20.30) \approx$ 0.6923。然后根据表 2-2 将 f_0 与 $f_{(n,\alpha)}$ 进行比较,因为 $f_0 > f_{(15,0.01)}$,所以 x_1 为异常值,应予以舍弃。

依据同样的方法检验 x_{15}。

对于实验数据中的异常值,必须慎重判别,不能凭感觉处理。异常值有时能反映实验中的某些重要信息,这类"异常值"会深化人们对客观事物的认识,如果随意剔除,可能就会失去发现和了解新事物的机会,故对任何异常值,都应首先在技术上寻找原因,如果从技术上无法判断,则可通过上述检验方法进行判别,并进一步处理。

三、素质教育元素

1. 数据资料要符合统计规律,警惕异常值给实验结果带来的不良影响

数据是事物某些特征的量化,看似凌乱的数字,实际遵守自然法则和自然规律,符合统计学规律。在一组资料内,绝大多数数据遵守这些规律,然而,某个数据破坏了自然法则或统计学规律,这个数据就是异常值。下面以"鹤立鸡群"为例,说明何为异常值。

鹤立鸡群,出自东晋·戴逵《竹林七贤论》,是指像鹤站在鸡群中一样,比喻一个人的仪表或才能在周围一群人里显得很突出。从动物类群角度来看,鹤和鸡显然不是同一个类群;从数据的视角来看,一组数据是鸡群中每只鸡某个特征的量化,这组数据代表着鸡这一类群。鹤的该特征量化产生的数据就是异常值,因为它与鸡不是同一类群,就应该剔除。判定异常值时,首先看最大值或最小值

是不是异常值,以最大数为例:如果最大数代表一只大个儿的鸡,则仍属于同一类群,此数据就是正常值;如果最大数代表一只鹤,不是鸡,此数据就是异常值,统计分析前应当剔除。

要检查数据的完整性、准确性、一致性和规律性,首先需要检查数据是否有遗漏、重复或错误,分析数据是否符合预期的分布和趋势。例如,事物某一特征变量服从正态分布,当显著水平为 0.01 时,变量置信区间为[平均数减三倍标准差,平均数加三倍标准差],该区间包含了 99% 以上的数据,超出置信区间的数据就判定为异常数据,应当剔除。

2. 数据资料的收集、检查与核对工作要从实际出发,理论联系实际,实事求是,绝不允许弄虚作假

《中国共产党章程》把党的思想路线的基本内容完整地表述为:"一切从实际出发,理论联系实际,实事求是,在实践中检验真理和发展真理。"在资料的收集和整理阶段,要求研究者认真对待实际获得的每一个数字,绝不允许出现拼凑数据、修改数据等科研不端行为。弄虚作假不仅会让人迷失自己,而且可能会给社会带来极大的负面影响,因此不能抱有侥幸心理,不能急功近利,要守住做人、做事的道德底线,踏实做事。

3. 完整、正确的数据资料是统计分析的基石

近代中国出版家邹韬奋在《抗战以来》一书中提到:"这无量数的中华民族的优秀儿女,奠定了中国必然得到独立自由的基石。"郭小川《送同志们》诗中写道:"人民群众是我们生命的基石。"万事万物都是由小到大、由低到高、由弱到强逐渐发展的,在这个过程中筑牢基石尤为重要。只有基石牢固,万丈高楼才能拔地而起,才能固若金汤。如果基石没打牢固就建起高楼大厦,这样的大楼犹如无本之木,一旦有轻微的震动,就会轰然倒塌,带来不可想象的严重后果。数据分析也是如此,完整、正确的数据资料是统计分析的基石,依靠数据造假虚构的美梦终将破裂。

例如,日本小保方晴子 STAP 细胞造假事件。2014 年 1 月,小保方晴子宣称设计出一种多能干细胞(STAP)的简便培养方法,这种培养方法可以像更换零件一样进行器官移植,这引发了全世界干细胞研究者的广泛关注。在日本多家媒体的大肆炒作下,小保方晴子成了日本"国宝"级科学家,被视为"日本居里夫人"。然而,她的两篇论文发表在英国《自然》杂志之后,有科学家指出论文有造假嫌疑。很快,调查委员会召开新闻发布会,宣布小保方晴子的论文确实存在数据造假。此时,除小保方晴子坚持自己的说法外,其他共同作者要求撤回论文。

为了搞清楚小保方晴子到底有没有数据造假,在保证 24 小时不间断监控条件下,小保方晴子和另一位科学家分别在两间实验室同时进行 STAP 的培养方法验证,实验结果未能确认存在 STAP 现象。至此,萦绕了近一年的科学丑闻尘埃落定。

又如,韩国克隆之父黄禹锡造假风波。2004—2005 年,时任韩国首尔大学教授的黄禹锡和他的研究团队在《科学》杂志上发表多篇论文,宣布他们不仅可以成功克隆患者匹配型干细胞,还可以成功克隆人类胚胎干细胞。然而,科学家们的眼睛都是雪亮的,很快,黄禹锡的学术造假行为被揭露。同时,媒体也报道了实验研究过程中黄禹锡取用其他研究人员卵子的情况。首尔大学通过调查证实,黄禹锡的干细胞研究成果均属子虚乌有,韩国政府立即取消黄禹锡"韩国最高科学家"称号,黄禹锡本人也因涉嫌侵吞科研经费、以非道德手段获取他人卵子等问题遭到起诉。

◎ 案例九——数据资料的整理

一、素质教育目标

让学生在学习、生活和工作中学会化繁为简,站在更高的维度看世界,努力成为智者。

二、教学内容

对数据资料进行检查、核对后,应根据数据资料中观测值的多少确定是否分组整理。当观测值不多($n<30$)时,不必分组,可直接进行统计分析;当观测值较多($n\geq30$)时,就必须将观测值分成若干组。将观测值分组后,便可绘制次数分布表和次数分布图,观察资料的集中和变异情况。对不同类型的资料,整理的方法略有不同。

(一)离散型资料的整理

离散型资料基本上采用单项式分组法(monomial grouping method)整理,其特点是用样本变量自然值(观测值)进行分组,每组用一个或几个观测值来表示。分组时,可将样本中的变量分别归入相应的组内,然后制成次数分布表。

【例 2-2】　以某小麦品种的每穗小穗数为例,随机抽取 110 个麦穗,计算每穗小穗数,未整理的资料如表 2-3 所示。

表 2-3　110 个麦穗的小穗数目　　　　　　　　　　单位：个

18	15	17	19	16	15	20	18	19	17
18	17	16	18	20	19	17	16	18	17
16	17	19	18	18	17	17	17	18	18
15	16	18	18	18	17	20	19	18	17
19	15	17	17	17	16	17	18	18	17
19	19	17	19	17	18	16	18	17	17
19	16	16	17	17	17	18	17	16	18
19	18	18	19	19	20	15	16	19	18
17	18	20	19	17	18	17	17	16	15
16	18	17	18	16	17	19	19	17	17
18	17	18	19	17	18	18	15	17	16

解　当所调查资料变化不大时，以每个取值为一组。当资料较多，变异范围较大时，可扩大为以几个相邻观测值为一组，适当减少组数，这样资料的规律性就会更加明显，对资料进一步计算分析也比较方便。本例中，某小麦品种的每穗小穗数仅有 6 种数值，分别是 15,16,17,18,19 和 20，以每个取值为一个组将表2-3 中的数据分成 6 组，然后分组进行计数，便可得到表 2-4 形式的次数分布表。

从表 2-4 中可以看出，一堆杂乱无章的原始数据资料，对其初步整理后，就可了解这些资料反映的大概情况：随机抽取 110 个麦穗，每穗小穗数绝大多数为16～19 个；小穗数为 17 的麦穗最多，有 35 个，占比为 31.8%；小穗数为 18 的麦穗第二多，共有 29 个，占比为 26.4%。

表 2-4　110 个麦穗的小穗数的次数分布表

每穗小穗数(x)/个	频数(f)/个	频率(W)/%
15	7	6.4
16	16	14.5
17	35	31.8
18	29	26.4
19	18	16.4
20	5	4.5
合计	110	100

（二）连续型资料的整理

连续型资料不能按计数资料的分组方法进行整理，一般采用组距式分组法，

即在分组前需要确定全距、组数、组距、组中值及各组上下限,然后将全部观测值
按大小归组。

【例2-3】 以 100 名 45~50 岁中年男子血糖测定结果(见表 2-5)为例,说明
连续型资料整理的方法及步骤。

表 2-5　100 名 45~50 岁中年男子血糖测定结果　　　单位:mmol/L

4.55	3.15	5.92	3.73	3.34	4.01	4.09	4.49	5.47	3.90
4.34	4.15	5.17	6.08	4.99	7.00	5.32	3.71	4.99	6.29
4.96	5.55	4.57	4.9	4.98	4.88	4.48	4.52	3.28	4.47
4.16	4.67	6.03	5.10	4.28	4.41	3.39	4.22	4.21	4.03
3.81	5.63	3.87	3.13	3.86	4.27	5.08	4.75	2.96	3.75
4.94	4.88	5.63	4.57	5.12	4.02	4.10	4.55	6.14	6.16
4.66	5.33	2.82	4.33	3.13	4.65	3.95	5.63	4.94	4.87
4.30	4.16	4.09	4.36	5.50	6.33	4.54	4.39	3.95	3.81
4.25	3.18	3.69	2.50	4.38	3.87	5.74	5.26	4.18	4.33
5.16	3.67	4.38	4.25	3.42	4.12	4.96	5.92	3.02	4.68

1. 求全距

全距是数据资料中最大值与最小值之差。它是整个样本的变异幅度,又称
为极差(range),用 R 表示,即

$$R = \text{Max}(x) - \text{Min}(x) \tag{2-1}$$

表 2-5 中,最大值为 7.00,最小值为 2.50,因此 $R = 7.00 - 2.50 = 4.50$。

2. 确定组数

组数多少的确定,以达到既简化资料又不影响反映资料的规律性为原则。
组数要适当,不宜过多,亦不宜过少。一般确定组数,可参考表 2-6 的样本容量
与组数的关系来确定。

表 2-6　样本容量与组数的关系

样本容量(n)	组数	样本容量(n)	组数
30~100	6~10	200~500	12~17
100~200	9~12	500 以上	17~30

本例中,$n = 100$,根据表 2-6,初步确定组数为 8 组。

3. 确定组距

每组最大值与最小值之差称为组距,记为 i。分组时要求各组的组距相等。

组距的大小由全距与组数确定,计算公式为

$$组距(i)= 全距/组数 \tag{2-2}$$

本例中,$i=4.5/8 \approx 0.6$。

4. 确定组限及组中值

各组的最大值与最小值称为组限。最小值称为下限,最大值称为上限。每一组的中点值称为组中值,它是该组的代表值。组中值与组限、组距的关系如下:

$$组中值=\frac{组下限+组上限}{2}=组下限+\frac{1}{2}组距=组上限-\frac{1}{2}组距$$

组距确定后,首先要选定第一组的组中值。在分组时,为了避免第一组中观测值过多,一般要求第一组的组中值接近或等于资料中的最小值。第一组的组中值确定后,该组的组限即可确定,其余各组的组中值和组限也可相继确定。注意,最末一组的上限应大于资料中的最大值。表 2-5 中,最小值为 2.50,第一组的组中值取 2.70,因组距已确定为 0.6,所以第一组的下限 = 2.70-1/2×0.6 = 2.40;第一组的上限也就是第二组的下限,为 2.40+0.6 = 3.00;第二组的上限也就是第三组的下限,为 3.00+0.6 = 3.60;…,以此类推,一直到最后一组的上限大于资料中的最大值为止,于是可分组为:2.40~3.00,3.00~3.60,3.60~4.20,…。

5. 分组编制次数分布表

分组结束后,将资料中的每一观测值逐一归组,划线计数,然后制成次数分布表,见表 2-7。次数分布表不仅便于观察资料的规律性,而且可根据它绘制次数分布图及计算平均数、标准差等统计量。从表 2-7 中可以看出,100 名 45~50 岁男子血糖测定资料分布的一般趋势:这 100 名 45~50 岁男子中大部分人的血糖含量在 3.60~5.40 mmol/L 之间。

在归组划线时应注意,不要重复或遗漏,归组划线后将各组的次数相加,结果应与样本容量相等,如不等,证明归组划线有误,应予纠正。

表 2-7   100 名 45~50 岁中年男子血糖含量次数分布表

组别/(mmol·L^{-1})	组中值	次数	占比/%
(2.40,3.00)	2.70	3	3
(3.00,3.60)	3.30	9	9
(3.60,4.20)	3.90	24	24

组别/($mmol \cdot L^{-1}$)	组中值	次数	占比/%
(4.20,4.80)	4.50	29	29
(4.80,5.40)	5.10	19	19
(5.40,6.00)	5.70	9	9
(6.00,6.60)	6.30	6	6
(6.60,7.20)	6.90	1	1

三、素质教育元素

数据资料的整理体现出化繁为简的人生智慧

智者常常化繁为简,愚者往往化简成繁。威廉,一位出生于 14 世纪英国萨里郡奥卡姆的逻辑学家,被人们称为"奥卡姆的威廉"。他提出了一个"奥卡姆剃刀"原理,告诫人们"不要浪费更多的东西去做用更少的东西同样可以做好的事情"。"奥卡姆剃刀"原理被后人称为"简单有效的原理"。"奥卡姆剃刀"被奉为科学研究和理性思考的一项原则,它的锋芒所向,不仅"削"出了一个个精炼得无法再精炼的科学结论,而且造就了培根、哥白尼、牛顿等科学巨匠。这就是简单的魔力。拉尔夫·爱默生曾经说过:"简单是一件伟大的事情。"许多先进的仪器,使用起来非常方便;最精妙的方法,从来不在操作上纠缠不清。把事情简单化了,表达的意思就更清楚了,处理问题就更有力了,行动起来也能避免拖延,效果也会更好。所以,把事情简单化是一种重要的能力。

事实证明,"多"并不总是意味着更好。有时候,"多"是一件麻烦事,会让你忙得不可开交。在学习和工作中,我们也要学会把复杂的事情简单化,以摆脱当前的困境,同时大大提高工作效率,一石二鸟。人生路上,只有化繁为简,才能领悟生命的真谛,才能面对真实的内心。只有学会把事情简单化,才能从更高的维度看世界。把事情简单化是一种能力,这种能力是在广博的知识和丰富的生活经验的基础上逐渐磨炼出来的。

◎ 案例十一——常用统计表与统计图

一、素质教育目标

1. 通过数据图或表展示新中国的建设成就和人民生活水平的变化,增强学生的民族自豪感、荣誉感和归属感;增强学生的爱国、报国、强国之志。

2. 培养学生以"工匠精神"为核心的专业素养,鼓励学生细心观察和理解,有耐心、有毅力,一丝不苟,精益求精。

二、教学内容

通过前期对资料的整理,化繁为简可以得到简单直接的结果。为了更直观、形象地表达出统计分析的结果,我们可以用统计表表示数量关系;也可以绘制统计图,用几何图形表示数量关系。利用统计图、表,我们可以研究对象的特性、内部构成、相互关系等,并用语言描述图中显示的结果。

1. 编制统计表

(1) 统计表的结构和要求

统计表由表号、标题、横标目、纵标目、线条、数字资料及合计构成,其基本格式如图 2-1 所示。

表号　　标题

总横标目(或空白)	纵标目	合计
横标目	数字资料	
合计		

图 2-1　统计表的结构

编制统计表的总原则:结构简单,层次分明,内容安排合理,重点突出,资料准确,便于理解和比较分析。具体要求如下:① 标题要简明扼要、准确地说明表的内容,有时须注明时间、地点。② 标目分横标目和纵标目两项。横标目列在表的左侧;纵标目列在表的上端,并注明计量单位,如%,kg,cm 等。③ 表中数据一律用阿拉伯数字,并以小数点对齐,小数位数一致,无数字的用"—"表示或保持空栏,数字是"0"的则填写"0"。④ 表的上下两条边线略粗,纵、横标目间及合计用细线分开,表的左右边线可省去,表的左上角一般不用斜线。

(2) 统计表的种类

统计表可根据纵、横标目是否有分组分为简单表和复合表两类。

一个简单表由一组横标目和一组纵标目组成,两者都没有分组。此类表适用于简单资料的统计,如表 2-8 所示。复合表由两组或多组横标目和纵标目组合而成,或一组横标目与两组或多组纵标目组合而成。此类表适用于复杂资料的统计,如表 2-9 所示。

表 2-8　给药方式对治疗效果的影响

给药方式	有效	无效	合计
口服	58(61.95)	40(36.05)	98($R1$)
注射	64(60.05)	31(34.95)	95($R2$)
合计	122($C1$)	71($C2$)	193(T)

表 2-9　激素和浸润时间对大豆种子出苗的影响

浓度(A)	时间(B)		
	$H1$	$H2$	$H3$
$M1$	13	14	14
$M2$	12	12	13
$M3$	3	3	3
$M4$	10	9	10
$M5$	2	5	4
合计	40	43	44

2. 绘制统计图

常用的统计图有柱状图(bar chart)、饼图(pie chart)、线图(line chart)、直方图(histogram)、散点图(scatter plot)和折线图(broken-line chart)等。图形的选择取决于资料的性质。一般情况下,连续型数据资料采用直方图和折线图,离散型数据资料常用柱状图、线图或饼图。

(1)绘制统计图的基本要求

标题简明扼要,列于图的下方;纵轴和横轴应有刻度并标明单位,横轴从左到右,纵轴从下到上,数值由小到大;图形的横纵比约为 5∶4 或 6∶5。图中需要用不同颜色或线条表示不同事物时,应予以说明。

(2)常用统计图及其绘制方法

直方图适合于表示连续数据的频率分布。作图时,以横坐标表示每组的组限,以纵坐标表示次数或频率。根据每组的大小和次数,用直线连成一个个长方形,长度表示数值,宽度表示组距。它们之间没有距离(见图 2-2)。前一组的上限和后一组的下限可以合并共享。柱状图与直方图类似,只是相邻两列之间有一定的距离,如图 2-3、图 2-4 所示。

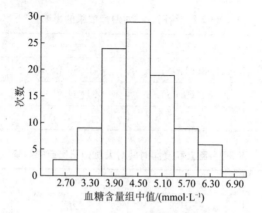

图 2-2 45~50 岁中年男子血糖含量次数分布图

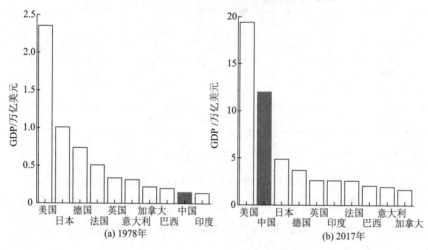

图 2-3 各国国内生产总值（GDP）

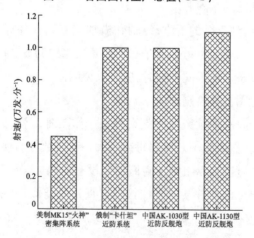

图 2-4 2019 年世界主流近防反舰炮射速对比

折线图用于显示事物或现象如何随时间变化和发展。折线图有两种类型的:单线图和多线图。单线图可显示某一事物或现象的动态(见图 2-5)。

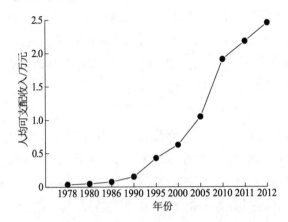

图 2-5　1978—2012 年我国城镇居民年人均可支配收入

三、素质教育元素

1. 通过数据图或表展示新中国的建设成就和人民生活水平的变化,增强学生的民族自豪感、荣誉感和归属感;增强学生的爱国情、报国心、强国志

从图 2-3 可以看出,改革开放前,我国的国内生产总值只有 1 495 亿美元,到 2017 年,我国的国内生产总值超过了 12 万亿美元,跃升至世界第二位。从图 2-5 可以看出,从 1978 年到 1990 年我国城镇居民年人均可支配收入增加幅度偏小,从 1990 年开始,我国城镇居民年人均可支配收入直线上升,增幅明显。这两幅图均表明,改革开放以来,我国经济实力突飞猛进,综合国力极大提升,人民生活水平逐年提高。通过绘制统计图,可以让学生更清楚地认识当今世界,同时了解中国特色社会主义建设所取得的丰功伟绩,增强学生的民族自豪感、荣誉感和归属感。图 2-4 可以让学生了解当前世界主流的近防反舰炮,包括美国的火神 MK15、俄罗斯的卡什坦和中国的万发炮(AK-1030 和 AK-1130)。中华人民共和国成立 70 周年的阅兵式展示了威武霸气的万发炮 AK-1130,该近防反舰炮射速每分钟 11 000 发,目前已装备于辽宁号航母、太原巡航舰,可用雷达控制自动向来袭的导弹射击,能够有效拦截高超音速的导弹,拦截率高达 96%,是当今世界上最先进的近防炮,体现了我国科技的强大实力。这可以增强学生的民族自豪感,激发他们的爱国热情。

改革开放以来,在党和人民的同心协力下,我国取得了举世瞩目的成就,经济步入正轨,成为世界第二大经济体。短短几十年,我们走完了西方发达国家几百年才走完的工业之路。尽管我国在各个领域都取得了举世瞩目的成就，但我们必须清醒地认识到，我国与日本、欧美发达国家还存在很大差距。尤其是在半导体工艺装备（晶圆生长技术、薄膜形成、光刻、刻蚀）、全球工程机械、工业机器人、轴承、高端精密装备等诸多核心领域，我们还没有话语权。让学生认识到我国与西方发达国家在某些方面的差距，可以增强学生的使命感和责任感，激发学生的爱国奉献精神，激发学生树立报国志向。

2. 图表制作要体现"工匠精神"

现代社会推崇认真负责、精工细作、精益求精的"工匠精神"。从社会角度看，"工匠精神"是一种合作、守约、讲诚信、分工协作、合作共赢、诚信为本的社会风气；从企业层面看，"工匠精神"是一种创造精品、创造技术、树立标准、持之以恒、精益求精、开拓创新的企业文化；从个人层面看，"工匠精神"是指做事踏实、持之以恒、一丝不苟的爱岗敬业精神。2015年中央电视台《大国工匠》系列节目的播出在社会上引发了一场关于"工匠精神"的讨论，此后"工匠精神"逐渐上升到国家层面，在全社会弘扬劳模精神，弘扬工匠精神，营造工作至上、追求卓越的敬业氛围。因此，高校应立足于培养学生的"工匠精神"，造就适应社会需求的高素质人才。

统计分析的结果以表格或图的形式显示，可以更直观地反映数学关系。要注意的是，图表格式应符合具体要求。例如，将描述性统计结果和多重比较结果绘制成直方图或折线图，可以直观地显示组间差异。首先，删除统计软件自动生成的图表不符合要求的内容（网格线、边框、背景色等）；其次，补充图表缺失的必要信息；第三，做好绘图的每一项细节工作。绘图时，设置横坐标和纵坐标的最小值和最大值，以及主要刻度单位，根据多重比较的结果和横坐标放置的标记字母，添加纵坐标标题，调整横坐标和纵坐标的长度比例等。这要求学生不仅要具有较强的洞察力，还要细心、耐心。要做好绘图和制表工作，需要学生具有"工匠精神"。只有这样，才能在软件自动生成的图表的基础上，结合实际进行修改、完善，精益求精，逐步形成规范、简约和美观的图表。

◎ 案例十一——平均数与变异数

一、素质教育目标

1. 通过对平均数与变异数之间关系的深入学习，帮助学生正确理解普遍性与特殊性的辩证关系，在日常生活、学习和工作中，分析问题时能注重综合考量，防止以偏概全,防止经验主义和主观主义。

2.通过对加权平均数的加权的思考,让学生正确理解"权"与"理"的辩证关系,理解"权"的使用在数学上的"可行性"和道德上的"不可取",体会科学与道德的关系。

3.引导学生思考并领会"选择大于努力"蕴含的人生哲理,引导学生开拓创新、务实奋进,主动适应新形势、新变化、新要求,走出一条适应形势、切合实际的发展之路。

二、教学内容

变量分布具有明显的集中和离散的基本特征。集中性是指观测值以某一数值为中心而分布的特性。离散性是指观测值偏离中心点的特性。为了反映观测值分布的这两个特性,我们需要计算它们的特征数。分析集中性的目的是确定分布的中点并能代表整组数据的值。该值是平均值,最常使用的是算术平均值,此外还有几何平均值、调和平均值、中位数和众数。离散性的特征数是变异数,包括标准差、方差、极差、变异系数等,其中最常用的是标准差。为了弥补在某些时候平均数和标准差包含的样本量信息有限的不足,还需要使用另外一些特征数,如偏度和峰度。

1. 平均数

平均数是统计学中最常用的统计量,用来表示资料中各观测值相对集中较多的中心位置,可以作为资料的代表值与另一组资料进行比较。平均数主要包括算术平均数、中位数、众数、几何平均数等。

(1)算术平均数

算术平均数是指资料中各观测值的总和除以观测值个数所得的商,简称平均数或均值,记为 $\bar{x}$。算术平均数可根据样本大小及分组情况采用直接法或加权法计算得到。

1)算术平均数计算法。

① 直接法:主要用于样本含量 $n<30$、未经分组的资料平均数的计算。

设某一资料包含 n 个观测值 $x_1, x_2, \cdots, x_n$,则样本平均数 $\bar{x}$ 可通过下式计算:

$$\bar{x} = \frac{x_1 + x_2 + \cdots + x_n}{n} = \frac{\sum_{i=1}^{n} x_i}{n} \tag{2-3}$$

其中，$\sum$ 为求和符号；$\sum_{i=1}^{n} x_i$ 表示从第一个观测值 x_1 累加到第 n 个观测值 x_n。当 $\sum_{i=1}^{n} x_i$ 在意义上已明确时，可简写为 $\sum x$，即式(2-3)可改写为

$$\bar{x} = \frac{\sum x}{n} \qquad (2\text{-}4)$$

【例2-4】 在某种玉米生长到 80 天时，测得 12 棵玉米株的高分别为 2.0, 2.1, 2.4, 1.7, 1.9, 2.0, 1.8, 2.1, 2.1, 1.9, 1.7, 2.3(单位:m)，求其平均株高。

解 $\sum x = 2.0 + 2.1 + 2.4 + 1.7 + 1.9 + 2.0 + 1.8 + 2.1 + 2.1 + 1.9 + 1.7 + 2.3 = 24.0, n = 12$。

代入式(2-4)得 $\bar{x} = \dfrac{\sum x}{n} = \dfrac{24.0}{12} = 2.0(\text{m})$，即 12 棵玉米株平均株高为 2.0 m。

② 加权法:对于样本含量 $n \geq 30$ 且已分组的资料，可以在次数分布表的基础上采用加权法计算平均数，计算公式为

$$\bar{x} = \frac{f_1 x_1 + f_2 x_2 + \cdots + f_k x_k}{f_1 + f_2 + \cdots + f_k} = \frac{\sum_{i=1}^{k} f_i x_i}{\sum_{i=1}^{k} f_i} = \frac{\sum fx}{\sum f} \qquad (2\text{-}5)$$

式中，x_i 为第 i 组的组中值；f_i 为第 i 组的次数；k 为分组数。

第 i 组的次数 f_i 是权衡第 i 组的组中值 x_i 在资料中所占比重大小的数，因此 f_i 称为 x_i 的"权"，加权法由此而得名。

计算若干个来自同一总体的样本平均数的平均数时，如果样本含量不等，也应采用加权法计算。

【例2-5】 某县有 3 家养羊农场，甲农场有黑山羊 1 800 头，其平均体重为 75 kg;乙农场有黑山羊 2 000 头，其平均体重为 80 kg;丙农场有黑山羊 1 200 头，其平均体重为 90 kg。该县 3 家农场黑山羊的平均体重为多少?

解 此例中 3 家农场养羊的头数不等，要计算 3 个羊群混合后的平均体重，应以 3 群羊的头数为权，求 3 个羊群平均体重的加权平均数，即

$$\bar{x} = \frac{\sum fx}{\sum f} = \frac{1\,800 \times 75 + 2\,000 \times 80 + 1\,200 \times 90}{5\,000} = 80.6(\text{kg})$$

即 3 个羊群混合后的平均体重为 80.6 kg。

2）算术平均数的基本性质。

① $\bar{x}$ 的大小受样本内每个值的影响；

② 若每个 x_i 都乘以相同的数 K,则 $\bar{x}$ 也应乘以 K；

③ 若每个 x_i 都加上相同的数 A,则 $\bar{x}$ 也应加上 A；

④ 样本各观测值与平均数之差的和为零,即离均差之和等于零,可写成

$$\sum_{i=1}^{n} (x_i - \bar{x}) = 0 (或简写成 \sum (x - \bar{x}) = 0)$$

⑤ 样本离均差的平方的总和,比各观测值与任何一个其他的数值离差的平方和要小,即离均差的平方和最小。

$$\sum_{i=1}^{n} (x_i - \bar{x})^2 \leqslant \sum_{i=1}^{n} (x_i - a)^2 (a 为任意实数)$$

通常用 μ 表示总体平均数,有限总体的平均数为

$$\mu = \frac{\sum_{i=1}^{n} x_i}{N} (N 为总体所包含的个体数) \tag{2-6}$$

当一个统计量的数学期望等于所估计的总体参数时,称此统计量为该总体参数的无偏估计量。统计学中常用样本的算术平均数($\bar{x}$)作为总体平均数(μ)的无偏估计量。

【例 2-6】 将 100 名 45~50 岁中年男子血糖含量(单位:mmol/L)资料整理成次数分布表如表 2-10 所示,求其加权平均数。

表 2-10　100 名 45~50 岁中年男子血糖含量次数分布表

组别	组中值(x_i)	次数(f_i)	$f_i x_i$
(2.40,3.00)	2.70	3	8.10
(3.00,3.60)	3.30	9	29.70
(3.60,4.20)	3.90	24	93.60
(4.20,4.80)	4.50	29	130.50
(4.80,5.40)	5.10	19	96.90
(5.40,6.00)	5.70	9	51.30
(6.00,6.60)	6.30	6	37.80
(6.60,7.20)	6.90	1	6.90
合计		100	454.80

解 利用式(2-5)得

$$\bar{x} = \frac{\sum f x}{\sum f} = \frac{454.80}{100} = 4.55(\text{mmol/L})$$

即这 100 名 45~50 岁中年男子血糖平均含量为 4.55 mmol/L。

(2) 中位数

将资料中所有的观测值按升序排列,中间的观测值称为中位数,记为 M_d。当观测值个数为偶数时,中位数为两个中心观测值的平均值。在分组资料中,中位数就是样本个数最多的那一组的组中值。当得到的数据呈偏态分布时,用中位数表示优于用算术平均数表示。计算数据中位数的方法是先将观测值按从小到大的顺序排列,然后计算:

1)当观测值个数 n 为奇数时,$(n+1)/2$ 位置的观测值即 $x_{(n+1)/2}$ 为中位数:

$$M_d = x_{(n+1)/2} \tag{2-7}$$

2)当观测值个数 n 为偶数时,$n/2$ 和 $n/2+1$ 位置的两个观测值之和的 1/2 为中位数,即

$$M_d = \frac{x_{n/2} + x_{(n/2+1)}}{2} \tag{2-8}$$

以下几种情形可以用中位数代表资料的集中趋势:第一,数据呈偏态分布,此时极值严重影响平均数的大小,而不会影响中位数的大小;第二,数据中包含未确定数值,且不能去除;第三,数据呈尾端开放式分布,不清楚尾部还包含哪些数据;第四,数据为顺序资料数据,只能比较大小,不能测定距离。

【例 2-7】 疾控中心调查了某种病毒的 11 位感染者,他们的潜伏期(单位:天)分别为 1,3,5,7,3,3,6,15,16,10,10,求中位数。

解 先将数据按升序排列:1,3,3,3,5,6,7,10,10,15,16,$n=11$ 是奇数,第 6 位的 6 就是中位数,所以平均潜伏期为 6 天。

【例 2-8】 随机抽取某钢铁厂工人 18 名,测得其白细胞棘突占比(单位:%)分别为 0,0,1,1,2,2,3,4,5,7,7,8,8,8,10,10,11,12,求中位数。

解 $n=18$ 是偶数,中位数是第 9 位和第 10 位观测值的算术平均数。

$$M_d = \frac{5+7}{2} = 6$$

(3)几何平均数

n 个观测值乘积的 n 次方根称为几何平均数,用 G 表示。几何平均数主要用于畜牧业和水产养殖业的生产动态分析,以及牲畜疾病和药效的统计分析。

例如,家畜、家禽和水产养殖的增长率、抗体滴度、药效等用几何平均数表示优于用算术平均数表示。其计算公式为

$$G = \sqrt[n]{x_1 \cdot x_2 \cdot \cdots \cdot x_n} \tag{2-9}$$

【例 2-9】 有 5 人,他们的血清抗体效价分别为 $1:100,1:1\,000,1:100\,000,$ $1:100\,000,1:100\,000$,求其效价倒数的平均水平。

$$G = \sqrt[5]{100 \times 1\,000 \times 100\,000 \times 100\,000 \times 100\,000} = 10\,000$$

(4) 调和平均数

资料中每个观测值倒数的算术平均数的倒数称为调和平均数,用 H 来表示。调和平均数主要用于反映生物体不同阶段的平均生长速率或不同大小的平均规模。

$$H = \cfrac{1}{\cfrac{1}{n}\left(\cfrac{1}{x_1} + \cfrac{1}{x_2} + \cdots + \cfrac{1}{x_n}\right)} = \cfrac{1}{\cfrac{1}{n}\sum \cfrac{1}{x}} \tag{2-10}$$

【例 2-10】 一种飞蛾种群世代规模都在波动,连续 4 个世代的规模(单位:头)分别为 130,135,150,130。试计算平均世代规模。

解 利用公式(2-10)求平均规模:

$$H = \cfrac{1}{\cfrac{1}{4}\left(\cfrac{1}{130} + \cfrac{1}{135} + \cfrac{1}{150} + \cfrac{1}{130}\right)} = \cfrac{1}{\cfrac{1}{4} \times 0.029\,5} = 135.6(\text{头})$$

即该飞蛾种群平均世代规模为 135.6 头。

对于相同的资料,其算术平均数>几何平均数>调和平均数,最常用的是算术平均数。

(5) 众数

资料中出现次数最多的那个观测值或次数分布表中次数最多的一组的组中值称为众数,记为 M_0。众数不易受极端值的影响,一组数据可能没有众数或有几个众数。众数主要用于反映分类数据特征,也可用于顺序数据和数值型数据分析。如表 2-10 所列出的次数分布表中,4.20~4.80 这一组次数最多,其组中值为 4.50 mmol/L,则该资料的众数为 4.50 mmol/L。

众数不仅可表示变量分布的形状,还能衡量变量的集中趋势。有两类数据的集中趋势只能用众数表示:第一类是名义数据,不能衡量其均值,只能衡量其次数,众数是描述此类数据集中趋势的唯一选择;第二类是计数数据,只有整数值,不能计算样本的平均值,用众数来代表这一类数据的集中趋势比较合理。

（6）众数、中位数和平均数的关系

众数不易受极端值影响，具有不唯一性，在数据分布偏斜程度较大时应用；中位数不易受极端值影响，在数据分布偏斜程度较大时应用；平均数易受极端值影响，在数据对称分布或接近对称分布时应用。众数、中位数和平均数的关系如图 2-6 所示。

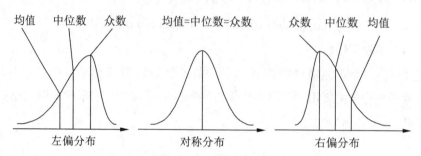

图 2-6 众数、中位数和平均数的关系图

（7）四分位数

四分位数是指把所有数值由小到大排列并分成四等份后，处于三个分割点位置的数。其不受极端值的影响，主要用于顺序数据，也可用于数值型数据，但不能用于分类数据，在统计学中的箱线图绘制中常可用四分位数。

第一四分位数（Q_1），又称"较小四分位数"，等于该样本中所有数值由小到大排列后第 25% 的数字。第二四分位数（Q_2），又称"中位数"，等于该样本中所有数值由小到大排列后第 50% 的数字。第三四分位数（Q_3），又称"较大四分位数"，等于该样本中所有数值由小到大排列后第 75% 的数字。第三四分位数与第一四分位数的差距又称四分位距（interquartile range，IQR）。参考图 2-7 可理解相关概念。

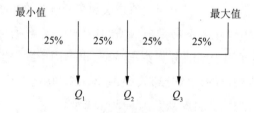

图 2-7 四分位数

【例 2-11】 已知 9 个家庭的人均月收入数据：1 500，750，780，1 080，850，960，2 000，1 250，1 630，求 Q_1 和 Q_3。

解 排序后的数据：750，780，850，960，1 080，1 250，1 500，1 630，2 000。

位置：$12Q_1 34567Q_3 89$。

Q_1 位置 $= \dfrac{9+1}{4} = 2.5$，Q_3 位置 $= \dfrac{3(9+1)}{4} = 7.5$

$Q_1 = \dfrac{780+850}{2} = 815$，$Q_3 = \dfrac{1\ 500+1\ 630}{2} = 1\ 565$

【例 2-12】 已知 10 个家庭的人均月收入数据：660，750，780，850，960，1 080，1 250，1 500，1 630，2 000，求 Q_1 和 Q_3。

解 位置：$12Q_1 345678Q_3 910$。

Q_1 位置 $= \dfrac{10+1}{4} = 2.75$，Q_3 位置 $= \dfrac{3(10+1)}{4} = 8.25$

$Q_1 = 750+0.75\times(780-750) = 772.5$

$Q_3 = 1\ 500+0.25\times(1\ 630-1\ 500) = 1\ 532.5$

2. 变异数

前文提到，观测值的分布具有集中和离散两个特征，因此仅仅计算表示其集中程度的均值是不够的，还必须计算变异系数来衡量其离散程度。用于反映离散性的指标有很多，常用的有极差、方差、标准差和变异系数，其中标准差应用最为广泛。

（1）极差

极差，又称全距（R），用来表示统计资料中的变异量数，是一组数据中最大值与最小值之间的差距，即

$$R = \mathrm{Max}(x_i) - \mathrm{Min}(x_i) \qquad (2\text{-}11)$$

在统计学中，极差常被用来描述一组数据的离散程度和波动幅度，反映变量分布的变异幅度和离散幅度。一组数据中，任意两个数据的差值不能超过极差。极差越大，数据离散程度越大；反之，数据离散程度越小。

极差只能表示数据的最大离散范围，没有利用所有数据的信息，因此不能全面反映数据的差异状况。极差表示的离散范围是对总体标准差的有偏估计，当它乘以修正系数后，可以作为总体标准差的无偏估计。其优点是计算简单、含义直观、使用方便，因此在数据统计处理中得到广泛应用。但是，其值只取决于大、小两个极值，且不能反映变量的分布情况，因此不能作为比较变量。

（2）方差

为了准确地表示样本内各个观测值的变异程度，先求出各个观测值与平均数的离差，即 $(x-\bar{x})$，称为离均差。然后将各个离均差平方，求 $(x-\bar{x})^2$。再求离均差

平方和,即 $\sum (x - \bar{x})^2$,简称平方和,记为 SS。由于离均差平方和常随样本大小而改变,为了消除样本大小的影响,用平方和除以样本大小,即 $\sum (x - \bar{x})^2/n$,求出离均差平方和的平均数。为了使所得的统计量是相应总体参数的无偏估计量,在求离均差平方和的平均数时,分母不用样本含量 n,而用自由度 $n-1$,于是,可采用统计量 $\left[\sum (x - \bar{x})^2\right]/(n-1)$ 表示样本的变异程度。统计量 $\left[\sum (x - \bar{x})^2\right]/(n-1)$ 称为均方(mean square,MS),又称样本方差,记为 S^2,即

$$S^2 = \frac{\sum (x - \bar{x})^2}{n-1} \tag{2-12}$$

相应的总体参数叫总体方差,记为 σ^2。对于有限总体而言,σ^2 的计算公式为

$$\sigma^2 = \frac{\sum (x - \mu)^2}{N} \tag{2-13}$$

(3)标准差

1)标准差的定义。

由于样本方差带有原观测单位的平方单位,在仅表示一项资料中各观测值的变异程度而不做其他分析时,常需要与平均数配合使用,这时应将平方单位还原,即应求出样本方差的平方根。统计学上把样本方差 S^2 的平方根称为样本标准差,记为 S,即

$$S = \sqrt{\frac{\sum (x - \bar{x})^2}{n-1}} \tag{2-14}$$

由于 $\sum (x - \bar{x})^2 = \sum (x^2 - 2x\bar{x} + \bar{x}^2) = \sum x^2 - 2\bar{x}\sum x + n\bar{x}^2 = \sum x^2 - n\bar{x}^2 = \sum x^2 - \frac{(\sum x)^2}{n}$,因此

$$S = \sqrt{\frac{\sum x^2 - \frac{(\sum x)^2}{n}}{n-1}} \tag{2-15}$$

相应的总体参数叫总体标准差,记为 σ。对于有限总体而言,σ 的计算公式为

$$\sigma = \sqrt{\frac{\sum (x - \mu)^2}{N}} \tag{2-16}$$

2) 标准差的计算方法。

① 直接法。对于未分组或小样本资料,可直接计算标准差。

【例 2-13】 10 只新疆细毛羊产绒量(单位:g)分别为 450,450,500,500,550,550,550,600,600,650,请计算标准差。

解　此例中 $n = 10$,经计算得 $\sum x = 5\,400$, $\sum x^2 = 2\,955\,000$,代入式(2-15)得

$$S = \sqrt{\frac{\sum x^2 - (\sum x)^2/n}{n-1}} = \sqrt{\frac{2\,955\,000 - 5\,400^2/10}{10-1}} = 65.828(\text{g})$$

即 10 只新疆细毛羊产绒量的标准差为 65.828 g。

② 加权法。对于已制成次数分布表的大样本资料,可利用次数分布表,采用加权法计算标准差。计算公式为

$$S = \sqrt{\frac{\sum f(x - \bar{x})^2}{\sum f - 1}} = \sqrt{\frac{\sum fx^2 - (\sum fx)^2/\sum f}{\sum f - 1}} \tag{2-17}$$

式中,f 为各组次数;x 为各组的组中值;$\sum f = n$ 为总次数。

【例 2-14】 100 名 45~50 岁中年男子血糖含量(单位:mmol/L)次数分布如表 2-11 所示,请计算标准差。

表 2-11　100 名 45~50 岁中年男子血糖含量次数分布

组别	组中值(x_i)	次数(f_i)	$f_i x_i$	$f_i x_i^2$
(2.40,3.00)	2.70	3	8.10	21.87
(3.00,3.60)	3.30	9	29.70	98.01
(3.60,4.20)	3.90	24	93.60	365.04
(4.20,4.80)	4.50	29	130.50	587.25
(4.80,5.40)	5.10	19	96.90	494.19
(5.40,6.00)	5.70	9	51.30	292.41
(6.00,6.60)	6.30	6	37.80	238.14
(6.60,7.20)	6.90	1	6.90	47.61
合计		100	454.80	2 144.52

$$S = \sqrt{\frac{\sum fx^2 - (\sum fx)^2/\sum f}{\sum f - 1}} = \sqrt{\frac{2\,144.52 - 454.80^2/100}{100-1}} = 0.88(\text{mmol/L})$$

即 100 名 45~50 岁中年男子血糖含量的标准差为 0.88 mmol/L。

3）标准差的特性。

标准差的大小受数据中每个观测值的影响。如果观测值之间的变异很大，那么标准差也很大，反之亦然。数据中每个值加上或减去同一个常数，标准差保持不变；数据中每个值乘或除以一个常数 a，标准差变成原始标准差的 a 倍或 $1/a$。在数据服从正态分布的情况下，大约有 68% 的值落在平均值的一个标准差（$\pm S$）范围内；大约有 95% 的值落在平均值的 2 个标准差（$\pm 2S$）范围内；大约有 99% 的值落在平均值的 3 个标准差（$\pm 3S$）范围内。也就是说，极差约等于标准差的 6 倍。用极差可以粗略估计标准差。

（4）变异系数

变异系数是另一种统计量，用于衡量数据中观测值之间的变异程度。在比较两组或多组数据之间的变异性时，如果不同组的测量单位与平均值相同，则可以使用标准差进行比较。如果不同组的平均值相差且（或）测量单位不统一，则不能用标准差来比较变异程度，而应该用标准差与平均值的比值（相对值）来比较。我们把标准差与平均值的比值的百分数称为变异系数，用 CV 表示。计算变异系数的公式为

$$CV = \frac{S}{x} \times 100\% \tag{2-18}$$

变异系数是样本观测值的相对变异量，是不带单位的纯数字。

【例 2-15】 已知 11 岁儿童平均身高为 130 cm，标准差为 5 cm，而 9 个月婴儿平均身高为 70 cm，标准差为 4 cm，请问谁的身高变异程度大？

解 此例观测值虽然都是身高，单位相同，但它们的平均数不相同，只能用变异系数来比较其变异程度的大小。

11 岁儿童身高的变异系数：$CV = \frac{5}{130} \times 100\% = 3.85\%$；

9 个月婴儿身高的变异系数：$CV = \frac{4}{70} \times 100\% = 5.71\%$。

因此，9 个月婴儿身高的变异程度大于 11 岁儿童身高的变异程度。

知识链接

统计数据分为定性数据和定量数据。

（1）定性数据包括名义数据和有序数据。在定性数据中，若数据间不存在数量大小或顺序先后的区别，则称为名义数据，如性别、血型、职业等；

若数据间存在数量大小或顺序先后的区别,则称为有序数据。有序数据集中性的代表可选择众数和中位数。

（2）定量数据用于衡量某一指标在每个观测单元值的大小,得到的数据可分为计量数据和计数数据。计量数据:其变量值可由度量衡测定,即对每一个观察对象用定量的方法测定某项指标量的大小,且有度量衡单位。其取值是数轴上某一区间内的一切数值,理论上它们是无限可分的,如身高、体重。计数数据:其取值是 0,1,2 等不连续的量,是数轴上有限或无限的可数的值,两个数之间没有小数,如月新生儿数、年手术患者人数、人的牙齿数、脉搏数等。平均数、中位数和众数均可作为定量数据集中性的代表。

三、素质教育元素

1. 分析问题要综合考量,防止以偏概全,正确理解普遍性与特殊性的辩证关系

进行统计分析时要全方位考虑,绝对不可以断章取义,以偏概全。比如说,有一个小男孩很喜欢洗手,今天他已经洗了 10 次手。如果你问他一天要洗多少次手,他可能会告诉你,在今天晚上睡觉前,他洗手的次数将会超过 30 次。你每天洗手次数约 5 次,于是你便认为小男孩的洗手行为不正常,这样的结论往往是以偏概全的。

统计学如何区分正常与不正常呢? 首先要弄清楚上述案例是个案还是普遍现象。我们应当选取一个大样本,记录每个人在一天中洗手的次数,以洗手次数为变量,绘制每天洗手次数的次数分布图。分布图呈"一峰两尾"的高斯分布,大多数人每天洗手次数位于高斯分布中央部分(峰),即平均值附近。如果依照这个分布模型分析,前面例子当中这个小男孩每天洗手的次数偏离平均数,且偏误比较大,那么说明这个小男孩每天洗手的次数不正常。

一般性就是共性,就是事物普遍具有的特点;特殊性就是个性,就是事物独有的特点。共性包含在个性中,个性是共性的基础。没有离开共性的个性,也没有离开个性的共性,两者是辩证统一的关系。

对于一组数据而言,平均数代表共性,每个数据代表个性,每个数据与平均数差值的绝对值代表个体的特殊程度。

在实际工作中,我们要注重运用辩证思维考虑问题,正确理解普遍性与特殊性的辩证关系。

2. 正确理解"权"与"理"的辩证关系，明确科学与道德的关系

权重（weight）是指某一特定因素或指标对某事物的重要程度不同于一般的比例。权重不仅能反映某一特定因素或指标所占的比例，还能反映相对指标的贡献程度或重要性倾向。统计分析中"权重"被解释为"数据集重要性"，其本质是在评估过程中评估对象不同方面重要性的量化分布。权重考核不是客观的考核，现实生活中往往根据实际需要确定权重。通过让学生体验"权"的变化对评价结果的影响，加深他们对"权"的理解：让学生了解通过调整"权"可以达到一定的目的，但显然违背了"权重"的原则；让学生了解"权"的使用在数学上是"可行的"，在道德上是"不可取的"，从而进一步明确科学与道德之间的关系。通过对"权"与"理"的辩证关系的深入辨析，培养学生的世界观、人生观和价值观，实现思想政治教育的目标。

第 3 章　概率和概率分布

自然界发生的现象可以归为两大类:一类为确定性现象;另一类为非确定性现象,也称为随机现象。随机现象是统计学研究的对象,根据某一研究目的,在一定条件下对随机现象所进行的观察或实验,称为随机实验。随机实验的每一种可能结果称为随机事件。本章主要包括以下四个部分:第一部分,随机现象(random phenomena)、随机事件(random event)以及事件的相互关系;第二部分,频率(frequency)和概率(probability),主要包括概率的定义和性质、条件概率公式、乘法公式、全概率公式和贝叶斯公式,深入领会小概率实际不可能性原理;第三部分,常见概率分布的类型,重点是二项分布(binomial distribution)和正态分布(normal distribution)的概念、基本性质和概率计算;第四部分,抽样分布(sampling distribution),重点是抽样分布的概念和样本平均数的抽样分布。

◎ 案例十二——随机现象和随机事件

一、素质教育目标

引导学生利用随机性来提高生活中各方面的安全性。

二、教学内容

1. 随机现象

自然界中发生的现象可以分为两类:一类是确定性现象;另一类是非确定性现象,也称随机现象。确定性现象很容易理解,简单地说,就是原因完全决定结果。例如,如果一个外力将一个物体抛向空中,它总会或快或慢地落到地上。保持给定的条件(地球引力)不变重复进行实验,结果(物体落回地面)必然相同。随机现象是原因不能完全决定结果的现象,即在保持条件不变的情况下,重复进行实验,其结果未必相同。例如,掷一枚质地均匀的硬币,其结果可能是正面朝上,也可能是反面朝上;一天内进入某一商店的人数,可能是几个,也可能是几十个，或几百个，甚至几千几万个。除了控制因素外，还存在许多偶然因素，这些因素的配合方式和配合程度可能不同，导致某类现象的结果无法预测。

对随机现象进行大量研究，就能揭示其内在规律。概率论就是研究偶然现象规律性的科学。基于实际观测结果，利用概率论得出的规律，揭示偶然性存在的必然性的科学就是统计学。概率论是统计学的基础，而统计学则是概率论得出的规律在各领域中的实际应用。

2. 随机事件

在一定条件下根据研究目的对随机现象所进行的观察或实验统称为随机实验（random trial），简称实验。随机实验的结果不止一个，并且事先可能不知道会有哪些可能的结果，也不知道每一次实验会出现哪个结果。例如，在一定种植条件下，测量某一品种玉米的株高，对一株玉米株高的测量就是一次随机实验，测量 n 个植株就是做了 n 次重复的随机实验，但是每个植株的株高具体是多少，事先不可获知。

随机实验的每一种可能结果称为随机事件，简称事件（event），通常用 A，B，C 等来表示。我们把不能再分的事件称为基本事件，也称为样本点。例如，在编号为 1，2，3，4，5 的 5 件产品中随机抽取 1 件，则有 5 种不同的可能结果："取得编号是 1 的产品"，"取得编号是 2 的产品"，…，"取得编号是 5 的产品"，这 5 个事件都是不可再分的事件，是基本事件。由若干个基本事件组合而成的事件称为复合事件。如"取得编号小于 3 的所有产品"是一个复合事件，它由"取得编号是 1 的产品"和"取得编号是 2 的产品"2 个基本事件组合而成。

在一定条件下必然会发生的事件称为必然事件。例如，每天早晨太阳从东方升起，傍晚从西方落下。我们把在一定条件下不可能发生的事件称为不可能事件。例如，在编号为 1，2，3，4，5 的 5 件产品中随机抽取一件编号既是 2 又是 5 的产品，这是不可能事件。必然事件与不可能事件可以看作两个特殊的随机事件。

三、素质教育要素

1. 因地制宜，因人而异，合理利用随机现象，会产生意想不到的效果

"天有不测风云，人有旦夕祸福"，这说明了随机现象随时随地可能发生。"守株待兔"的故事中的农夫一次偶遇兔子撞死在树桩上，就高估了"兔子撞树桩"的概率，天天在树桩旁等待兔子送上门来，结果不言而喻，其失败的最根本原因是把随机现象当成了确定性现象。而"水中捞月"则是将不可能事件当作了可能事件。中国语言博大精深，某些成语可以表示随机事件发生可能性的大

小,如"成竹在胸""轻而易举""百发百中""一举成功""不费吹灰之力"等。

生活中主要有以下场景,可以合理利用随机现象:

场景之一:保护财产安全。例如,大多数人设定银行卡密码或账户密码时,为方便记忆,会把自己的生日和手机号作为密码,密码破译者可能会利用人们的这个偏好来猜测密码。如果密码是随机生成的,别人就很难猜测了。比如,手机收到的验证码就是随机生成的,这可以保证用户密码的安全,避免个人信息泄漏或遭受财产损失。

场景之二:维持生物多样性。某一个基因在生物的发育过程中规定了性状的表达,因此生物具有遗传性,这有助于生物世界的稳定。但这种稳定是相对的,因为在长期的发展过程中,基因的突变和重组不可避免地会发生。这种改变的基因使生物体的性状发生改变,即生物体发生变异,变异的随机性使生物体表现出多样性,从而保证后代能适应自然选择,可谓是"自适应"。

场景之三:提高网络或设备安全性。在通信工程中,冗余是出于对系统安全性和可靠性的考虑,人为地对某些关键部件或功能进行的重复配置。当系统发生故障时,如某个设备损坏,冗余配置的组件可以作为备件及时介入,发挥故障组件的功能,从而减少系统的停机时间。冗余对于紧急处理特别有用。冗余可以存在于不同的层次,如网络冗余、服务器冗余、磁盘冗余、数据冗余等。通常,我们在电子设备上保存文件时,会采用"狡兔三窟"的冗余原则。这样,即使发生小概率事件,如突然停电或设备损坏,也不会造成灾难性的后果。这正是利用随机性来提高安全性。

2. 利用诗词帮助学生理解统计学"玄机",同时体会概率统计之美

中国科学院院士严加安根据自己从事概率研究的体会创作了一首《悟道诗》:"随机非随意,概率破玄机;无序隐有序,统计解迷离。"这首诗朗朗上口,且巧妙地将随机、概率、统计等融入其中,说明随机事件也有自己的规律,掌握这些规律就可以解开谜团。这首诗通俗易懂,又巧设谜团,让学生们迫不及待地想了解概率如何"破玄机",统计如何"解迷离"。这样,学生不仅可以感受到中国诗词之魅力,而且可以领略到概率统计之美。

◎ 案例十三——事件的相互关系

一、素质教育目标

1. 通过学习事件的相互关系,让学生理解量变与质变的辩证关系。

2. 通过一些谚语故事,让学生明白"众人拾柴火焰高",在一个团队中,只有集思广益,团结协作,"万众一心、敢于胜利","英勇奋斗、无私奉献",方可取得最终胜利。

二、教学内容

(一) 事件的相互关系

1. 和事件

若事件 A 和事件 B 中至少有一个发生,这一新事件称为事件 A 与事件 B 的和事件,记作 $A \cup B$(或 $A+B$)。

2. 积事件

若事件 A 与事件 B 同时发生,这一新事件称为事件 A 与事件 B 的积事件,记作 $A \cap B$(或 AB)。

3. 互斥事件

事件 A 和事件 B 不可能同时发生,这样的两个事件称为互斥事件,也叫互不相容事件。

4. 独立事件

事件 A(或事件 B)是否发生对事件 B(或事件 A)发生的概率没有影响,这样的两个事件称为相互独立事件。

5. 完备事件系

多个事件 $(A_1, A_2, \cdots, A_n)$ 两两互斥 $(A_i \neq A_j, i \neq j, i,j = 1, 2, \cdots, n)$,且其一必发生,则 $P(A_1 + A_2 + \cdots + A_n) = 1$。

(二) 概率计算法则

1. 加法定理

两个事件的和的概率可以由下式给出:

$$P(A \cup B) = P(A) + P(B) - P(A \cap B) \tag{3-1}$$

如果 A 和 B 是互不相容事件,则式(3-1)变为

$$P(A \cup B) = P(A) + P(B) \tag{3-2}$$

若有限多个事件是两两互不相容的,则这多个事件的和的概率为

$$P(A_1 \cup A_2 \cup \cdots \cup A_n) = P(A_1) + P(A_2) + \cdots + P(A_n) \tag{3-3}$$

2. 德莫根公式

$$\complement_U(A_1 \cup A_2 \cup \cdots \cup A_n) = \complement_U A_1 \cap \complement_U A_2 \cap \cdots \cap \complement_U A_n \tag{3-4}$$

$$\complement_U(A_1 \cap A_2 \cap \cdots \cap A_n) = \complement_U A_1 \cup \complement_U A_2 \cup \cdots \cup \complement_U A_n \tag{3-5}$$

三、素质教育要素

通过对"三个臭皮匠,顶个诸葛亮""三个和尚没水喝""千军易得,一将难求"的辩证思考,理解量变与质变的关系

（1）假设每个臭皮匠能正确完成任务的概率为 0.5,而诸葛亮能正确完成任务的概率为 0.8。若记 A_i＝"第 i 个臭皮匠正确完成任务"$(i=1,2,3)$,B＝"诸葛亮正确完成任务",则臭皮匠们能正确完成任务的概率为

$$P(A_1 \cup A_2 \cup A_3) = 1 - P(\overline{A_1}) P(\overline{A_2}) P(\overline{A_3}) = 1 - (1-0.5)^3 = 0.875$$

显然,$P(A_1 \cup A_2 \cup A_3) > P(B)$。可见,要想正确完成任务,往往需要集体的智慧。三个不太优秀的人,如果具有较好的工作能力,通过积极配合也可以超越一个很优秀的人,这显示出团队合作的重要性,也表现出从量变到质变的规律。只有人人同心协力,才能做高效且有用的功。

但是,我们应当警惕形式上的团结,在"一个和尚挑水喝,两个和尚抬水喝,三个和尚没水喝"这个寓言故事中,三个和尚都是缺少智慧的臭皮匠,互相推诿、不讲协作,最终落得"没水喝"的下场。由此可知,团队中人越多,可能出现的想法越多,如果目标不一致,行动就会背离。

（2）假设每个臭皮匠能正确完成任务的概率为 0.4,而诸葛亮能正确完成任务的概率不变,则臭皮匠们能正确完成任务的概率为

$$P(A_1 \cup A_2 \cup A_3) = 1 - P(\overline{A_1}) P(\overline{A_2}) P(\overline{A_3}) = 1 - (1-0.4)^3 = 0.784$$

显然,$P(A_1 \cup A_2 \cup A_3) < P(B)$。可见,三个不太优秀的人,如果只具有一般的工作能力,通过积极配合也不能超越一个很优秀的人,这体现出量变未必引起质变。

倘若有 100 个臭皮匠,每个臭皮匠能正确完成任务的概率为 0.01,而诸葛亮能正确完成任务的概率不变,则臭皮匠们能正确完成任务的概率为

$$P(A_1 \cup A_2 \cup \cdots \cup A_{100}) = 1 - P(\overline{A_1}) P(\overline{A_2}) \cdots P(\overline{A_{100}}) = 1 - (1-0.01)^{100} = 0.634$$

显然,$P(A_1 \cup A_2 \cup \cdots \cup A_{100}) < P(B)$。可见,如果臭皮匠们几乎都没有工作能力,100 个臭皮匠加在一起也不能超越一个很优秀的人,这就让我们想到"千军易得,一将难求",这也说明了诸葛亮的重要性。如果集体中个体用力方向不一致,人越多,力就越难集中,说明人多不一定强大。一个团队缺少诸葛亮的智慧,目标是很难一致的,目标不一致的"乌合之众"是不堪一击的。这说明某些时候,团队人员数量并不是决定性因素,而个别卓越人才才是真正的决定性因素,有了卓越人才的智慧和能力,才能促成一致目标的达成。

◎ 案例十四——频率与概率

一、素质教育目标

1. 让学生理解事物本质和现象对立统一的唯物辩证思想。

2. 以大数定律和中心极限定理启示学生，只要方向正确、不言放弃、努力拼搏，最终会到达成功的彼岸。

3. 引导学生建立规则意识。

二、教学内容

（一）频率

在相同条件下进行了 n 次实验，若事件 A 在这 n 次实验中发生的次数 n_A 称为事件 A 发生的频数，则比值 n_A/n 称为事件 A 发生的频率，记为 $f_n(A)$。

$$f_n(A) = \frac{n_A}{n} \tag{3-6}$$

通过频率可以简单快速地确定事件 A 发生可能性的大小，且随着 n 的增大，能渐近确定其数值的大小。但是，频率具有波动性，因此，我们常用频率的稳定中心 $P(A)$ 来描述事件 A 发生可能性的大小。

（二）概率

1. 概率的统计定义

在进行随机实验时，我们不仅需要知道会发生哪些随机事件，还需要了解各种随机事件发生的概率，从而揭示这些事件的内在统计规律。用于描述事件发生可能性大小的数量指标称为概率。事件 A 的概率表示为 $P(A)$。下面先介绍概率的统计定义。

假设在相同条件下重复实验 n 次，当 n 逐渐增大时，随机事件 A 的频率 $f_n(A)$ 稳定地趋近于某个值 p，那么 p 即为随机事件 A 发生的概率。以这种方式定义的概率称为统计概率。

通常，无法准确确定随机事件发生的概率 p。随机事件发生概率的常见近似值是在给定足够大的实验次数 n 的条件下随机事件 A 发生（次数记为 m）的频率，即

$$P(A) = p \approx \frac{m}{n} \text{（}n \text{ 充分大）} \tag{3-7}$$

【例 3-1】 为研究某地马尾松林区的虫害发生情况，请确定该林区马尾松

植株发生虫害的概率,相关调查记录见表 3-1。

表 3-1　某地马尾松林区虫害发生数量

调查株数 n	有虫株数 n_A	频率 $f_n(A)$
50	21	0.420
100	38	0.380
200	75	0.375
500	186	0.372
1 000	371	0.371

解　从表 3-1 可以看出,随着调查株数的增多,植株有虫害的频率越来越稳定地接近 0.370,我们就可以把 0.370 作为马尾松发生虫害这一事件的概率。

2. 概率的经典定义

有些随机事件不需要通过多次实验来确定概率,只需要根据随机事件本身的特点就可直接计算出概率。随机实验只要满足以下两个条件,就可直接计算出概率:第一,实验的可能结果的数量是有限的;第二,各基本事件出现的可能性均等且互不相容。这种随机实验被称为古典概型。对于古典概型,概率的定义如下:设样本空间由 n 个等可能的基本事件所构成,其中事件 A 包含 m 个基本事件,则事件 A 发生的概率为

$$P(A) = \frac{m}{n} \tag{3-8}$$

这样定义的概率称为古典概率或先验概率。

根据古典概率的定义,任何事件的概率都介于 0 和 1 之间。

【例 3-2】　某养殖场养了 30 头牛,其中 3 头患有某种遗传病。从这群牛中任意抽出 10 头,试求其中恰有 2 头患病牛的概率是多少。

$$P(A) = \frac{C_3^2 C_{27}^8}{C_{30}^{10}} = 0.221\ 7$$

即从这群牛中随机抽出 10 头,其中恰有 2 头患病牛的概率为 22.17%。

三、素质教育要素

1. 概率与频率对立统一的唯物辩证思想

概率和频率反映了本质和现象对立统一的唯物辩证思想。概率具有稳定性和必然性,它反映的是随机现象的本质;频率具有随机性和波动性,它是变化的,但是由伯努利大数定律可知,随着实验次数的增加,频率稳定于概率,即其亦具

有稳定性的特征,它是概率的一种直观体现。设事件 A 发生的概率为 p,且 p 值很小,若进行 n 次独立重复实验,则在实验中事件 A 至少发生 1 次的概率为

$$1-(1-p)^n \to 1, n \to \infty$$

这说明即使一个事件发生的概率很小,在多次重复实验中也极有可能会发生。这个公式也能够解释"水滴石穿"的道理。教学中,可以通过与实际社会生活联系紧密的故事,缩短学生与数学之间的距离感,激发学生学习的兴趣和积极性,提高学生的社会责任感和对课程的认同感。

2. 具有"概率思维"的人才是真正的强者

概率思维是一种非常有用的思维。人生就像股市,有涨有跌,风险和机遇并存。如果你有概率思维,就会远离贪婪和狂躁,了解股市波动的本质,并及时做出决策,实现预期利润。谢尔盖·布林是积极运用概率思维改变自己命运的典范。2006 年,谷歌创始人谢尔盖·布林发现自己有 LRRK2 基因突变,未来有50%的概率患上帕金森综合征。他没有选择听天由命,而是采取一系列措施降低自己患病的可能性:他通过养成良好的饮食和运动习惯,将发病率从50%降低到25%;通过捐赠促进神经学的发展,并运用大数据探究预防/治疗该病症的方法,最终将发病风险降低到10%。概率思维虽然不能完全消除谢尔盖·布林发病的可能性,但是他把大概率事件转变成了小概率事件。

根据大数定律,改变单一的选择并不会改变我们的生活。就像我们的人生,每个人都会犯几次低级错误,但这通常不会影响我们前进的方向。但如果随机事件重复多次,则其结果会表现出一定的稳定性,即偶然性也包含必然性。有人提出过这样一个问题:如果让你乘坐时光穿梭机去改变你生命中曾发生的某一件事,你的命运会不会因此而改变?大数定律告诉我们,大数对小数有稀释作用,新的数据会削弱过去数据的影响。和你的人生(大数)相比,绝大多数随机事件就是小数,它们对命运的影响基本可以忽略不计。从短期来看,我们的生活可能充满了挑战,但从长远来看,我们的生活充满了机遇。如果你错过了一次机会或偶尔犯了一次错误,没必要懊恼,因为今后生活中出现的许多美好的事物会冲淡这一切。

3. 从概率的公理化定义出发,引导学生建立规则意识

自由与规则给人的感觉似乎是"鱼和熊掌不可兼得",但自由和规则实际上是同一事物不可分割的两个方面:自由是形成真正的规则的重要方式,而真正的规则也必须建立在自由的基础之上。规则意识是衡量一个人自我修养高低的尺度之一。在日常生活中,规则意识体现在一个人在多大程度上愿意并且能够主

动、自觉地遵守规则。孟子曾云"不以规矩,不能成方圆"。人们可以在规则意识的指导下产生规则行为,进而形成自身适应规则的行为习惯。

教学中要培养学生的规则意识,就要把规则意识教育与专业思想教育结合起来,利用家庭、学校和社会三方合力实行"闭环式"全过程教育。在此过程中,教师要做好正面示范引领,同时进行多方面的督导评价。教师要努力将专业理论与实践有机结合,实行全方位教育;要积极将规则意识教育与人格养成教育相结合,实行全才教育,让学生的规则意识在潜移默化中得到培育。

◎ 案例十五——条件概率公式与乘法公式

一、素质教育目标

1. 通过对条件概率公式与乘法公式的学习,让学生理解"水滴石穿"的道理。

2. 以"勿以恶小而为之,勿以善小而不为"劝勉学生进德修业,有所作为。

二、教学内容

1. 条件概率公式

在事件 A 发生的条件下事件 B 发生的概率叫作条件概率,记作 $P(B|A)$,读作"在 A 条件下 B 的概率"。条件概率可用下式计算:

$$P(B|A) = \frac{P(AB)}{P(A)} \tag{3-9}$$

事件 A 与事件 B 之间不一定有因果或者时间顺序关系。

【例 3-3】 某品系犬出生后活到 12 岁的概率为 0.7,活到 15 岁的概率为 0.49,求现年为 12 岁的该品系犬活到 15 岁的概率。

解 设 A 表示"该品系犬活到 12 岁",B 表示"该品系犬活到 15 岁",则 $P(A)=0.7,P(B)=0.49$。

由于 $AB=B$,故 $P(AB)=P(B)=0.49$,所以现年为 12 岁的该品系犬活到 15 岁的概率为 $P(B|A)=\dfrac{P(AB)}{P(A)}=\dfrac{0.49}{0.7}=0.7$。

2. 乘法公式

由概率条件公式很容易得出下面的乘法公式:设事件 A 和事件 B 是同一个样本空间的两个事件,若 $P(A)>0$,则

$$P(AB)=P(A)P(B|A) \tag{3-10}$$

我们可以把上面的公式推广到多个事件的情况:现有 $A_1, A_2, \cdots, A_n$ 共 n 个事件,且 $n>2$,则有

$$P(A_1 A_2 \cdots A_n) = P(A_1) P(A_2 | A_1) P(A_3 | A_1 A_2) \cdots P(A_n | A_1 A_2 \cdots A_{n-1}) \quad (3\text{-}11)$$

【例 3-4】 一批零件共有 100 个,其中 10 个不合格。从中一个一个不放回地取出,问第三次才取出不合格品的概率是多少。

解 记 A_i = "第 i 次取出的是不合格品",B_i = "第 i 次取出的是合格品",则 $B_1 B_2 A_3$ 表示第三次才取出不合格品。

$$P(B_1 B_2 A_3) = P(B_1) P(B_2 | B_1) P(A_3 | B_1 B_2) = \frac{90}{100} \times \frac{89}{99} \times \frac{10}{98} = 0.083$$

所以第三次才取出不合格品的概率为 0.083。

三、素质教育要素

乘法公式揭示生活哲理

每逢下雨,雨水沿着屋檐下落击打地面,时间久了就会出现一个一个的小坑。如果有人在雨水击打地面的地方放一块石头,经过一段较长的时间,石头被雨水击打的部分就会凹陷,形成一个小洞。在海边游玩时,经常会发现靠海边的岩石的中间部位有一个或几个圆形的小洞,这是海水长时间击打岸边的岩石造成的。为什么"弱"的水滴能穿透"强"的石头? 我们可以用概率乘法公式来解释"水滴石穿"这一现象。

假设水滴每次落下打穿某一石块的概率为 0.000 2(非常小),若 A_i 表示"第 i 次水滴落下未打穿石块",$i = 1, 2, 3, \cdots, 10\,000$,则连续落下 10 000 次都未能打穿石块的可能性用概率乘法公式表示为 $P(A_1 A_2 \cdots A_{10\,000}) = (1 - 0.000\,2)^{10\,000} = 0.135\,3$,打穿石块的可能性为 $1 - 0.135\,3 = 0.864\,7$,即为 86.47%。也就是说,水滴在该石块的同一点上击打 10 000 次,击穿该石块的概率就超过了 80%,即水滴击打石块的次数越多,石块被击穿的可能性就越大。当水滴击打石块的次数达到一定的数量时,石块就会被穿透。这就是"水滴石穿"的道理。"只要功夫深,铁杵磨成针""台上一分钟,台下十年功""千里之行,始于足下"等都能说明这个道理。这个道理告诉我们,在工作和学习中,不论遇到多少困难,只要能持之以恒、坚持不懈,就必定会取得成功。

刘备给儿子刘禅的遗诏中说"勿以恶小而为之,勿以善小而不为",力劝刘禅修德立义。这启示我们,做好事可以从小事做起,通过不断地累积也可以成大事;要警惕"坏小事",如果不当回事,很可能演变成恶劣的大事。

◎ 案例十六——全概率公式与贝叶斯公式

一、素质教育目标

1. 通过对贝叶斯公式的运用,教育学生在待人接物、为人处事上要讲究诚信,以赢得他人的信任。

2. 通过全概率公式与贝叶斯公式的教学,让学生利用贝叶斯公式来求解由果溯因的问题,得出可靠的科学结论,帮助学生建立严谨的逻辑思维结构。

二、教学内容

（一）全概率公式

1. 样本空间的划分

设 S 为实验 E 的样本空间,$A_1,A_2,\cdots,A_n$ 为实验 E 的一组事件,若满足以下两个条件:（1）$A_i \cap A_j \neq \varnothing (i \neq j, i, j = 1, 2, 3, \cdots, n)$;（2）$A_1 \cup A_2 \cup \cdots \cup A_n = S$,称 $A_1, A_2, \cdots, A_n$ 为样本空间 S 的一个划分。

2. 全概率公式的定义

设 S 为实验 E 的样本空间,B 为实验 E 的事件,$A_1, A_2, \cdots, A_n$ 为样本空间 S 的一个划分,且 $P(A_i) > 0 (i = 1, 2, 3, \cdots, n)$,则全概率公式如下:

$$P(B) = P(B \mid A_1)P(A_1) + P(B \mid A_2)P(A_2) + \cdots + P(B \mid A_n)P(A_n)$$

$$= \sum_{i=1}^{n} P(A_i)P(B \mid A_i) \tag{3-12}$$

全概率公式的主要用处:它可以将一个复杂事件的概率计算问题分解为若干个简单事件的概率计算问题,最后应用概率的可加性求出结果,即根据多种原因推断一个复杂事件的结果,实现化整为零。

（二）贝叶斯公式

设 S 为实验 E 的样本空间,B 为实验 E 的事件,$A_1, A_2, \cdots, A_n$ 为样本空间 S 的一个划分,且 $P(A_i) > 0 (i = 1, 2, 3, \cdots, n)$,则贝叶斯公式如下:

$$P(A_i \mid B) = \frac{P(B \mid A_i)P(A_i)}{\sum\limits_{j=1}^{n} P(B \mid A_j)P(A_j)} (i = 1, 2, 3, \cdots, n) \tag{3-13}$$

三、素质教育要素

1. 贝叶斯公式在生活中的应用

资料:《狼来了》,选自《伊索寓言》。

从前，在一个偏僻的山村里有一个孩子，他每天都会赶着成群的羊到山间的草地上给它们吃草。由于山中经常出现狼群，村民们对狼群十分警惕。一天，这个孩子百无聊赖，想做点"刺激"的事，就在山上大喊："狼来了！狼来了！"山脚下的村民们听到呼喊声纷纷拿起"武器"冲出了家门去打狼。可到了山上，却不见狼的踪影，村民们又奇怪又无奈地回去了。第二天孩子故技重施，又一次骗了村民们。到了第三天，可恶的狼真的来了，可这时，不管孩子怎么喊，也没有人上山救他，最后羊群被狼一路"追杀"，所剩无几。

【例 3-5】 在《狼来了》的故事中，记事件 A 为"小孩说谎"，记事件 B_1 为"小孩的话可信"，B_2 为"小孩的话不可信"，且 $P(B_1) = 0.85$，$P(B_2) = 0.15$。用贝叶斯公式来求这个小孩说谎后村民对他的信任度 $P(B|A)$。[在这个计算过程中需要知道 $P(A|B_1)$ 和 $P(A|B_2)$，前者解释为在小孩的话可信（B_1）的条件下小孩说谎（A）的可能性，后者解释为在小孩的话不可信（B_2）的条件下小孩说谎（A）的概率。]

解 设 $P(A|B_1) = 0.1$，$P(A|B_2) = 0.6$，则小孩第一次说谎后，村民对他的信任度为

$$P(B|A) = \frac{P(A|B_1)P(B_1)}{\sum_{j=1}^{2} P(A|B_j)P(B_j)} = \frac{0.1 \times 0.85}{0.1 \times 0.85 + 0.6 \times 0.15} = 0.486$$

这个数据表明，村民对小孩的信任度由原来的 0.85 下降到 0.486，所以下降后 $P(B_1) = 0.486$，$P(B_2) = 0.514$。

当小孩第二次说谎时，村民对他的信任度为

$$P(B|A) = \frac{0.1 \times 0.486}{0.1 \times 0.486 + 0.6 \times 0.514} = 0.136$$

此时的数据说明，村民对小孩的信任度由 0.486 下降到 0.136，所以下降后 $P(B_1) = 0.136$，$P(B_2) = 0.864$。

小孩第三次喊"狼来了"，村民对他的信任度为

$$P(B|A) = \frac{0.1 \times 0.136}{0.1 \times 0.136 + 0.6 \times 0.864} = 0.026$$

综合来看，故事中村民对小孩的信任度由最开始的 0.85 下降到 0.486，再下降到 0.136，此时概率仍大于 0.05，是大概率事件，所以第二次小孩呼救时村民仍选择相信小孩的话。被小孩骗了 2 次后，村民对小孩的信任度由 0.136 下降到 0.026，此时概率小于 0.05，为小概率事件，所以村民第三次听到呼救声没有

上山救小孩。

这也告诉我们为人处世要讲诚信,诚信是每个人的第二张"身份证",是做人的基本准则。诚实守信是为人之本。诚实,就是不虚荣或夸大,有一说一;守信,就是信守承诺。诚信,要求我们待人处事真诚,不掩饰,不矫饰。凡事在承诺之前,要先考虑自己的实际能力。一旦同意,就应该尽最大努力去完成它。只有这样,我们才能不失信于人,才能对得起别人的信任,才能得到别人的尊重。

2. 贝叶斯公式阐明了原因和结果的辩证关系

唯物辩证法认为,因果是相互依存的,原因必然导致一定的结果,结果必然源于一定的原因。原因与结果在一定条件下可以相互转化。在日常生活中,我们经常会遇到由因求果的问题,但有时也会碰到由果求因追根溯源的问题。比如,某一物种中出现了某种传染病,就去寻找传染源;机器出现了故障,就去寻找引发故障的源头等。贝叶斯公式可用于解决这种由结果回推原因的问题。贝叶斯统计在整个统计研究中占有非常重要的地位。贝叶斯公式阐明了每种原因的大小可以用 $P(A_i|B)$ 来描述,概率值最大的原因就是我们关注的对象。这可以帮助人们既快速又准确地找到问题的源头。

◎ 案例十七——二项分布

一、素质教育目标

1. 用概率公式解释"水滴石穿""铁杵磨成针",鼓励学生坚持不懈地学习和努力,让学生懂得"坚持不懈"是通向成功的必经之路。

2. 引导学生认识到良好家风的重要性。

3. 激发学生的学习兴趣,培养学生坚持科学理念和追求科学真理的精神。

二、教学内容

1. 二项分布的概率函数

二项分布是一种常见的离散型随机变量的概率分布。所谓"二项"是指每次实验只有两个可能的结果:事件 A 和事件 $\bar{A}$,它们互为对立事件。在每次实验中,事件 A 发生的概率 p 不变,这样的实验叫作伯努利实验。那么,独立重复 n 次伯努利实验,事件 A 发生 $X(X=0,1,2,\cdots,n)$ 次的概率,就是二项分布要解决的问题。比如,抛一枚质地均匀的硬币,每抛一次,币值面朝上的概率都是 1/2,独立重复抛 3 次硬币,则币值面朝上可能出现 0,1,2,3 次,这就是 3 重伯努利实验。

在 n 重伯努利实验中,如果事件 A 发生的次数是随机变量 $X(X=0,1,2,\cdots,n)$,则事件 A 发生 X 次的概率 $P(X)$ 可以用二项式 $[p+(1-p)]^n$ 展开式的各项来表示:

$$[p+(1-p)]^n = C_n^0 p^0 (1-p)^n + C_n^1 p^1 (1-p)^{n-1} + \cdots +$$

$$C_n^X p^X (1-p)^{n-X} + \cdots + C_n^n p^n (1-p)^0$$

$$= P(0) + P(1) + \cdots + P(X) + \cdots + P(n)$$

$$= \sum_{X=0}^{n} P(X) = 1$$

其中,第 $X+1$ 项 $P(X) = C_n^X p^X (1-p)^{n-X}$ 就是事件 A 发生 X 次的概率,也叫作二项分布的概率函数。可以利用上述抛 3 次硬币的实验进行验证。

在生物学研究中,经常会遇见二项分布问题,如 n 对等位基因的基因型和表型的遗传分离与组合规律、n 粒种子的萌发数、n 头病畜治疗后的治愈数等。

一般地,如果随机变量 X 服从参数为 n 和 p 的二项分布,记为 $X \sim B(n,p)$,则 n 次实验中事件 A 发生 X 次的概率可由概率函数给出:

$$P(X) = C_n^X p^X (1-p)^{n-X} (X=0,1,2,\cdots,n) \tag{3-14}$$

2. 二项分布的意义及性质

二项分布有两个参数,分别为 n 和 p。n 是实验的总数,为正整数;p 是每次实验成功的概率,为 0~1 之间的任何数值。

二项分布的总体平均数为 $\mu = np$,即在 n 次实验中,事件 A 平均发生的次数。二项分布的总体标准差为 $\sigma = \sqrt{np(1-p)}$,即在 n 次实验中,事件 A 发生不同次数与平均次数的平均离差。如果平均数以比率表示,则 $\mu = p$,$\sigma = \sqrt{\dfrac{p(1-p)}{n}}$。

二项分布的形状由 n 和 p 两个参数决定,如图 3-1 所示:① 当 p 趋于 0.5 时,二项分布趋于对称;② 当 p 值较小($p<0.3$)且 n 不大时,分布是左偏的;③ 当 p 值较大($p>0.7$)且 n 不大时,分布是右偏的;在②③两种情况下,当 n 增大时,分布趋于对称。

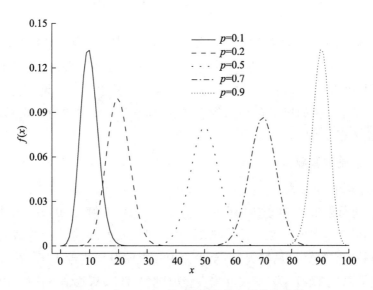

图 3-1　当 $n=100$ 时,p 值不同的二项分布比较

当 $n \to \infty$ 时,二项分布接近连续型的正态分布,如图 3-2 所示。图中,p 都为 0.2,n 从 20 到 50 再到 100,随着 n 的增大分布趋于对称。

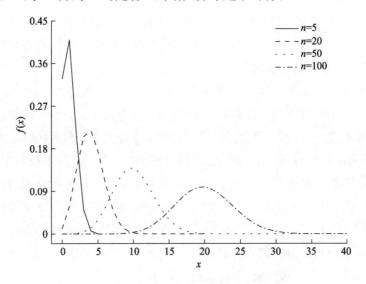

图 3-2　当 $p=0.2$ 时,n 值不同的二项分布比较

当二项分布满足 $np \geqslant 5$ 时,二项分布接近正态分布。这时,也仅仅在这时,二项分布的 X 变量具有 $\mu=np,\sigma=\sqrt{np(1-p)}$ 的正态分布特征。利用二项分布与正态分布的近似性,可将二项百分比数据以正态分布的假设检验方法做近似的分析。

3. 二项分布的应用条件

若所研究的生物学现象满足以下条件,则可以应用二项分布来解决问题:第一,随机实验只有相互对立的两种结果,如雌性或雄性,阳性或阴性等,即属于两分类资料;第二,这一对立事件的概率之和为 1,即其中一个结果发生的概率为 p,其对立结果发生的概率为 $1-p$;第三,在相同条件下重复进行 n 次随机实验,且实验结果相互独立。

三、素质教育要素

1. 有志者,事竟成

某人进行射击,每次射击的命中率为 0.02,若独立射击 400 次,求他至少命中一次的概率是多少。用二项分布求解之后可以发现,虽然每一次成功的概率很小,但是当实验次数足够大时,至少命中一次的概率接近于 1。在日常生活中,人们常说"水滴石穿""只要功夫深,铁杵磨成针",从数学方面讲,原因就在于此。"有志者,事竟成",在学习、生活中也要发扬这种锲而不舍、永不放弃的精神。

2. 家道兴盛,和顺美满

"伯努利"一词在概率统计课程中多次出现。n 重伯努利实验对应于离散随机变量中的二项分布,在生活和生产中发挥着重要作用。伯努利大数定律也揭示了频率在概率附近稳定的事实。可见,伯努利对概率论的贡献是巨大的。

伯努利家族,原籍比利时安特卫普,1583 年遭天主教迫害迁居德国法兰克福,最后定居瑞士巴塞尔。巴塞尔自 13 世纪中叶以来一直是瑞士的文化和学术中心,这里有欧洲最古老、著名的巴塞尔大学和良好的文化教育传统。人们追踪到的伯努利家族后裔不少于 120 人。他们在数学、科学、技术、工程乃至法律、管理、文学、艺术等领域都享有盛誉。最不可思议的是,这个家族从 17 世纪到 18 世纪先后产生了 8 位杰出的数学家。这个现象说明了良好家风的重要性。2016 年 12 月 12 日,习近平总书记在会见第一届全国文明家庭代表时强调:"家风好,就能家道兴盛、和顺美满;家风差,难免殃及子孙、贻害社会,正所谓'积善之家,必有余庆;积不善之家,必有余殃'。"

3. 坚持科学理念,追求科学真理

雅各布·伯努利非常聪明。他从小就听从父亲的建议学习神学。读了笛卡儿的书后,他的兴趣突然转向了数学。许多数学成就都与雅各布的名字有关。例如,悬链线问题(1690)、曲率半径公式(1694)、伯努利双纽线(1694)、伯努利微分方程(1695)、等周问题(1700)等。雅各布·伯努利是概率论的创始人。他从 1685 年开始发表关于概率的论文,后来写成巨著《猜测技巧》,该书成为"概率论"的经典著作之一。雅各布·伯努利在《猜测技巧》一书中有一段发人深省的话:大家都知道,用少量的观察来预测未来事件是不可靠的,需要大量的观察。即使是一个没有受过训练的家庭主妇或文盲,仅根据他们的生活经验,就会知道提供的相关观察越多,做出错误判断的风险就越小。数学家雅各布·伯努利的故事,不仅可以激发学生的学习兴趣,还可以培养学生坚持科学理念和追求科学真理的精神。

◎ 案例十八——正态分布

一、素质教育目标

1. 让学生理解人生既会经历低谷,也会到达巅峰,明白在遇低谷时要迎难而上,达巅峰时要谦虚上进。

2. 让学生意识到自己肩负的历史使命,坚定前进信念,立大志、明大德、成大才、担大任,成为面对困难勇于挑战的时代新人,为民族富强贡献自己的力量。

二、教学内容

(一)正态分布的概率密度函数

正态分布是一种十分重要的连续型随机变量的概率分布。许多生物学研究和医学研究所获得的数据都服从或近似服从正态分布,如小麦的株高、畜禽的体长、血糖含量等。这类数据的频数分布曲线呈悬钟形,在平均数附近的占大多数,特大或特小的值比较少,表现为两头少,中间多,两侧对称。实际上,如果一个随机变量受到很多无法控制的随机因素的影响,它往往就会呈现出正态分布的特征。此外,有些随机变量的概率分布在一定条件下以正态分布为其极限分布。因此,正态分布无论在理论研究上还是在实际应用中都占有十分重要的地位。

正态分布的概率密度函数为

$$f(x) = \frac{1}{\sigma\sqrt{2\pi}}e^{-\frac{(x-\mu)^2}{2\sigma^2}} \tag{3-15}$$

式中,μ 为平均数;σ^2 为方差。X 服从平均数为 μ、方差为 σ^2 的正态分布,记为 $X \sim N(\mu, \sigma^2)$。其分布密度曲线如图 3-3 所示。

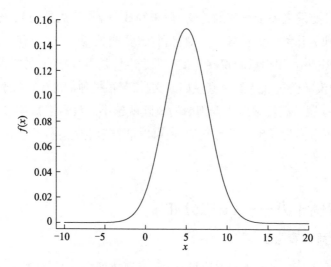

图 3-3　正态分布密度曲线

随机变量在区间(a,b)内的概率为

$$P(a<X<b)=\int_a^b f(x)\,\mathrm{d}x$$

如图 3-4 中阴影部分的面积所示。

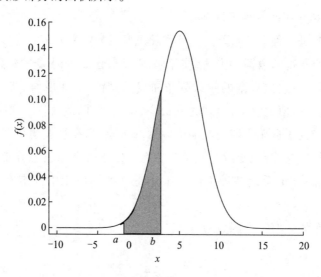

图 3-4　随机变量在区间(a,b)内的概率

正态分布的累积概率分布函数为

$$F(x)=\frac{1}{\sigma\sqrt{2\pi}}\int_{-\infty}^x \mathrm{e}^{-\frac{(x-\mu)^2}{2\sigma^2}}\,\mathrm{d}x \tag{3-16}$$

$F(x)$ 表示正态分布在 $(-\infty, x)$ 区间的面积,利用累积概率分布函数可以很方便地求出随机变量 X 在区间 (a, b) 内的概率: $P(a<X<b) = F(b) - F(a)$。

(二) 正态分布的特征

由图 3-3 可以看出,正态分布具有以下几个重要特征:

(1) 正态分布密度曲线是关于 $x=\mu$ 对称的悬钟形曲线;

(2) $f(x)$ 在 $x=\mu$ 处达到极大,极大值 $f(\mu) = \dfrac{1}{\sigma\sqrt{2\pi}}$;

(3) $f(x)$ 是非负函数,以横轴为渐近线,分布范围从 $-\infty$ 至 $+\infty$;

(4) 分布密度曲线与横轴所夹区域的面积为 1,即

$$P(-\infty < x < +\infty) = \int_{-\infty}^{+\infty} \frac{1}{\sigma\sqrt{2\pi}} e^{-\frac{(x-\mu)^2}{2\sigma^2}} \, dx = 1$$

(5) 正态分布有两个参数:平均数 μ 是位置参数,标准差 σ 是变异度参数。

(三) 标准正态分布

当 $\mu=0, \sigma^2=1$ 时,正态分布称为标准正态分布,以 $N(0,1)$ 来表示。标准正态分布的概率密度函数及累积概率分布函数分别记作 $\varphi(u)$ 和 $\phi(u)$:

$$\varphi(u) = \frac{1}{\sqrt{2\pi}} e^{-\frac{u^2}{2}} \qquad\qquad (3\text{-}17)$$

$$\phi(u) = \frac{1}{\sqrt{2\pi}} \int_{-\infty}^{u} e^{-\frac{1}{2}u^2} \, du \qquad\qquad (3\text{-}18)$$

随机变量 U 服从标准正态分布,记作 $U \sim N(0,1)$,其概率密度曲线如图 3-5 所示。从标准正态分布的概率密度函数及累积概率分布函数可以看出,式中只有 u,没有参数,因此计算随机变量在任意区间内的概率十分方便。实际上标准正态分布的随机变量 U 取不同值的累积概率值都已经算出,列于附表 1 中,后面将介绍如何查表计算概率。

对于一般的正态分布,需要先将其转化为标准正态分布,然后再查表计算得出随机变量在某区间内的概率值。因此,对于任何一个服从正态分布 $N(\mu, \sigma^2)$ 的随机变量 X,都需要做标准化变换处理:

$$u = \frac{x-\mu}{\sigma} \qquad\qquad (3\text{-}19)$$

式中,u 称为标准正态变量或标准正态离差。经过标准正态变换之后,不同 μ 和 σ^2 的正态分布的概率计算就十分方便了。

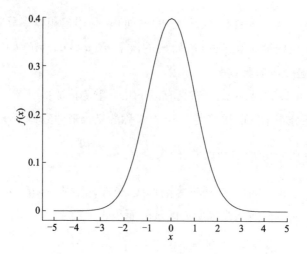

图 3-5   标准正态分布的概率密度曲线

(四) 正态分布的概率计算

1. 标准正态分布的概率计算

设 $U \sim N(0,1)$,则 U 在 $[u_1, u_2]$ 内的概率为

$$P(u_1 \leqslant U \leqslant u_2) = \frac{1}{\sqrt{2\pi}} \int_{u_1}^{u_2} e^{-\frac{1}{2}u^2} du$$

$$= \frac{1}{\sqrt{2\pi}} \int_{-\infty}^{u_2} e^{-\frac{1}{2}u^2} du - \frac{1}{\sqrt{2\pi}} \int_{-\infty}^{u_1} e^{-\frac{1}{2}u^2} du$$

$$= \phi(u_2) - \phi(u_1) \qquad (3\text{-}20)$$

而 $\phi(u_1)$ 与 $\phi(u_2)$ 可由标准正态分布表(附表 1)查得。U 在区间 $[u_1, u_2]$ 内的概率如图 3-6 阴影部分所示。

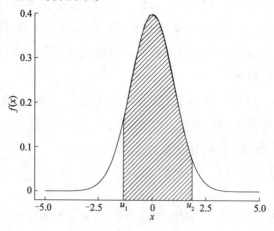

图 3-6   正态分布密度曲线

【例 3-6】　已知 $U \sim N(0,1)$，试求：(1) $P(U<-1)$；(2) $P(|U| \leqslant 2.58)$；(3) $P(|U|>1.96)$；(4) $P(-3 \leqslant U<3)$。

解　利用上面的公式，查附表 1 计算，得：

$P(U<-1) = \Phi(-1) = 0.158\ 7$

$P(|U| \leqslant 2.58) = 1-2\Phi(-2.58) = 1-2 \times 0.004\ 9 = 0.990\ 2$

$P(|U|>1.96) = 1-P(|U| \leqslant 1.96) = 2 \times \Phi(-1.96) = 2 \times 0.025\ 0 = 0.05$

$P(-3 \leqslant U<3) = \Phi(3) - \Phi(-3) = 0.998\ 7 - 0.001\ 3 = 0.997\ 4$

2. 一般正态分布的概率计算

随机变量 X 服从正态分布 $N(\mu, \sigma^2)$，则 X 的取值落在任意区间 $[x_1, x_2)$ 内的概率记作 $P(x_1 \leqslant X<x_2)$。利用标准正态离差对 X 进行标准化处理，求出 u_1 和 u_2，然后查表计算即可求出 $P(x_1 \leqslant X<x_2)$。

【例 3-7】　已知某小麦品种的株高 Y 服从正态分布 $N(146.2, 3.8^2)$，求：(1) $Y<150$ cm 的概率；(2) $Y>155$ cm 的概率；(3) Y 在 $142 \sim 152$ cm 的概率。

解　(1) 由题意得

$$P(Y<150) = \Phi\left(\frac{150-146.2}{3.8}\right) = \Phi(1) = 0.841\ 3$$

(2) 由题意得

$$P(Y>155) = 1-\Phi\left(\frac{155-146.2}{3.8}\right) = 1-\Phi(2.32) = 1-0.989\ 8 = 0.010\ 2$$

(3) 由题意得

$$P(142<Y<152) = \Phi\left(\frac{152-146.2}{3.8}\right) - \Phi\left(\frac{142-146.2}{3.8}\right)$$

$$= \Phi(1.53) - \Phi(-1.11) = 0.937\ 0 - 0.133\ 5$$

$$= 0.803\ 5$$

（五）正态分布的几个特殊值与临界值

随机变量 X 服从正态分布 $N(\mu, \sigma^2)$，将其转化为 $N(0,1)$ 标准正态分布后，在下列区间的概率反映了正态分布的取值特点和主要分布范围（见图 3-7）：① U 落入 $[-1,1]$ 范围内的概率为 68.26%；② U 落入 $[-2,2]$ 范围内的概率为 95.43%；③ U 落入 $[-3,3]$ 范围内的概率为 99.73%，即

$$P(-1 \leqslant U<1) = 0.682\ 6$$

$$P(-2 \leqslant U<2) = 0.954\ 3$$

$$P(-3 \leqslant U<3) = 0.997\ 3$$

由此可见,尽管正态随机变量 U 的取值范围是从 $-\infty$ 到 $+\infty$,但实际上绝大部分取值都在 $[-3,3]$ 范围内。这一特点可用来初步判断一组调查样本的数据是否符合正态分布。

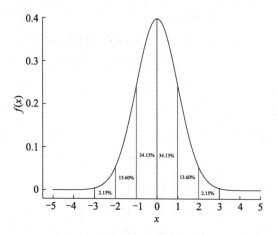

图 3-7　随机变量 U 落在不同区间内的概率

另外,有 95% 的数据落在 $[-1.96,1.96]$ 范围内,99% 的数据落在 $[-2.58,2.58]$ 范围内,即

$$P(-1.96 \leqslant U < 1.96) = 0.95$$

$$P(-2.58 \leqslant U < 2.58) = 0.99$$

那么,U 落在 $[-1.96,1.96]$ 之外的概率为

$$P(|U| \geqslant 1.96) = 1 - 0.95 = 0.05$$

U 落在 $[-2.58,2.58]$ 之外的概率为

$$P(|U| \geqslant 2.58) = 1 - 0.99 = 0.01$$

我们把随机变量 U 落在 $(-u_\alpha, +u_\alpha)$ 区间之外的概率称为双侧概率或两尾概率,记作 α ,通常 $\alpha = 0.05$ 或 0.01。随机变量 U 小于 $-u_\alpha$ 或大于 u_α 的概率,称为单侧概率或一尾概率,记作 $\alpha/2$ 。例如,U 落在 $[-1.96,1.96]$ 之外的双侧概率为 0.05,而单侧概率为 0.025。

统计学上,将两尾概率 0.05 或 0.01 规定为小概率标准,它们所对应的 u_α 值称为正态分布的临界值。对于右侧尾区,满足

$$P(U > u_\alpha) = \alpha$$

时的 u_α 值,称为 α 的上侧临界值或上侧分位数。对于左侧尾区,满足

$$P(U < -u_\alpha) = \alpha$$

时的 $-u_\alpha$ 值,称为 α 的下侧临界值或下侧分位数。

如果将 α 平分到两侧尾区,则每一尾区的面积有 $\alpha/2$。满足

$$P(|U| \geqslant u_{\alpha/2}) = \alpha$$

时的 $u_{\alpha/2}$ 值,称为 α 的双侧临界值或双侧分位数。

正态分布的临界值可以从附表 2 中查出,例如,查 $\alpha = 0.05$ 的单侧临界值 $u_{0.05/2}$,得 $u_{0.025} = 1.9600$;查 $\alpha = 0.05$ 的上侧临界值 $u_{0.05}$,得 $u_{0.05} = 1.6449$。正态分布临界值的含义如图 3-8 所示。

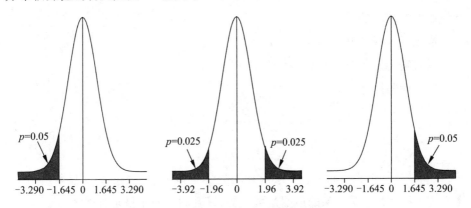

图 3-8　正态分布的单侧和双侧临界值

三、素质教育要素

1. 从大局出发,迎难而上,勇做新时代的排头兵

当样本容量足够大时,它近似服从正态分布。正态分布的密度可以反映一种现象:当人们紧密团结在核心周围时,人多势众的特点就更加显著。正态分布均值点处的密度极值较大,误差(方差和标准差)较小。这一现象启示我们,全国人民应紧紧团结在以习近平同志为核心的党中央周围,同舟共济,共克时艰,以夺取更大的胜利。这样的思政元素映射,可以有效地培养学生的团结精神,激发他们的爱国热情和民族自豪感。此外,人生经历也符合正态分布。人生有低谷、平原、高峰。青少年应崇尚科学,迎难而上,争做新时代科技创新的排头兵。

2. 对数正态分布的应用之新冠病毒潜伏期预测

在抗击新冠疫情期间,海量数据的统计分析及对疫情趋势的预测,都需要运用概率论和数理统计知识。钟南山院士带领科研团队以来自全国 31 个省、市552 家医院的 1 099 例确诊病例为调研对象,采用蒙特卡洛方法生成了潜伏期对数正态分布曲线,结果显示,新冠病毒潜伏期中位数为 3 天,潜伏期在 7 天以内的概率超过 0.9,而潜伏时间超过 14 天的概率是 0.838%。这是一个概率很低的事件,所以,接触感染源后隔离 14 天风险会下降很多。青少年要明确自己肩

负的历史使命,坚定科技报国的信念,树立远大目标,扬大德、成大器、担大任,为民族富强贡献自己的力量。

3. 对数正态分布的应用之质量检验

【例 3-8】 某牛乳生产厂家声称,厂里生产的乳制品的细菌总数小于等于 50 万个/mL,总体服从正态分布,标准差为 5.6 万个/mL。某天产品检验人员随机抽取 16 袋牛乳,测得细菌总数平均值为 50.7 万个/mL。试在显著水平 0.05 下确定该乳制品是否合格。

解 (1)假设 $H_0 : \mu \leq 50, H_1 : \mu > 50$。

(2)确定显著水平 $\alpha = 0.05$。

(3)检验计算:

$$u = \frac{\bar{x} - \mu}{\frac{\sigma}{\sqrt{n}}} = \frac{50.7 - 50}{\frac{5.6}{\sqrt{16}}} = 0.5$$

(4)推断:正态分布中,$u = 0.5 < 1.6449$,即 $P > 0.05$,故在 0.05 显著水平下,接受 $H_0 : \mu \leq 50$,说明厂家的声明是可信的,该乳制品的质量是合格的。

◎ 案例十九——中心极限定理

一、素质教育目标

1. 让学生结合"从量变到质变"的规律理解中心极限定理,明白"不积跬步,无以至千里;不积小流,无以成江海",只有平时踏实努力地积累、不断磨炼自身能力,才能获得提高和进步。

2. 让学生明白做事要尊重客观规律,坚持真理,同时也要脚踏实地,从小事做起,从细节做起,全面考虑问题,不忽视任何可能因素。

二、教学内容

随机抽样有放回式抽样和非放回式抽样两种方法。对于无限总体,放回与否都可保证每个个体被抽到的机会相等。而对于有限总体,就应该采取放回式抽样,以确保每个个体被抽到的机会相等。

由抽样样本计算的平均数 $\bar{x}$ 有大有小,与原总体平均数 μ 相比往往表现出不同程度的差异。这种差异是由随机抽样造成的,称为抽样误差(sampling error)。由于样本平均数也是一个随机变量,因此其不同的取值也会形成概率分布,称为样本平均数的抽样分布。由样本平均数 $\bar{x}$ 构成的总体称为样本平均数的抽样总体,其平均数和标准差分别记为 $\mu_{\bar{x}}$ 和 $\sigma_{\bar{x}}$。样本平均数随机变量 $\bar{X}$ 服从正态分布,$\bar{X}\sim(\mu,\sigma^2/n)$。

由图 3-9 可以看出,虽然原总体并非正态分布,但从中随机抽取样本,即使样本含量很小($n=5$),样本平均数的分布也趋于正态分布。且随着 n 的增大,样本平均数的分布愈来愈从不连续趋向于连续的正态分布。当 n 由 2 增大到 5 时,这种趋势表现得相当明显。当 $n>30$ 时,$\bar{X}$ 的分布就近似于正态分布了。若 $\bar{X}$ 的分布偏离度不明显,在 $n=20$ 时,平均数的分布就近似于正态分布了。由此可见,正态分布较之其他分布应用广泛。

$\bar{X}$ 总体与原总体的关系如下:

$$\mu_{\bar{x}}=\mu,\ \sigma_{\bar{x}}=\frac{\sigma}{\sqrt{n}} \tag{3-21}$$

中心极限定理(central limit theorem)是概率论中讨论随机变量和分布渐近于正态分布的一类定理,它指出了大量随机变量累积分布函数逐点收敛正态分布的累积分布函数的条件。即从均值为 μ、方差为 σ^2/n 的一个任意总体中抽取容量为 n 的样本,当 n 充分大时,样本均值的抽样分布近似服从均值为 μ、方差为 σ^2/n 的正态分布。

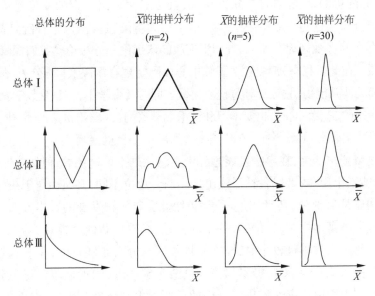

图 3-9　来自不同类型总体的样本平均数的抽样分布

三、素质教育要素

1. 用"质量互变"规律讲解中心极限定理

唯物辩证法认为,任何事物都具有质和量两种属性。量变是指事物数量的增减和场所的变化,以及事物各组成部分空间排列组合的变化。量变常表现为微小的、微不足道的变化,在度量范围内是连续的、渐进的。量变是事物持续不断的微小变化,而质变是事物根本性质的变化,是从一种质态到另一种质态的飞跃。质变表现为对原有程度的突破,以及事物渐进过程的中断。从量变到质变,总是从微小的量变慢慢积累开始的。当这种积累达到一定程度时,就会导致事物从一种性质转变为另一种性质。量变是质变的必要条件,质变是量变的必然结果,量变与质变相互渗透。

在生物统计学课程中,随机变量的概率分布是一个重要的内容。遗憾的是,只有少数随机变量的概率分布具有可加性,随机变量的和作为一个新的变量,和正态分布一样可以获得比较精确的分布。在大多数情况下,随机变量和的分布与累积随机变量的个数有特定的关系。由此启发学生思考,随着累积随机变量个数的增加,和的分布会不会表现出某种规律性。

无论是二项分布、均匀分布还是泊松分布,随着样本量的增加,随机变量的分布均逐渐向正态分布靠拢。换句话说,当样本量比较小时,随机变量的分布是不确定的、随机的,但随着样本量的增加,其必然呈现出一定的变化趋势——更接近正态分布。这是中心极限定理所揭示的大量随机变量的一种统计规律,也是事物存在的客观规律。所以,唯物辩证法的认识论和方法论是我们探索未知世界的利器。在此过程中,带领学生了解中心极限定理在解决实际任务中表现出的化繁为简的非凡能力,它让计算过程更便捷。同时教育学生,在享受数学家们的杰出贡献带来的成果的同时,也要学习和继承数学家们孜孜不倦的治学精神。

2. 用"偶然性和必然性"的辩证关系讲解中心极限定理

唯物辩证法认为,在事物发展过程中必然性是不可避免的,但偶然性可能出现,也可能不出现,或者以各种形式出现。两者地位不同:必然性居于决定地位,偶然性居于从属地位;两者作用不同:必然性决定事物发展的基本方向,偶然性使发展过程丰富多样。两者又有一定的关系:必然性和偶然性在一定条件下可以相互转化。当样本量较小时,样本平均数服从分布是随机的,具有偶然性;一旦样本量足够大($n \geqslant 30$),样本均值和真值足够接近,则近似服从正态分布,中心极限定理为均值稳定性提供了严格的证明。由此启发学生:偶然性虽是随机且不确定的,但可以通过大量观察分析总结其内在的必然规律。让学生明白条条道路通罗马,只要不断努力和尝试,一定有属于自己的成功之路。

第 4 章　统计推断

统计推断主要包括两个方面:假设检验(hypothesis test)和参数估计(parameter estimation)。假设检验是基于总体理论分布和小概率原则,通过提出假设、确定显著水平、计算统计量和进行推断等步骤所做的某种概率意义上的推断。假设检验中有两种类型的错误(弃真错误和纳伪错误)。根据检验对象的不同,假设检验可分为参数检验和非参数检验。常见的参数检验有一个样本均值的假设检验,两个样本均值的假设检验,以及频数、方差等检验。根据实际情况采用不同的检验方法,如 u 检验、t 检验、χ^2 检验、F 检验等。整体参数估计分为区间估计和点估计。参数估计与假设检验相比,只是结果形式不同,本质是一样的。统计推断的任务是分析误差产生的原因,判断差异的性质,排除误差的干扰,对整体特征做出正确的判断。

◎ 案例二十——假设检验的思想

一、素质教育目标

1. 让学生体会小概率反证法思想的应用价值。

2. 启发学生在大是大非面前,敢于牺牲小我,成就大我。

3. 引导学生正确理解偶然性与必然性的辩证关系,培养辩证思维,并应用于日常生活中。

二、教学内容

在生物学实验研究中,考察实验方法的效果、品种的优劣、药物的治疗效果时,得到的实验数据往往存在一定的差异。这种差异可能是由随机误差引起的,也可能是由实验处理引起的。例如,在同一饲养条件下喂养甲、乙两品系的母猪 10 头,甲品系平均产仔数 $\bar{x}_1 = 12$ 头,乙品系平均产仔数 $\bar{x}_2 = 10.5$ 头,甲、乙品系平均产仔数相差 1.5 头。这究竟是甲、乙两品系来自两个不同的总体所致,还是抽样时的随机误差所致?这个问题需要经过一系列的具体分析才能得出结论。由于实验结果中往往夹杂着处理效应和随机误差,因此需要运用概率计算和假设检验的方法做出正确的推论。

假设检验,又称显著性检验(significance test),是根据总体理论分布和小概率原理,对一个未知或不完全已知的总体提出两个相反的假设,然后经过一定计算后,做出在一定概率意义上应该接受哪种假设的推断。具体方法如下:首先,提出两种假设——无效假设(原假设)和备择假设,前者是指样本与总体或样本与样本间的差异是由抽样误差引起的,后者是指样本与总体或样本与样本间存在本质差异。其次,预先设定显著水平为 $\alpha = 0.05$ 或 $\alpha = 0.01$。第三,选定统计方法,由样本观测值按相应的公式计算出统计量的大小,如 F 值、t 值等。根据数据的类型和特点,可分别采用 Z 检验、t 检验、秩和检验和卡方检验。最后,根据统计量的大小及其分布,确定检验假设的可能性 P 的大小并对结果进行判断。若 $P > \alpha$,则认为差别很可能是抽样误差造成的,故在统计上不成立;若 $P \leqslant \alpha$,则认为此差别不大可能仅由随机误差引起,很可能是实验处理不同造成的,故在统计上成立。通过假设检验,可以正确分析处理效应和随机误差,得到可靠的结论。

三、素质教育要素

1. 假设检验的思想基于博弈理论,可体会小概率反证法思想的应用价值

博弈是指在一定条件下,按照一定的规则,一个或多个具有完全理性思维的人或团队,选择并实施允许他们选择的行动或策略,获得相应结果或受益的过程。它还可以具体指选择和执行选定的行动或策略的过程。博弈论初步形成于1944年,这不仅是现代数学的一个新领域,也是运筹学的一个重要课题。博弈论是研究具有斗争或竞争性质现象的数学理论和方法。博弈论考虑游戏中的个体的预测行为和实际行为,并研究它们的优化策略,目前已经在生物学、计算机学、经济学、政治学、国际关系、军事战略等学科得到了广泛的应用。生物学家会使用博弈理论来理解和预测进化论的某些结果。

统计推断的结果分为两类:处理效应显著和不显著,通过博弈选择其中之一。真假博弈时统计学采用小概率反证法原理。小概率原理是指在一次实验中基本不会发生小概率事件($P < 0.01$ 或 $P < 0.05$)。反证法的原理是先提出一个假设(检验假设 H_0),然后用适当的统计方法来判断假设成立的可能性。如果是小概率事件,则认为原假设不成立;反之,则不能认为原假设不成立。

在总体与样本的关系中,我们提到两个方面:样本来源总体;样本可用来

推断总体。利用"真假博弈"的思想可由样本推断总体,就是根据抽样分布由一个样本或一系列样本所得的结果来推断总体的特征。

2. 假设检验的数学模型符合"偶然性与必然性辩证统一"的哲学思想

任何事物的发展都是必然性与偶然性的统一。分析事物内在主要矛盾,掌握事物发展规律与演变态势,能够准确判断预见,就是必然;反之,对事物发展规律与演变态势知之不多,不能预见,随机波动,便是偶然。亦如共性寓于个性之中,普遍性寓于特殊性之中,必然性也寓于偶然性之中。要想把握必然性,就必须充分研究偶然性,统筹偶然性与必然性的关系。假设检验理论蕴含"偶然性与必然性辩证统一"的哲理。假设检验模型是必然与偶然结合的体现,假设检验模型中被解释变量的值由两部分共同决定:前面一部分是由解释变量决定的,是模型的处理效应部分,体现必然性;后面一部分是由随机扰动项决定的,是模型的误差效应部分,体现偶然性。然而,真理具有相对性,不能用绝对的眼光看问题。在统计学分析中没有绝对的结论,假设检验的结论会随着抽取样本和显著水平的变化而变化,所得的检验结果都是基于现有样本和显著水平(或置信水平)的,并非绝对肯定的结论。例如,在假设检验中,当 P 值大于显著水平 α 时(如 $\alpha=0.05$,$\alpha=0.01$),这时应表述为"不拒绝原假设",而不表述为"接受原假设"。

◎ 案例二十一——小概率与显著水平

一、素质教育目标

1. 让学生体会中华文化的博大精深。

2. 让学生理解科学研究是由浅入深、由表及里,不断修正、逐渐完善的过程,启发学生的科学思维。

二、教学内容

小概率原理是指小概率事件在一次实验中几乎是不会发生的。这是人们在长期的生活实践中总结和归纳出来的一条具有较强实用性的原理。在日常生活和工作中,不确定性给人们带来许多麻烦。无论是股市的涨跌、某类事件的发生,还是自然灾害的降临,在面对机遇或风险等随机问题需要做出推断和决策时,"小概率原理"常常是人们解决问题的有效手段甚至唯一手段。因此,这个原理又被称为"实际推断原理"。

那么,概率多小才能称为小概率呢?这不能一概而论。比如,一批钢笔的次品率为 1%~5%,可以出售,但一批药品有 1% 不合要求,就不能出售,因为它会对人的健康造成危害。通常情况下,将概率小于等于 0.05 的事件称为小概率事件。

在进行无效假设和备择假设后,要确定一个能否定 H_0 的概率标准,这个概率标准叫显著水平(significance lever)或概率水平(probability level),记作 α。α 是人为规定的小概率界限,生物统计学中常取 $\alpha = 0.05$ 和 $\alpha = 0.01$ 两个显著水平。

三、素质教育要素

1. 利用小概率原理理解中华传统谚语的内涵

小概率事件是假设检验等内容中的一个重要概念。讲解时,可向两个方面延伸:① 不能高估事件概率;② 不能因发生概率低就放弃。首先,可引入"守株待兔"的故事。故事中"兔子撞死在树桩上"就是一个小概率事件,而农夫却误把小概率事件当作经常发生的事件。在生活中,我们要正确认识小概率事件。俗话说:"一分耕耘,一分收获。"这是人们生活经验的总结,意思是要通过辛勤的劳动来实现心中的梦想。"不劳而获"是小概率事件,青少年一定要摒弃这样的思想。另外,"水滴石穿""铁杵磨成针"等虽是小概率事件,但只要"常滴""多磨",它们也必然会发生。以此教育学生学习重在平时,平时一点一滴坚持不懈地努力,必将迎来质的飞跃。借此原理告诫学生,在现实生活中要"趋利避害",及时纠正或避开不好的小概率事件,让不确定的小概率事件可掌握。生活中我们解决问题时可以先大胆假设,再小心求证,绝不可只看表面现象。

2. 通过概率的公理化体系建立过程,培养学生勇于探索的科学精神和坚韧不拔的优秀品质

概率是描述随机事件发生可能性大小的量。起初,数学家从古典概型出发给出了概率的古典定义。然而,古典定义不适用于样本点无限的情形。为克服这一缺陷,数学家利用频率的稳定性给出了概率的统计定义。遗憾的是,统计定义不是很严谨。1933 年,苏联数学家柯尔莫哥洛夫提出了概率的公理化定义,并建立了概率的公理化体系。在此基础上,概率论才真正作为一个严谨的数学学科迅速发展起来。由此可见,科学研究常常是由浅入深、由表及里、不断修正、逐渐完善的过程。人们的认知是如此,人的成长也是如此。基于此,从概率的公理化定义出发,引导学生建立规则意识。

【例 4-1】 某一型号近防反舰炮射速为每分钟 10 000 发。该炮弹可对来袭导弹进行空中拦截。一发炮弹命中导弹的机会很小,假设每发击中概率为

0.005,且每发炮弹能否命中目标互不影响。为确保以 0.999 的概率击中导弹,至少要发射炮弹多少发?

解　设事件 A ——导弹被击中,事件 A_i——第 i 发炮弹击中导弹($i=1,2,\cdots,n$),则有 $A=A_1\cup A_2\cup\cdots\cup A_n$($A_1,A_2,\cdots,A_n$ 相互独立)。

因为 $P(A_i)=0.005(i=1,2,\cdots,n)$,现要使

$$P(A)=1-(1-0.005)^n\geq 0.999$$

解得 $n\approx 1\,379$,即至少需要发射 1 379 发炮弹,才能保证击中率。

也就是说击中率为 0.005 的小概率事件重复进行 1 379 次,至少有一次事件"导弹被击中"发生的概率可以达到 99.9%。由此可以推断出,虽然小概率事件在一次实验中几乎不可能发生,但是在无穷多次实验下,小概率事件几乎一定会发生,这就是"小概率事件推断原理",体现了唯物主义偶然性与必然性的辩证关系。

🔗 知识链接

《流浪地球》改编自刘慈欣的同名小说,该片于 2019 年 2 月在中国大陆上映。同年 11 月,第 32 届中国电影金鸡奖颁奖典礼暨第 28 届中国金鸡百花电影节闭幕式在福建厦门举行,《流浪地球》获得最佳故事片奖,王丹戎、祝岩峰、刘旭凭借《流浪地球》获得金鸡奖最佳录音奖。电影大胆假设太阳即将毁灭,太阳系不再适合人类生存。面对绝境,人类抛弃了地球,开启"流浪地球"计划,试图带着地球逃离太阳系,探索并迁移到其他星球,建立新家园。在影片中,面对人类生死存亡,世界各国政府和人民齐心协力,同舟共济,努力拼搏,合作救世。《流浪地球》的成功体现了我国的文化自信和大国担当,展现了人们的英雄情结、故土情结、奉献精神和国际合作理念。"流浪地球"的起因为太阳毁灭造成地球的环境恶化,之所以做出这种大胆猜想,是基于全球经济发展带来严重的环境影响这一现实的,而保护地球、保护环境是全人类的共同责任。改革开放以来,经济的迅速发展给我国的环境带来极大影响,需要提前做好假设猜想,以应对随时可能发生的危机。党的二十大报告指出:"尊重自然、顺应自然、保护自然,是全面建设社会主义现代化国家的内在要求。必须牢固树立和践行绿水青山就是金山银山的理念,站在人与自然和谐共生的高度谋划发展。"保护环境需要我们共同努力,青少年应树立生态危机意识,积极参与校内外保护环境的相关活动。

◎ 案例二十二——假设检验中的两类错误

一、素质教育目标

1. 引导学生深入思考两类错误的辩证关系,培养理性思辨意识,遇到问题能进行合理的分析判断。

2. 警示学生面对各种各样的诈骗形式、手段,要加强思辨,切实提高防范意识,切莫滋生贪图小便宜的心理,逐步增强法律意识。

二、教学内容

假设检验是指根据一定概率显著水平对总体特征进行推断。值得注意的是,我们的推断是在一定概率意义上进行的,否定了 H_0,并不等于已证明 H_0 不真实;接受了 H_0,也不等于已证明 H_0 是真实的。

如果 H_0 是真实的,假设检验却否定了它,这样就犯了否定真实假设的错误,这类错误叫第一类错误(type Ⅰ error),或称 α 错误,亦称弃真错误(error of abandoning trueness)。

如果 H_0 不是真实的,假设检验却接受了 H_0,否定了 $H_1(H_A)$,这样就犯了接受不真实假设的错误,这类错误叫第二类错误(type Ⅱ error),或称 β 错误,亦称纳伪错误(error of accepting mistake)。

第一类错误和第二类错误既有联系又有区别。二者的联系是,在样本容量相同的情况下,第一类错误减少,第二类错误就会增加;反之,第二类错误减少,第一类错误就会增加(见图4-1)。比如,将概率显著水平 α 从0.05提高到0.01,就更容易接受 H_0,因此犯第一类错误的概率就减少,但相应地增加了犯第二类错误的概率。所以显著水平如果定得太高,虽然在否定 H_0 时降低了犯第一类错误的概率,但在接受 H_0 时却可能增加犯第二类错误的概率。二者的区别是,第一类错误只有在否定 H_0 时才会发生,而第二类错误只有在接受 H_0 时才会发生。

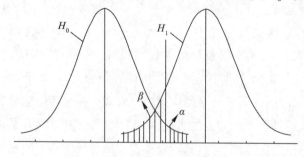

图4-1　假设检验中两类错误的关系

在假设检验中,接受或拒绝一个假设并不能保证推论 100% 正确,肯定会出现一些错误的推论。但是如何降低犯这两类错误的概率呢? 可以从以下两个方面考虑:

第一,概率显著水平的确定与犯两类错误密切相关,在样本容量(n)不变的前提下,显著水平(α)取值过高会使第一类错误(弃真错误)增加。通常的做法是不把概率的显著水平设得太高,把显著水平(α)当成小概率比较合适,这样犯两类错误的概率就比较小。

第二,总体均值 μ 与样本均值 $\bar{x}$ 的差异不能主观随意改变,但在实验研究中可以减小总体均值与样本均值的差异。从理论上讲,可以通过精确的实验设计和增加样本量,将标准误差 $\sigma_{\bar{x}}$ 降低到接近于零的水平,从而使正态分布中的接受区变得很窄,这样 μ 与 $\bar{x}$ 之间的差异更容易被发现,这是减少两类错误的关键。因此,在实验研究中应用假设检验时,需要有合理的实验设计和正确的实验技术,尽可能地增加样本量以降低标准误差 $\sigma_{\bar{x}}$。

三、素质教育要素

1. 理解两类错误的辩证关系,培养理性思辨意识

当今时代,网络信息大爆炸,各种谣言和虚假信息在网上"漫天飞舞"。辨真伪、明是非已成为网民必须具备的意识。然而,并不是每个人都有这种意识。因此,谣言可以瞬间在网络上走红,那些断章取义、恶意抹黑的营销言论也可以引起公愤。别人是有意为之,你却无心思考、无力辨别,怎能不随波逐流? 在素质教育普及的今天,人们缺的不是思辨能力,而是思辨意识,因此培养学生的思辨意识是当前高等教育的重要任务之一。

在假设检验过程中,以原假设 H_0 为前提,在给定的显著水平下,按照求解步骤,用小概率原理便可得出检验结论。那么,检验的推断结果一定是 100% 正确的吗? 众所周知,由于抽样的随机性,以样本结果进行假设检验做出推断时,并不能够确定 100% 不发生错误。假设检验可能有两类错误:如果原假设 H_0 是正确的,但通过检验结果否定了它,这就犯了所谓的第一类错误(弃真错误);反之,如果原假设 H_0 是错误的,但通过检验结果接受了它,这就犯了所谓的第二类错误(纳伪错误)。简言之,假设检验的推断结果也可能是错误的。事实上,世间万物皆如此,绝对正确或绝对错误的事是很少的。在信息爆炸的时代,在遇到问题时我们首先要进行合理的分析判断,这样才不会轻易被他人的言论误导,从而能够有目的地选择正确的信息,理性地解决问题。

2. 增强理性思辨意识,远离电信网络诈骗

古人云:"害人之心不可有,防人之心不可无。"新时代的青年学生要牢记这句话。近年来,电信网络诈骗层出不穷,方式、手段不断更新,让人防不胜防。青年学生怎样才能远离电信网络诈骗,不成为下一个受害者呢?首先,我们要增强理性思辨意识,并切实提高防范意识。接到陌生的电话、短信等时,要多留一个心眼。即使遇到熟人发消息让你转账或汇款,也必须进行多次确认。其次,我们不要贪图小利。很多骗子就是抓住了老百姓贪小便宜的心理,才让受害人一步步落入诈骗陷阱。再次,我们要增强法律意识。我们要意识到,向他人出售或提供公民个人信息有可能成为罪犯的帮凶,情节严重的,将依法追究刑事责任。我们每一个人都要保持清醒的头脑,提高反诈骗能力,不让不法分子乘虚而入。

◎ 案例二十三——成对数据平均数比较的 *t* 检验

一、素质教育目标

让学生理解同质性和异质性的辩证关系。

二、教学内容

1. 配对设计

若实验设计是将两个性质相同的单元成对地组合起来,然后把相比较的两个处理随机分配到每一对中的两个供试单位上,由此得到的观测值称为成对数据(paired data)。成对数据的比较要求两样本间配偶成对,每一对样本除随机地给予不同处理外,其他实验条件应尽量一致。这种设计称为配对设计。例如,在同一植株某一器官的对称部位上施行两种不同的处理,对称部位不同处理是一对;或者在做药效实验时,测量实验动物服药前后的相关值,服药前后的值是一对;或者在若干同窝动物中每窝取两个个体做不同处理,同一窝的两个个体是一对;等等。

2. 配对的要求

配成对子的两个实验单位的初始条件应尽量一致,不同对子间实验单位的初始条件允许有差异,每一个对子就是实验处理的一个重复。

3. 配对的方式

自身配对与同源配对。自身配对主要有以下3种方式:第一,同一实验单元在两个不同的时间点前后接受两次处理,将两次处理前后的观测值用于自身对照比较;第二,采用同一实验单元不同部位的观测值进行自身对照比较;第三,同一实验单元在不同方法下的观测值相互比较。例如,观察某种疾病治疗前后临床检查结果的变化。又如,观察两种不同方法测定农产品中有毒物质或药物残留的结果变化。

由于同一配对内两个供试单位的实验条件非常接近,而不同配对间的条件差异又可以通过各个配对差数予以消除,因而,配对设计可以控制实验误差,实验结果具有较高精确度。在进行假设检验时,只要假设两样本的总体平均数的差数 $\mu_d = \mu_1 - \mu_2 = 0$,而不必假设两样本的总体方差 σ_1^2 和 σ_2^2 相同。对于非配对数据,即使样本容量相同,也不能用作成对数据比较,因为非配对数据的每一变量都是独立的,没有配对的基础。所以在实验研究中,为加强某些实验条件的控制,做成对数据的比较效果较好。

4. t 统计量的构造

设两样本的变量分别为 x_1 和 x_2,共配成 n 对,各对的差数为 $d = x_1 - x_2$,则样本差数平均数 $\bar{d}$ 为

$$\bar{d} = \frac{\sum d}{n} = \frac{\sum (x_i - x_j)}{n} = \frac{\sum x_i}{n} - \frac{\sum x_j}{n} = \bar{x_i} - \bar{x_j} \tag{4-1}$$

样本差数方差 s_d^2 为

$$s_d^2 = \frac{\sum (d - \bar{d})^2}{n-1} = \frac{\sum d^2 - (\sum d)^2 / n}{n-1} \tag{4-2}$$

样本差数平均数的标准差(standard error of the sample difference mean) $s_{\bar{d}}$ 为

$$s_{\bar{d}} = \sqrt{\frac{s_d^2}{n}} = \sqrt{\frac{\sum (d - \bar{d})^2}{n(n-1)}} = \sqrt{\frac{\sum d^2 - (\sum d)^2 / n}{n(n-1)}} \tag{4-3}$$

因而,t 值为

$$t = \frac{\bar{d} - \mu_d}{s_{\bar{d}}} \tag{4-4}$$

若设 $H_0 : \mu_d = 0$,则式(4-4)可转化为

$$t = \frac{\bar{d}}{s_{\bar{d}}} \tag{4-5}$$

它具有自由度 $df = n-1$。

【例 4-2】　为研究电渗处理对草莓果实中的钙离子含量的影响,选取 10 个草莓品种进行电渗处理与对照处理并对比实验,结果见表 4-1。问电渗处理对草莓钙离子含量是否有影响?

表 4-1　电渗处理对草莓钙离子含量的影响

项目	1	2	3	4	5	6	7	8	9	10
电渗处理草莓钙离子含量 x_1/mg	22.23	23.42	23.25	21.38	24.45	22.42	24.37	21.75	19.82	22.56
对照处理草莓钙离子含量 x_2/mg	18.04	20.32	19.64	16.38	21.37	20.43	18.45	20.04	17.38	18.42
差数($d=x_1-x_2$)	4.19	3.10	3.61	5.00	3.08	1.99	5.92	1.71	2.44	4.14

解　本题中对比设计电渗处理与对照处理,属于成对数据,因两种处理方式下草莓钙离子含量谁大谁小事先并不明确,故用双尾检验。

(1) 假设 $H_0:\mu_d=0$,即电渗处理后草莓钙离子含量与对照组草莓钙离子含量无差异,也就是说电渗处理对草莓钙离子含量无影响;$H_1:\mu_d\neq 0$,即电渗处理后草莓钙离子含量与对照组草莓钙离子含量存在显著差异。

(2) 确定显著水平 $\alpha=0.05$。

(3) 检验计算:

$$\bar{d}=\frac{\sum d}{n}=3.518 \qquad s_d^2=\frac{\sum d^2-(\sum d)^2/n}{n-1}=1.772$$

$$s_{\bar{d}}=\sqrt{\frac{s_d^2}{n}}=\sqrt{\frac{1.772}{10}}=0.421 \qquad t=\frac{\bar{d}}{s_{\bar{d}}}=\frac{3.518}{0.421}=8.356$$

查附表3,当 $df=10-1=9$ 时,$t_{0.05}=2.262$,即 $|t|>t_{0.05}$,故 $P<0.05$。

(4) 推断:否定 H_0,接受 H_1,电渗处理后草莓钙离子含量与对照组草莓钙离子含量存在显著差异。

三、素质教育要素

基于"同质性"进行配对

同质(homogeneity)是对一种生物组织或物质的均匀性的描述。如果两种或多种生物材料具有同质性,那么它们就是由同样的单元组合而成的,或者它们各部分的特征(如颜色、形状、大小、质量、高度、分布、质地、放射性等)都是相同的。但是,倘若一种物质至少一种特征的分布明显不均匀,那么它就具有异质性。进行配对设计时,配成对子的两个实验单位的初始条件有同质性,不同对子间实验单位的初始条件允许有差异,每一个对子就是实验处理的一个重复。配成对子的个体遵循随机化原则,随机分配到两个组中,对子内部体现了"自由""平等";不同的对子之间进行严格管控,绝不允许一个对子随机进入某一个组中。这样可以消除各个对子间的差异，从而控制实验误差，提高实验的精确度。

◎ 案例二十四——方差的同质性检验

一、素质教育目标

让学生明确"同质化"的功能：走进"同质化"，降低生活成本，提高老百姓幸福指数，体现"以人为本"的价值追求；基于"同质化"，体现个体能力或群体合力的差异；走出"同质化"，迈向改革创新，体现"勇于创新"的科学精神和民族精神。

二、教学内容

所谓方差齐性，又称方差同质性（homogeneity of variance），是指各样本所属总体的方差相同。方差同质性检验，就是要根据各样本的方差来推断其总体方差是否同质。方差同质性检验是样本平均数、频率假设检验的前提。本部分内容包括一个样本方差的同质性检验、两个样本方差的同质性检验和多个样本方差的同质性检验。

1. 一个样本方差的同质性检验

从标准正态总体中抽取 k 个独立随机变量 u^2 之和为 χ^2，即

$$\chi^2 = \sum \left(\frac{x-\mu}{\sigma} \right)^2 = \frac{1}{\sigma^2} \sum (x-\mu)^2 \tag{4-6}$$

当用样本平均数 $\bar{x}$ 估计总体平均数 μ 时，有

$$\chi^2 = \frac{1}{\sigma^2} \sum (x-\bar{x})^2 \tag{4-7}$$

根据样本方差 $s^2 = \dfrac{\sum (x-\bar{x})^2}{k-1}$，有

$$\chi^2 = \frac{(k-1)s^2}{\sigma^2} \tag{4-8}$$

式（4-8）中，分子表示样本的离散程度，分母表示总体方差，χ^2 服从自由度为 $k-1$ 的 χ^2 分布。

由于附表 4 所列出的为单尾（右尾）概率，所以，如假设 $H_0: \sigma^2 \leqslant \sigma_0^2$，适合用右尾检验，其否定区为 $\chi^2 > \chi_\alpha^2$；如假设 $H_0: \sigma^2 > \sigma_0^2$，适合用左尾检验，其否定区为 $\chi^2 < \chi_{1-\alpha}^2$；如假设 $H_0: \sigma^2 = \sigma_0^2$，需进行双尾检验，其否定区为 $\chi^2 < \chi_{1-\frac{\alpha}{2}}^2$ 和 $\chi^2 > \chi_{\frac{\alpha}{2}}^2$。

【例 4-3】 已知某河流受到重金属铜的污染，选取 8 个采样点，测定其铜含

量(单位:mg/kg)分别为23.5,24.2,24.7,24.5,24.2,24.0,23.8,25.8,试检验污染河流铜含量的方差是否与正常河流铜含量的方差0.158相同。

解 此题为一个样本方差与总体方差的同质性检验。

(1)假设 $H_0:\sigma^2=0.158$,即污染河流铜含量的方差与正常河流铜含量的方差0.158相同;$H_1:\sigma^2\neq0.158$,即污染河流铜含量的方差与正常河流铜含量的方差不同。

(2)确定显著水平 $\alpha=0.05$。

(3)检验计算:根据题目所给数据,可算出 $s=0.70(\mathrm{mg/kg})$。

$$\chi^2=\frac{(k-1)s^2}{\sigma^2}=\frac{(8-1)\times0.49}{0.158}=21.71$$

查附表4,当 $df=8-1=7$ 时,$\chi^2_{7,0.975}=1.690$,$\chi^2_{7,0.025}=16.013$,$\chi^2>\chi^2_{7,0.025}$。

(4)推断:接受 H_1,否定 H_0,即样本方差与总体方差不同质,认为污染河流铜含量的方差与正常河流铜含量的方差0.158不相同。

2. 两个样本方差的同质性检验

假设两个样本的容量分别为 n_1 和 n_2,方差分别为 s_1^2 和 s_2^2,总体方差分别为 σ_1^2 和 σ_2^2,当检验 σ_1^2 和 σ_2^2 是否同质时,可用 F 检验法。当两样本所属总体均服从正态分布,且两样本的抽样是随机的、独立的,其 F 值等于两样本方差 s_1^2 和 s_2^2 之比,即

$$F=\frac{s_1^2}{s_2^2} \tag{4-9}$$

并服从 $df_1=n_1-1,df_2=n_2-1$ 的 F 分布。当 $F<F_\alpha$ 时,接受 $H_0:\sigma_1^2=\sigma_2^2$,即认为两样本的方差是同质的;当 $F>F_\alpha$ 时,否定 $H_0:\sigma_1^2=\sigma_2^2$,接受 $H_1:\sigma_1^2\neq\sigma_2^2$,即认为两样本的方差不是同质的。

【例4-4】 某池塘饲养两个品种的小黄鱼,从池塘随机捕捞两品种的小黄鱼各8条,测得小黄鱼体长(单位:cm)数据如下:

甲品种:133,122,151,128,117,125,120,130;

乙品种:116,120,117,115,122,120,115,111。

试检验甲、乙两种小黄鱼体长的方差是否同质。

解 (1)假设 $H_0:\sigma_1^2=\sigma_2^2$,即甲、乙两种小黄鱼体长的方差同质;$H_1:\sigma_1^2\neq\sigma_2^2$,即甲、乙两种小黄鱼体长的方差不同质。

(2)确定显著水平 $\alpha=0.05$。

（3）检验计算：根据题目所给数据，可算出甲品种小黄鱼体长相关值：$\bar{x}_1 =$ 128.25 cm，$s_1 = 10.61$ cm；乙品种小黄鱼体长相关值：$\bar{x}_2 = 117.00$ cm，$s_2 = 3.55$ cm。

$$F = \frac{s_1^2}{s_2^2} = \frac{10.61^2}{3.55^2} = 8.93$$

查附表 5，当自由度 $df_1 = 8-1 = 7$，$df_2 = 8-1 = 7$ 时，$F_{0.05} = 3.787$，则 $F > F_{0.05}$，故 $P < 0.05$。

（4）推断：接受 H_1，否定 H_0，即认为甲、乙两种小黄鱼体长的方差不具有同质性。

3. 多个样本方差的同质性检验

对 3 个或 3 个以上样本方差进行同质性检验，一般采用巴特勒检验法（Bartlett test）。假设 $H_0 : \sigma_1^2 = \sigma_2^2 = \cdots = \sigma_k^2$，即 k 个样本的方差是同质的；$H_1 : \sigma_1^2, \sigma_2^2, \cdots, \sigma_k^2$ 至少有一对不相等。对 k 个独立样本方差 $s_1^2, s_2^2, \cdots, s_k^2$，求其合并方差 s_p^2、矫正数 C 和 χ^2：

$$s_p^2 = \frac{\sum\limits_{i=1}^{k} s_i^2 (n_i - 1)}{\sum\limits_{i=1}^{k} (n_i - 1)} \tag{4-10}$$

$$C = 1 + \frac{1}{3(k-1)} \left[\sum_{i=1}^{k} \frac{1}{n_i - 1} - \frac{1}{\sum\limits_{i=1}^{k} (n_i - 1)} \right] \tag{4-11}$$

$$\chi^2 = \frac{2.302\,6}{C} \left[\ln s_p^2 \sum_{i=1}^{k} (n_i - 1) - \sum_{i=1}^{k} (n_i - 1) \ln s_i^2 \right] \tag{4-12}$$

式（4-12）服从 $df = k-1$ 的 χ^2 分布，其中 $\ln 10 = 2.302\,6$。对确定的显著水平 α，若 $\chi^2 \leqslant \chi_\alpha^2$，则接受 H_0，认为 $\sigma_1^2 = \sigma_2^2 = \cdots = \sigma_k^2$ 成立；若 $\chi^2 > \chi_\alpha^2$，则否定 H_0，接受 H_1，认为这些方差不是同质的。

【例 4-5】 使用白芨胶为葡萄鲜果表面涂保鲜膜以延长其物流期，共有 A, B, C 和 D 四种涂膜方式，A, B, C 和 D 处理分别设置 8,5,7,5 个重 1 kg 的果样以获取重复观测值，9 天后观测鲜果的失重方差（单位：g），分别为 25.7,18.4,22.2,24.5，试检验这 4 个样本所来自的总体方差是否相同。

解 此例为多个样本方差的同质性检验。

（1）假设 $H_0 : \sigma_1^2 = \sigma_2^2 = \sigma_3^2 = \sigma_4^2$，即 4 个方差是同质的；$H_1$：4 个方差不同质。

（2）确定显著水平 $\alpha = 0.05$。

（3）检验计算：

$$s_p^2 = \frac{\sum_{i=1}^{4} s_i^2 (n_i - 1)}{\sum_{i=1}^{4} (n_i - 1)} = \frac{25.7 \times 7 + 18.4 \times 4 + 22.2 \times 6 + 24.5 \times 4}{7 + 4 + 6 + 4} = 23.1$$

$$C = 1 + \frac{1}{3(4-1)} \times \left[\sum_{i=1}^{4} \frac{1}{n_i - 1} - \frac{1}{\sum_{i=1}^{4} (n_i - 1)} \right]$$

$$= 1 + \frac{1}{3(4-1)} \times \left[\left(\frac{1}{7} + \frac{1}{4} + \frac{1}{6} + \frac{1}{4} \right) - \frac{1}{7+4+6+4} \right] = 1.084\ 7$$

$$\sum_{i=1}^{4} (n_i - 1) \ln s_i^2$$

$$= 7 \times \ln 25.7 + 4 \times \ln 18.4 + 6 \times \ln 22.2 + 4 \times \ln 24.5$$

$$= 28.564$$

$$\chi^2 = \frac{2.302\ 6}{C} \left[\ln s_p^2 \sum_{i=1}^{4} (n_i - 1) - \sum_{i=1}^{4} (n_i - 1) \ln s_i^2 \right]$$

$$= \frac{2.302\ 6}{1.084\ 7} \left[(\ln 23.1) \times 21 - 28.564 \right] = 0.152$$

查附表 4，当自由度 $df = 3$ 时，$\chi_{3,0.05}^2 = 7.815$，因此实际 $\chi^2 < \chi_{3,0.05}^2$，故 $P > 0.05$。

（4）推断：接受 H_0，即认为这 4 个样本的方差是同质的。

三、素质教育要素

1. 走进"同质化"，降低生活成本，提高老百姓幸福指数，体现"以人为本"的价值追求；基于"同质化"，体现个体能力或群体合力的差异

当今社会，工业高度发达，工厂流水线产出大量的同质产品。不仅如此，同一品类中不同品牌的产品在性能、外观甚至营销方式上都逐渐趋同。在这种情况下，客户一般会认为各个公司提供的产品之间没有实质性差异，主要的购买依据是价格，因此，厂商主要将价格和折扣作为差异化竞争手段。随着产品价格的下降，老百姓用同样的钱可以买到的产品种类和数量会增加，这直接降低了老百姓的生活成本。今天，中国每年生产近百部电影、上万集电视剧和二十万分钟动画片。新创作的舞台剧和出版的小说数量也居世界前列。老百姓的精神需求成本大大降低，生活变得丰富多彩，幸福指数得到提高。体育竞技同样需要"同质

化",以彰显同水平下个体或群体的能力差异。对个体而言,比如拳击、举重等比赛,设置不同级别,重点考察同级别个体间的综合能力差异。对群体而言,比如球类比赛,设置专业组、半专业组、业余组等级别,重点考察个人能力、团结协作能力、临场指挥能力等诸多方面。

2. 走出"同质化",迈向改革创新,体现勇于创新的科学精神

对于一个国家、一个民族来说,创新是发展进步的灵魂和不竭动力;对于一个企业来说,创新是寻找活力和出路的必要条件。从某种意义上说,一个企业如果不懂得改革创新,不懂得开拓进取,就会失去生命力。创新的根本意义在于勇于突破企业自身局限,破除旧制度、旧方法,在现有条件下创造适应市场需要的新制度、新举措,顺应时代潮流,走出"同质化"竞争。

文化强国的一个典型特征是文化产品具有足够的原创性。文化产品的同质性竞争只会让消费者产生审美疲劳。虽然在特定的环境和契机下,某一类题材的作品可能会产生特殊的轰动效应,但绝大部分的佳作都具有独特性和差异性。从这个意义上说,真正的文化产品都与创新有关,任何创新都与差异有关,任何差异都与稀缺有关,那些符合时代发展要求和受众需求的具有差异性的文化产品,一定会得到大众的认可。

◎ 案例二十五——参数的区间估计与点估计

一、素质教育目标

1. 引导学生通过对数据信息的初探,推测数据背后的一般规律;通过提问引导学生对结果质疑,鼓励学生思考,不盲从、不偏听,科学、合理地使用统计方法,避免主观臆断。

2. 让学生认识到概率统计在农业生产中的作用,学习袁隆平院士严谨治学、敢为人先、潜心研究的科学精神,激发学生的民族自豪感和爱国热情。

二、教学内容

1. 参数区间估计和点估计的原理

参数的区间估计和点估计是建立在一定理论分布基础上的估值方法。由中心极限定理和大数定理得知,只要抽样为大样本,不论其总体是否为正态分布,样本平均数都近似服从 $N(\mu, \sigma_{\bar{x}}^2)$ 的正态分布,因而,当概率水平 $\alpha = 0.05$(或 0.01)时,即在置信度(degree of confidence)为 $P = 1 - \alpha = 0.95$(或 0.99)的条件下,有

$$P(\mu-1.96\sigma_{\bar{x}} \leqslant \bar{x} \leqslant \mu+1.96\sigma_{\bar{x}}) = 0.95 \tag{4-13}$$

$$P(\mu-2.58\sigma_{\bar{x}} \leqslant \bar{x} \leqslant \mu+2.58\sigma_{\bar{x}}) = 0.99 \tag{4-14}$$

由式(4-13)、式(4-14)可得:

$$P(\bar{x}-1.96\sigma_{\bar{x}} \leqslant \mu \leqslant \bar{x}+1.96\sigma_{\bar{x}}) = 0.95 \tag{4-15}$$

$$P(\bar{x}-2.58\sigma_{\bar{x}} \leqslant \mu \leqslant \bar{x}+2.58\sigma_{\bar{x}}) = 0.99 \tag{4-16}$$

因此,对于某一概率标准 α,有通式

$$P(\bar{x}-u_{\alpha}\sigma_{\bar{x}} \leqslant \mu \leqslant \bar{x}+u_{\alpha}\sigma_{\bar{x}}) = 1-\alpha \tag{4-17}$$

式(4-17)中,μ_{α} 为正态分布下置信度 $P=1-\alpha$ 时 u 的临界值。

以上式子表明,尽管我们只知道 $\bar{x}$ 而不知道 μ,但可以知道 μ 落在区间 $(\bar{x}-u_{\alpha}\sigma_{\bar{x}}, \bar{x}+u_{\alpha}\sigma_{\bar{x}})$ 内的可靠程度为 $1-\alpha$。其中,$(\bar{x}-u_{\alpha}\sigma_{\bar{x}}, \bar{x}+u_{\alpha}\sigma_{\bar{x}})$ 被称作 μ 的 $1-\alpha$ 置信区间(confidence interval),因此,μ 的 $1-\alpha$ 置信区间的下限 L_1 和上限 L_2 分别可以写为

$$L_1 = \bar{x}-u_{\alpha}\sigma_{\bar{x}}, \quad L_2 = \bar{x}+u_{\alpha}\sigma_{\bar{x}} \tag{4-18}$$

区间 (L_1, L_2) 便是用样本平均数 $\bar{x}$ 对总体平均数 μ 的置信度为 $P=1-\alpha$ 的区间估计。那么,可用

$$L = \bar{x} \pm u_{\alpha}\sigma_{\bar{x}} \tag{4-19}$$

表示样本平均数 $\bar{x}$ 对总体平均数 μ 的置信度为 $P=1-\alpha$ 的点估计。

当 $\alpha=0.05$ 时,包含 μ 的置信度为 0.95 的区间估计和点估计分别为

$$(L_1 = \bar{x}-1.96\sigma_{\bar{x}}, L_2 = \bar{x}+1.96\sigma_{\bar{x}}) \tag{4-20}$$

$$L = \bar{x} \pm 1.96\sigma_{\bar{x}} \tag{4-21}$$

当 $\alpha=0.01$ 时,包含 μ 的置信度为 0.99 的区间估计和点估计分别为

$$(L_1 = \bar{x}-2.58\sigma_{\bar{x}}, L_2 = \bar{x}+2.58\sigma_{\bar{x}}) \tag{4-22}$$

$$L = \bar{x} \pm 2.58\sigma_{\bar{x}} \tag{4-23}$$

实际上,参数的区间估计也可用于假设检验。由于置信区间是总体参数具有一定置信度 $P=1-\alpha$ 的范围,如果对该参数所做的假设落在该区间内,则说明该假设与实际情况没有差异,可以接受 H_0;反之,如果对参数所进行的假设落在区间之外,则说明假设与真实情况有本质的不同,就应否定 H_0,接受 H_1。

需要指出的是,区间估计和点估计都与概率显著水平 α 的大小有关。α 值越小,对应的置信区间越大,即样本均值对总体均值的估计越可靠,但估计的准确性会降低。在实际应用中,应合理选择概率显著水平,不能认为 α 值越小越好。

2. 一个总体平均数 μ 的区间估计

根据样本容量的大小及总体方差 σ^2 是否已知,总体平均数 μ 的区间估计和点估计分为两种情况:

(1)当总体方差 σ^2 为已知,或总体方差 σ^2 未知但为大样本时,置信度为 $P=1-\alpha$ 的总体平均数 μ 的置信区间估计为

$$(\bar{x}-u_\alpha\sigma_{\bar{x}}, \bar{x}+u_\alpha\sigma_{\bar{x}}) \tag{4-24}$$

由式(4-24),可知其置信区间的下限 L_1 和上限 L_2 分别为

$$L_1=\bar{x}-u_\alpha\sigma_{\bar{x}}, L_2=\bar{x}+u_\alpha\sigma_{\bar{x}} \tag{4-25}$$

由式(4-25),可知总体平均数 μ 的点估计 L 为

$$L=\bar{x}\pm u_\alpha\sigma_{\bar{x}} \tag{4-26}$$

(2)当样本为小样本且总体方差 σ^2 未知时,由样本方差 s^2 来估计总体方差 σ^2,置信度为 $P=1-\alpha$ 的总体平均数 μ 的置信区间估计为

$$(\bar{x}-t_\alpha s_{\bar{x}}, \bar{x}+t_\alpha s_{\bar{x}}) \tag{4-27}$$

其置信区间的下限 L_1 和上限 L_2 为

$$L_1=\bar{x}-t_\alpha s_{\bar{x}}, L_2=\bar{x}+t_\alpha s_{\bar{x}} \tag{4-28}$$

总体平均数 μ 的点估计 L 为

$$L=\bar{x}\pm t_\alpha s_{\bar{x}} \tag{4-29}$$

上面两式中,t_α 为 t 分布下置信度 $P=1-\alpha$ 时 t 的临界值,自由度 $df=n-1$。

3. 两个总体平均数差数的区间估计与点估计

对于两个总体来讲,根据两样本容量及两总体方差 σ_1^2 和 σ_2^2 的不同情况,两个总体平均数差数 $\mu_1-\mu_2$ 的区间估计和点估计分为以下四种情况:

(1)当两个总体方差 σ_1^2 和 σ_2^2 为已知,或总体方差 σ_1^2 和 σ_2^2 未知但为大样本时,在置信度为 $P=1-\alpha$ 下,两个总体平均数差数 $\mu_1-\mu_2$ 的区间估计为

$$\left[(\bar{x}_1-\bar{x}_2)-u_\alpha\sigma_{\bar{x}_1-\bar{x}_2}, (\bar{x}_1-\bar{x}_2)+u_\alpha\sigma_{\bar{x}_1-\bar{x}_2}\right] \tag{4-30}$$

其置信区间的下限 L_1 和上限 L_2 分别为

$$L_1=(\bar{x}_1-\bar{x}_2)-u_\alpha\sigma_{\bar{x}_1-\bar{x}_2}, L_2=(\bar{x}_1-\bar{x}_2)+u_\alpha\sigma_{\bar{x}_1-\bar{x}_2} \tag{4-31}$$

两个总体平均数差数 $\mu_1-\mu_2$ 的点估计 L 为

$$L=(\bar{x}_1-\bar{x}_2)\pm u_\alpha\sigma_{\bar{x}_1-\bar{x}_2} \tag{4-32}$$

(2)当两个样本为小样本,且两总体方差 σ_1^2 和 σ_2^2 未知,但两总体方差相等,即 $\sigma_1^2=\sigma_2^2=\sigma^2$ 时,可由两样本方差 s_1^2 和 s_2^2 估计总体方差 σ_1^2 和 σ_2^2,用 t_α 代替 u_α,自由度 $df=n_1+n_2-2$,在置信度为 $P=1-\alpha$ 下,两总体平均数差数 $\mu_1-\mu_2$ 的区

间估计为

$$\left[(\bar{x}_1 - \bar{x}_2) - t_\alpha s_{\bar{x}_1 - \bar{x}_2}, (\bar{x}_1 - \bar{x}_2) + t_\alpha s_{\bar{x}_1 - \bar{x}_2} \right] \tag{4-33}$$

其置信区间的下限 L_1 和上限 L_2 分别为

$$L_1 = (\bar{x}_1 - \bar{x}_2) - t_\alpha s_{\bar{x}_1 - \bar{x}_2}, L_2 = (\bar{x}_1 - \bar{x}_2) + t_\alpha s_{\bar{x}_1 - \bar{x}_2} \tag{4-34}$$

两总体平均数差数 $\mu_1 - \mu_2$ 的点估计 L 为

$$L = (\bar{x}_1 - \bar{x}_2) \pm t_\alpha s_{\bar{x}_1 - \bar{x}_2} \tag{4-35}$$

（3）当两个样本为小样本，两总体方差 σ_1^2 和 σ_2^2 未知，且两总体方差不等，即 $\sigma_1^2 \neq \sigma_2^2$ 时，由两样本方差 s_1^2 和 s_2^2 对总体方差 σ_1^2 和 σ_2^2 的估计而算出的 t 值，已不是自由度 $df = n_1 + n_2 - 2$ 的 t 分布，而是近似服从自由度为 df 的 t 分布，在置信度为 $P = 1 - \alpha$ 下，两总体平均数差数 $\mu_1 - \mu_2$ 的区间估计为

$$\left[(\bar{x}_1 - \bar{x}_2) - t_{df, \alpha} s_{\bar{x}_1 - \bar{x}_2}, (\bar{x}_1 - \bar{x}_2) + t_{df, \alpha} s_{\bar{x}_1 - \bar{x}_2} \right] \tag{4-36}$$

其置信区间的下限 L_1 和上限 L_2 分别为

$$L_1 = (\bar{x}_1 - \bar{x}_2) - t_{df, \alpha} s_{\bar{x}_1 - \bar{x}_2}, L_2 = (\bar{x}_1 - \bar{x}_2) + t_{df, \alpha} s_{\bar{x}_1 - \bar{x}_2} \tag{4-37}$$

两总体平均数差数 $\mu_1 - \mu_2$ 的点估计 L 为

$$L = (\bar{x}_1 - \bar{x}_2) \pm t_{df, \alpha} s_{\bar{x}_1 - \bar{x}_2} \tag{4-38}$$

上面三式中，$t_{df, \alpha}$ 为置信度为 $P = 1 - \alpha$ 时自由度为 df 的 t 临界值。

（4）当两样本为成对数据时，在置信度为 $P = 1 - \alpha$ 下，两总体平均数差数 $\mu_1 - \mu_2$ 的置信区间可估计为

$$(\bar{d} - t_\alpha s_{\bar{d}}, \bar{d} + t_\alpha s_{\bar{d}}) \tag{4-39}$$

其置信区间的下限 L_1 和上限 L_2 分别为

$$L_1 = \bar{d} - t_\alpha s_{\bar{d}}, L_2 = \bar{d} + t_\alpha s_{\bar{d}} \tag{4-40}$$

两总体平均数差数 $\mu_1 - \mu_2$ 的点估计为

$$L = \bar{d} \pm t_\alpha s_{\bar{d}} \tag{4-41}$$

其中 t_α 具有自由度 $df = n - 1$。

4. 单个总体频率 p 的区间估计

（1）当样本容量 n 足够大，且 np 和 nq 均大于 5 时，p 的抽样分布逼近正态分布。在置信度 $P = 1 - \alpha$ 下，对总体频率 p 的区间估计为

$$(\hat{p} - u_\alpha \sigma_p, \hat{p} + u_\alpha \sigma_p) \tag{4-42}$$

其置信区间的下限 L_1 和上限 L_2 分别为

$$(L_1 = \hat{p} - u_\alpha \sigma_p, L_2 = \hat{p} + u_\alpha \sigma_p) \tag{4-43}$$

总体频率 p 的点估计 L 为

$$L = \hat{p} \pm u_\alpha \sigma_p \qquad (4\text{-}44)$$

（2）当样本容量较小或者 np 和 nq 小于 30 时,对总体频率 p 进行的区间估计和点估计,需要作连续性矫正,矫正公式为

$$\left(L_1 = \hat{p} - u_\alpha \sigma_p - \frac{0.5}{n}, L_2 = \hat{p} + u_\alpha \sigma_p + \frac{0.5}{n} \right) \qquad (4\text{-}45)$$

总体频率 p 的点估计 L 为

$$L = \hat{p} \pm u_\alpha \sigma_p \pm \frac{0.5}{n} \qquad (4\text{-}46)$$

当 σ_p 未知时,用 s_p 来估计 σ_p;当 $n < 30$ 时,用 t_α 值($df = n-1$)来代替 u_α。

5. 两个总体频率差数 $p_1 - p_2$ 的区间估计

在进行两个总体频率差数 $p_1 - p_2$ 的区间估计与点估计时,一般应明确两个频率有显著差异才有意义。在置信度为 $P = 1-\alpha$ 下,两总体频率差数 $p_1 - p_2$ 的区间估计为

$$\left[(\hat{p}_1 - \hat{p}_2) - u_\alpha \sigma_{\hat{p}_1 - \hat{p}_2}, (\hat{p}_1 - \hat{p}_2) + u_\alpha \sigma_{\hat{p}_1 - \hat{p}_2} \right] \qquad (4\text{-}47)$$

其置信区间的下限 L_1 和上限 L_2 分别为

$$L_1 = (\hat{p}_1 - \hat{p}_2) - u_\alpha \sigma_{\hat{p}_1 - \hat{p}_2}, L_2 = (\hat{p}_1 - \hat{p}_2) + u_\alpha \sigma_{\hat{p}_1 - \hat{p}_2} \qquad (4\text{-}48)$$

两总体频率差数 $p_1 - p_2$ 的点估计 L 为

$$L = (\hat{p}_1 - \hat{p}_2) \pm u_\alpha \sigma_{\hat{p}_1 - \hat{p}_2} \qquad (4\text{-}49)$$

三、素质教育要素

1. 理解假设检验与区间估计的相互关系,培养以事实为依据的科学观

假设检验是一种进一步挖掘数据信息的技术和方法。这部分内容的学习,可以引导学生通过对数据信息进行初步探究,对结果质疑,鼓励学生有效思考,推测数据背后的一般规律;引导学生不盲从、不偏听,科学、合理地运用统计方法,避免主观臆断。参数估计中的区间估计意味着统计结论具有不确定性,引导学生在研究社会、经济、生物等问题时运用区间估计的思想,考虑问题的复杂性,不盲目下结论,在偶然中寻找必然性。

唯物辩证法告诉我们,事物之间存在着普遍、广泛的联系,这些联系相互影响,相互制约。在教学中加强假设检验和区间估计这两种统计方法的比较及相关性分析,可以大大提高学生对相关知识的理解和掌握程度。课堂教学以正态总体 (μ, σ^2) 为例,让学生比较区间估计和假设检验,找出它们之间的联系和差异。不难发现,区间估计与假设检验的联系有以下三点:第一,前者和后者的检

验统计量完全相同。第二,前者的置信区间与后者的接受域完全相同。第三,前者与后者所得结论完全对应,若总体参数落在置信区间内,则假设检验不会拒绝原假设;若总体参数没有落在置信区间内,则假设检验就会拒绝原假设。两者的差异:虽然两者都是利用样本信息推断总体参数,但是应用的场景却不同。若对总体参数一无所知,则应用区间估计的方法解决问题;若对总体参数有所了解但不确定,有怀疑需要验证,就需要用假设检验的方法来处理。以此培养学生以事实为依据的科学观,以及坚持实事求是的科学精神。

2. 学习严谨治学、敢为人先的科学作风

在学习了点估计后,通过杂交水稻平均亩产的例子引入区间估计。2013年,袁隆平院士团队选育一种超级杂交水稻。专家组现场测产验收,选取 3 块实验田,亩产分别为 1 045.9,937.6,980.7 kg,从而得到该杂交水稻平均亩产为988.1 kg。通过实例,使学生认识概率统计在农业生产中的重要作用,学习袁隆平院士潜心研究的科学精神。借此机会向学生介绍袁隆平院士在杂交水稻领域取得的成就,学习老前辈们严谨治学、敢为人先的科学作风,激发学生的民族自豪感和爱国热情,将思政教育潜移默化地融入教学中。

第 5 章　拟合优度检验

在生物科学研究中,除了分析计量资料以外,还常常需要对次数资料、等级资料(hierarchical data)进行分析。等级资料实际上也是一种次数资料。次数资料服从二项分布或多项分布,其统计分析方法不同于服从正态分布的计量资料。本章将分别介绍对次数资料、等级资料进行适合性检验(fitness test)和独立性检验(independence test)统计分析的方法。

◎ 案例二十六——适合性检验

一、素质教育目标

1. 让学生体会科学的逻辑之美。
2. 让学生感受"适合"之美。

二、教学内容

1. 适合性检验原理

参数检验时总是先假定总体分布属于某个确定的类型(如正态分布),而后对其未知参数或数字特征(如均数、方差)进行假设检验。怎么知道一个总体的概率分布属于某种类型呢? 这是十分重要的问题。有时根据对事物本质的分析,利用概率论的知识,就可以得到答案。但是在很多情况下,只能从样本数据中去发现规律,判断总体的分布是什么样子,这就是所谓的拟合问题。

在生物学研究中经常需要判断一组数据是否符合某理论分布,如果符合,就可以按照该理论分布进行统计处理。如某研究人员获得了 100 个研究数据,在对该组数据进行参数检验之前,首先需要对该组数据是否符合正态分布进行探讨,这就可以通过拟合优度适合性检验来实现。有时候也需要将实测频数分布与某一已经得到证实的期望频数分布进行比较,如已知小鼠雄性和雌性出生性别的频数分布比为 1∶1,某研究者欲对某一种系小鼠的出生性别是否符合某理论频数分布进行探讨,这也是拟合优度适合性检验的适用场景。

在对连续型变量进行拟合优度适合性检验时,首先要将观察到的结果的全体范围划分为 k 类,整理成频数表,并根据某理论分布(如正态分布、二项分布等)的特点计算各个区间的理论频数。然后,比较实测频数与理论频数之间的差异,差异有正有负,因此通过平方处理。由于各组偏差点对理论频数的比重是不同的,必须除以期望频数转化为相对数才能比较,这个相对数就是拟合优度值。获得拟合优度统计量即可进行显著性检验。若差异显著,则说明实测频数不符合该理论分布;反之,则说明符合该理论分布。

2. 正态分布的适合性检验

【例5-1】 某农业技术推广站为了考察某种黑小麦穗长的分布情况,随机抽取 100 个麦穗,测得长度(单位:cm)及频数如表 5-1 所示,穗长均值为 6.02 cm,标准差为 0.613。问:麦穗长度是否服从正态分布?

表 5-1 黑小麦穗长频数表

分组/cm	3.95~4.25	4.25~4.55	4.55~4.85	4.85~5.15	5.15~5.45	5.45~5.75	5.75~6.05	6.05~6.35	6.35~6.65	6.65~6.95	6.95~
频数	1	1	2	4	10	14	17	23	13	10	5

解 表 5-1 已经对 100 个测得的原始数据进行了初步的处理,做成了频数表的形式,这是进行正态分布适合性检验的第一步,即将连续型变量分成 k 类,并对各类进行频数统计,制成频数表。但是,很明显,有些组别的频数过低,拟合优度检验一般要求期望频数不小于 1(或 5),否则应与相邻组段合并,这时相应组段的实际频数亦合并(见表 5-2)。

正态分布适合性检验的第二步就是计算拟合优度值,具体步骤如下:

(1) 对频数表各组段上、下限 x 进行标准化:

$$u = \frac{\bar{x}-\mu}{\sigma}$$

μ 与 σ 等参数往往未知,分别以样本均数(6.02)与标准差(0.613)代替。

(2) 按 u 值查标准正态分布曲线下的面积表,得到自 $-\infty$ 到 u_i 的面积 $\Phi(u_i)$。

(3) 求曲线下各组段的概率 P_i,即相邻两个 $\Phi(u_i)$ 之差。

(4) 求期望频数 $E_i = N \times P_i$。

（5）计算拟合优度值

$$\chi^2 = \sum \frac{(O-E)^2}{E} \tag{5-1}$$

（6）确定自由度：$df=k-1-r$，当总体参数已知时，$r=0$，自由度 df 为合并后期望频数的个数 k 减 1；当总体参数未知，而以相应的统计量作为估计值时，r 则为所用统计量的个数，如拟合正态曲线时，用到两个统计量 μ 与 σ，则 r 为 2。

算得 χ^2 值后，查 χ^2 临界值表得 P 值，按所取检验水准 α 做出推断：若 $P \leqslant \alpha$，可认为实际分布与所拟合的理论分布不符；若 $P>\alpha$，则不能拒绝实际频数与期望频数相符的假设。

该例的具体求解步骤如下：

(1)建立假设检验，确定检验水准。

H_0：麦穗长度服从正态分布；

H_1：麦穗长度不服从正态分布；

检验水准 $\alpha=0.05$。

(2)完善计算统计量（见表 5-2）。

表 5-2　黑小麦穗长适合性检验统计量计算表

分组/cm	观察频数(O_i)	限值	标准限值(u_i)	$\Phi(u_i)$	组段概率(P_i)	期望频数(E_i)	χ^2
~5.15	8	$-\infty$		0	0.082 3	8.23	0.006 4
5.15~5.45	10	5.15	-1.39	0.082 3	0.101 8	10.18	0.003 2
5.45~5.75	14	5.45	-0.90	0.184 1	0.156 8	15.68	0.180 0
5.75~6.05	17	5.75	-0.41	0.340 9	0.127 2	12.72	0.440 1
6.05~6.35	23	6.05	0.08	0.468 1	0.247 6	24.76	1.125 1
6.35~6.65	13	6.35	0.57	0.715 7	0.139 7	13.97	0.067 4
6.65~6.95	10	6.65	1.06	0.855 4	0.084 0	8.40	0.304 8
6.95~	5	6.95	1.55	0.939 4	0.061 6	6.06	0.185 4
		$+\infty$		1.000 0			
合计					1		2.312 4

$$\chi^2 = \sum \frac{(O-E)^2}{E} = 2.312\ 4$$

(3) 确定 P 值,做出统计推断,解释结果。

$df = n-k-1 = 8-2-1 = 5$,查附表 4 χ^2 检验界值表,$\chi^2_{0.05} = 11.070$,$2.3124 < 11.070$,得 $P < 0.05$,按照 $\alpha = 0.05$ 的检验水准拒绝 H_0,接受 H_1。故可认为,麦穗长度不服从正态分布。

3. 二项分布的适合性检验

孟德尔豌豆实验是 χ^2 适合性检验应用方面的最经典例子之一。遗传学上,经常需要回答某一遗传性状是否受一对等位基因的控制,以及该性状在后代的分离比例是否符合某规律的问题。一些遗传学实验的结果为两种互斥的情况之一,如孟德尔豌豆实验中豌豆子叶的颜色为黄色或绿色,新生婴儿为男孩或女孩,而根据遗传学规律,出现不同表型的概率是一定的,这些都符合二项分布的特点。下面就以遗传学中的例子来具体说明二项分布的适合性检验的求解步骤。

【例 5-2】 在孟德尔杂交实验中,在杂种 F_1 代时只表现出相对性状中的一个性状——显性性状,相对性状中的另一个性状——隐性性状在 F_2 代中才能显现出来,这种现象称为遗传学中上的分离现象。纯合的黄圆豌豆(YYRR)和绿皱豌豆(yyrr)杂交后,F_1 代仅表现为黄圆(YyRr),F_1 代自交,所得 F_2 代各种表型的数目如表 5-3 所示。问:黄圆和绿皱豌豆杂交实验是否符合独立分配律 $9 : 3 : 3 : 1$?

解 F_1 代只有黄圆一种表型,说明黄圆为显性性状,绿皱为隐性性状。因此 F_2 代出现的 4 种不同的基因型的比例应该是

$$\left(\frac{3}{4} + \frac{1}{4}\right)^2 = \frac{9}{16} + \frac{3}{16} + \frac{3}{16} + \frac{1}{16}$$

即 $\quad (YYRR : YYrr : yyRR : yyrr) = \frac{9}{16} : \frac{3}{16} : \frac{3}{16} : \frac{1}{16} = 9 : 3 : 3 : 1$

(1) 建立假设检验,确定检验水准。

H_0:黄圆和绿皱豌豆杂交实验符合独立分配律 $9 : 3 : 3 : 1$;

H_1:黄圆和绿皱豌豆杂交实验不符合独立分配律 $9 : 3 : 3 : 1$;

检验水准 $\alpha = 0.05$。

(2) 完善计算统计量(见表 5-3)。

表 5-3 孟德尔豌豆实验适合性检验统计量计算表

计算量	基因型(表型)				合计
	YYRR(黄圆)	YYrr(黄皱)	yyRR(绿圆)	yyrr(绿皱)	
O_i	315	101	108	32	556(N)
P_i	9/16	3/16	3/16	1/16	1
$E_i = P_i \times N$	312.75	104.25	104.25	34.75	556
χ^2	0.016	0.101	0.135	0.218	0.470

$$\chi^2 = \sum \frac{(O-E)^2}{E} = 0.470$$

(3)确定 P 值,做出统计推断,解释结果。

$df = n-k-1 = 4-1 = 3$(总体参数已知,$k=0$),查附表 4,$\chi^2_{0.05} = 7.815$,0.470<
7.815,得 $P>0.05$,按照 $\alpha = 0.05$ 的检验水准不拒绝 H_0。故可认为,黄圆和绿皱
豌豆杂交实验符合独立分配律 9:3:3:1。

三、素质教育要素

1. 理解科学发展的规律,体会科学的逻辑之美

孟德尔(1822—1884)是遗传学的奠基人。1854 年夏天,孟德尔选用 22 种
豌豆株系,挑选出每一性状都表现有明显显性与隐性的 7 个性状,进行了一系列
杂交实验,并提出显性与隐性性状个体数比是 3:1 的理论。在孟德尔之前,植
物育种人员多次发现过 3:1 这个比例,达尔文在此类实验中也曾很多次发现这
一比例,然而当时的科学界缺乏理解孟德尔定律的思想基础,使得孟德尔的发现
毫无价值。直到孟德尔提出了适当的概念,才使孟德尔的分离规律产生了更大
的意义。孟德尔等人把实验中的相对性状的比例,如红花:白花 = 29:9 或者
31:10 等,用统计学中有理论依据的卡方检验证明了其与 3:1 的理论比例没
有显著差异。1900 年,荷兰的德弗里斯、德国的科伦斯和奥地利的切尔马克同
时独立地发表研究,证实了孟德尔遗传定律。因此,1900 年是遗传学乃至生物
科学史上具有里程碑意义的一年,从此,遗传学进入了"孟德尔时代"。

科学的发展过程就是不断建立新的假说,并通过新的实验方法来证实或否
定新的假说的过程。

2. 感受"适合"之美

以适合性检验引申"适合"的内涵。

数据分析结果通过适合的图表展示出来,结果一目了然,形象生动。那么,

什么样的数据分析图是适合的？首先,图中不能有不符合出版要求的内容,如果存在冗余信息,那么一定要删除;其次,一定要包含统计分析的关键内容,重点内容要凸显,格式要符合规定;最后,要选择适合的统计方法,因为即使数据是完整正确的,若选择的统计方法不当,也无法得出令人满意的结果。

适合,指符合,恰如其分,适当,适宜。宋玉在《登徒子好色赋》里这样描写道:"东家之子,增之一分则太长,减之一分则太短;著粉则太白,施朱则太赤……"这体现了"适合"之美。生活中,穿衣合身,方显人之精气神;适量锻炼,可保持身体康健。很多事情都没有绝对的标准,别人的选择、别人的方法、别人的规划只能参考,不是标准答案,要引导学生深度认识自我、分析自我,学会制订适合自己的学习计划、学习方法。例如,学生制订学习计划时,应使其明白:第一,要合理安排学习时间、活动时间、睡眠时间和娱乐时间;第二,计划要符合自己学习的实际情况;第三,计划应适当,在有限的时间内抓住重点,不平均用力。

◎ 案例二十七——独立性检验

一、素质教育目标

让学生体会"独立"的重要性,培养学生独立思考并做决定的能力和自强不息、勇敢坚毅的个人品格。

二、教学内容

(一) 2×2 列联表的拟合优度检验

2×2 列联表是拟合优度检验中最简单的类型,又称四格表,即由 4 个实测数据构成 4 个格子。根据实验目的的不同,可分为完全随机设计下两组频数分布的比较和配对设计下两组频数分布的比较。因相配性质不同,完全随机设计下两组频数分布的比较为独立样本的拟合优度检验(其一般形式如表 5-4 所示),配对设计下两组频数分布的比较为相关样本的拟合优度检验(其一般形式如表 5-7 所示)。为什么称其为独立性检验呢? 其实只是提问的角度不同,对两组率或者构成比进行比较,实际上就是对分组因素与效应因素的相关性进行检验,如果两种因素没有关系,互相独立,即分组因素对效应没有影响,则两组率或者构成比自然相同,反之则不同。

下面就分别对两种设计下的频数分布比较进行介绍。

1. 完全随机设计下两组频数分布的比较

（1）原理

甲、乙两组独立样本资料的四格表如表 5-4 所示。

表 5-4　独立样本资料的四格表

组别	属性		合计
	I	II	
甲	a	b	$n_1 = a+b$
乙	c	d	$n_2 = c+d$
合计	$m_1 = a+c$	$m_2 = b+d$	$N = a+b+c+d$

在假设 H_0 成立的条件下，甲、乙两组不同属性的比率分布相同，因此，可以将甲、乙两组数据进行合并，对总体属性的分布率进行估计：

I 属性的比率为
$$\frac{a+c}{N} = \frac{m_1}{N}$$

II 属性的比率为
$$\frac{b+d}{N} = \frac{m_2}{N}$$

在获得了不同属性的理论分布率之后，就不难计算出甲、乙两组出现 I 或者 II 属性的期望频数。

甲组 I 属性出现的频数 $E_{11} = \dfrac{(a+b)(a+c)}{N} = \dfrac{n_1 m_1}{N}$；

乙组 I 属性出现的频数 $E_{21} = \dfrac{(c+d)(a+c)}{N} = \dfrac{n_2 m_1}{N}$；

甲组 II 属性出现的频数 $E_{12} = \dfrac{(a+b)(b+d)}{N} = \dfrac{n_1 m_2}{N}$；

乙组 II 属性出现的频数 $E_{22} = \dfrac{(c+d)(b+d)}{N} = \dfrac{n_2 m_2}{N}$。

可见，期望频数的计算可简化为

$$\frac{行合计 \times 列合计}{总例数} = \frac{n_r m_c}{N} \tag{5-2}$$

该公式适用于拟合优度值检验的所有列联表形式。

如果 H_0 成立，实际观察频数 O_{ij} 与期望频数 E_{ij} 应该相差不大，即评估观察频数与期望频数差异的拟合优度值较小。

$$\chi^2 = \sum \frac{(O - E)^2}{E} \tag{5-3}$$

若四格表资料 4 个格子的频数分别为 a, b, c, d,则四格表资料卡方检验的卡方值可根据下面的公式进行计算:

$$\chi^2 = \frac{N(ad-bc)^2}{(a+b)(c+d)(a+c)(b+d)} \tag{5-4}$$

$$df = (行数-1)(列数-1) = (2-1)\times(2-1) = 1$$

(2)步骤

下面以实例来具体说明拟合优度检验的步骤和计算过程。

【例 5-3】 为研究某暴露因素与某疾病发生的关系,研究者对 120 人进行了调查,其中患病人数为 54 人,非患病人数为 66 人,患者中有 37 人有暴露史,而非患者中有 13 人有暴露史。请问:该暴露因素是否与该病的发生相关?

解 首先将上述调查结果列成四格表的形式,并根据公式对期望频数进行计算(见表 5-5)。

表 5-5 某暴露因素与某疾病发生的关系

组别	患病	非患病	合计	患病率/%
暴露	37(22.5)	13(27.5)	50	74.0
非暴露	17(31.5)	53(38.5)	70	24.3
合计	54	66	120	

注:( )内为期望值。

第一步,建立假设检验,确定检验水准。

H_0:该暴露因素与患该病无关(暴露组与非暴露组患病率相同),即 $\pi_1 = \pi_2$;

H_1:该暴露因素与患该病相关(暴露组与非暴露组患病率不同),即 $\pi_1 \neq \pi_2$;

检验水准:$\alpha = 0.05$。

第二步,计算统计量。

因 $N > 40$,期望值大于 5,因此进行计算得

$$\chi^2 = \frac{(37-22.5)^2}{22.5} + \frac{(13-27.5)^2}{27.5} + \frac{(17-31.5)^2}{31.5} + \frac{(53-38.5)^2}{38.5}$$

$$= 29.126$$

第三步,确定 P 值,做出统计推断,解释结果。

查附表 4，$\chi^2_{1,0.05} = 3.841$，$\chi^2 = 29.126 > \chi^2_{1,0.05}$，得 $P < 0.05$，按照 $\alpha = 0.05$ 的检验水准拒绝 H_0，接受 H_1。故可认为，暴露组与非暴露组患该病的概率不同，该暴露因素与患该病相关。

由于拟合优度检验对样本量和期望频数大小是有要求的，因此，在应用拟合优度检验计算公式之前，要进行期望值的计算，根据期望值和样本量的大小选择合适的方法进行分析。

【例 5-4】 某医院医生在比较胞磷胆碱与神经节苷脂两种药物治疗脑血管疾病的疗效时，将 78 例脑血管疾病患者随机分为 2 组，分别给予两种药物的治疗，结果如表 5-6 所示。问：两种药物治疗脑血管疾病的有效率是否相同？

表 5-6 胞磷胆碱与神经节苷脂两种药物治疗脑血管疾病的效果

分组	有效	无效	合计	有效率/%
胞磷胆碱治疗组	46(42.67)	6(9.33)	52	88.5
神经节苷脂治疗组	18(21.33)	8(4.67)	26	69.2
合计	64	14	78	

注：( )内为期望值。

解 第一步，建立假设检验，确定检验水准。

H_0：胞磷胆碱与神经节苷脂治疗脑血管疾病的有效率相同，即 $\pi_1 = \pi_2$；

H_1：胞磷胆碱与神经节苷脂治疗脑血管疾病的有效率不同，即 $\pi_1 \neq \pi_2$；

检验水准：$\alpha = 0.05$。

第二步，计算统计量。

因 $N > 40$，期望值 $4.67 < 5$，因此根据校正公式进行计算得

$$\chi^2 = \frac{(|46-42.67|-0.5)^2}{42.67} + \frac{(|6-9.33|-0.5)^2}{9.33} + \frac{(|18-21.33|-0.5)^2}{21.33} +$$

$$\frac{(|8-4.67|-0.5)^2}{4.67} = 3.137$$

第三步，确定 P 值，做出统计推断，解释结果。

查附表 4，$\chi^2_{1,0.05} = 3.841$，$\chi^2 = 3.137 < \chi^2_{1,0.05}$，得 $P > 0.05$，按照 $\alpha = 0.05$ 的检验水准不拒绝 H_0。故可认为，胞磷胆碱与神经节苷脂两种药物治疗脑血管疾病的有效率相同。

2. 配对设计下两组频数分布的比较

表 5-7 为非独立样本四格表的一般形式。

教与思:生物统计学素质教育实践

表 5-7　非独立样本资料的四格表

属性	属性		合计
	I	II	
I	a	b	$n_1=a+b$
II	c	d	$n_2=c+d$
合计	$m_1=a+c$	$m_2=b+d$	$N=a+b+c+d$

从四格表的形式上看,该表与表 5-4 相同,二者的差别在于实验设计上的不同。完全随机设计下两个样本互相独立,而配对设计下两个样本互不独立。配对设计下根据属性 I 和属性 II 进行检测(或分类)的样本为同一样本,该样本中的每个个体同时根据两种属性进行了分类和计数,可看成自身对照的例子。

【例 5-5】　用 A,B 两种方法检查已确诊的乳腺癌患者 140 名,A 法检出率为 65 %,B 法检出率为 55 %,详细检出结果如表 5-8 所示。问:两种检测方法的检出率是否相同?

表 5-8　A 和 B 两种方法乳腺癌检出率的比较

A 法	B 法		合计
	+	−	
+	56 (50.05)	35 (40.95)	91
−	21(26.95)	28(22.05)	49
合计	77	63	140

注:( )内为期望值。

解　A 法的检出率为 91/140=65%;B 法的检出率为 77/140=55%。

在比较两种方法的检出率时,实际上是对两种方法检出结果不同的格子进行比较,因为检出结果相同对两种方法的检出率的差异并没有贡献(这种差异为 0)。而在 H_0 成立的条件下,A 和 B 法实际检出结果不同的两个格子 b 和 c 的期望频数应该为检出结果不同的总例数除以 2,即 $(b+c)/2$。那么,经典的拟合优度计算公式则可简化为

$$\chi^2=\sum\frac{(O-E)^2}{E}=\frac{\left(b-\frac{b+c}{2}\right)^2}{\frac{b+c}{2}}+\frac{\left(c-\frac{b+c}{2}\right)^2}{\frac{b+c}{2}}=\frac{(b-c)^2}{b+c} \tag{5-5}$$

第一步,建立假设检验,确定检验水准。

H_0：A 和 B 两种确诊乳腺癌的方法检出率相同；

H_1：A 和 B 两种确诊乳腺癌的方法检出率不同；

检验水准：$\alpha = 0.05$。

第二步，计算统计量。

因 $N>40$，期望值均大于 5，因此根据公式进行计算得

$$\chi^2 = \frac{(b-c)^2}{b+c} = \frac{(35-21)^2}{35+21} = 3.5$$

第三步，确定 P 值，做出统计推断，解释结果。

查附表 4，$\chi^2_{1,0.05} = 3.841$，$\chi^2 = 3.5 < \chi^2_{1,0.05}$，得 $P>0.05$，按照 $\alpha = 0.05$ 的检验水准不拒绝 H_0。故可认为，A 和 B 两种确诊乳腺癌的方法检出率相同。

（二）r×c 列联表的拟合优度检验

2×2 列联表资料的拟合优度检验主要用于判断两个变量彼此是否相关，但是在实际工作中经常会遇到需要对多个变量进行独立性检验。其实 2×2 列联表可以看成 r×c 列联表的特例，即 $r=2$，$c=2$。因此，与 2×2 列联表相似，r×c 列联表也可以根据实验设计分为完全随机设计下多个独立样本率或构成比的比较以及配伍（多组配对称为配伍）组设计下多个非独立样本率或构成比的比较。

首先对完全随机设计下多组频数分布比较的拟合优度检验进行介绍。

1. 完全随机设计下多组频数分布的比较

一个定性变量有 c 种可能的类别，对 r 个独立的样本分别进行该定性变量的分类和计数，并对该 r 个独立的样本的 c 种不同类别的频数分布状况进行比较，就是完全随机设计下多组频数分布的比较。

【例 5-6】 乳房自检有利于乳腺癌的早期发现，Senie 等人对年龄与乳房自检频率的相关性进行了研究，对 1 216 名女性进行调查研究的结果如表 5-9 所示。问：该地区乳房自检频率是否与女性年龄相关？

表 5-9 某地妇女年龄与乳房自检频率的关系

年龄/岁	乳房自检频率			合计
	每月	偶尔	从不	
<45	91(66.8)	90(93.1)	51(72.1)	232
45~59	150(145.4)	200(202.7)	155(157.0)	505
≥60	109(137.9)	198(192.2)	172(148.9)	479
合计	350	488	378	1 216

注：( )内为期望值。

教与思:生物统计学素质教育实践

解 该命题中,乳房自检频率分为"每月"、"偶尔"和"从不"三种不同的类别,即 $c=3$,1 216 名妇女根据不同的年龄段划分为 $<45,45\sim 59$ 和 $\geqslant 60$ 三组,可以看成 3 个独立的样本,即 $r=3$。根据研究目的,需要对 3 个年龄组妇女 3 种不同类别的频数分布状况进行比较。

第一步,建立假设检验,确定检验水准。

H_0:年龄与乳房自检频率无关(即不同年龄段乳房自检频率分布相同,$\pi_1 = \pi_2 = \pi_3$);

H_1:年龄与乳房自检频率有关(即不同年龄段乳房自检频率分布不全相同);

检验水准:$\alpha = 0.05$。

第二步,计算统计量。

因 $N>40$,期望值均大于 5,因此根据公式进行计算得

$$\chi^2 = \frac{(91-66.8)^2}{66.8} + \frac{(90-93.1)^2}{93.1} + \frac{(51-72.1)^2}{72.1} + \frac{(150-145.4)^2}{145.4} + \frac{(200-202.7)^2}{202.7} +$$

$$\frac{(155-157.0)^2}{157.0} + \frac{(109-137.9)^2}{137.9} + \frac{(198-192.2)^2}{192.2} + \frac{(172-148.9)^2}{148.9}$$

$$= 25.12$$

第三步,确定 P 值,做出统计推断,解释结果。

查附表 4,$\chi^2_{4,0.05} = 9.488$,$\chi^2 = 25.12 > \chi^2_{4,0.05}$,得 $P<0.05$,按照 $\alpha = 0.05$ 的检验水准拒绝 H_0,接受 H_1。故可认为,不同年龄段乳房自检频率分布不全相同,即年龄与乳房自检频率有关系。

【例 5-7】 为探讨自身免疫性肝炎(AIH)的发病机制,研究者对 rs2187668 SNPs 与 AIH 发病之间的关系进行了研究,研究结果见表 5-10。问:rs2187668 SNPs 是否与 AIH 的发病相关?

表 5-10 rs2187668 SNPs 与 AIH 发病的关系

组别	rs2187668 SNPs			合计
	AA	AG	GG	
AIH	10(3.32)	26(19.54)	41(54.13)	77
对照	13(19.7)	109(115.46)	333(319.87)	455
合计	23	135	374	532

注:( )内为期望值。

解 第一步,建立假设检验,确定检验水准。

H_0:rs2187668 SNPs 与 AIH 的发病无关;

H_1:rs2187668 SNPs 与 AIH 的发病相关;

检验水准:$\alpha=0.05$。

第二步,计算统计量。

因 $N>40$,期望值 3.32<5,因此根据公式进行计算得

$$\chi^2 = \frac{(10-3.32)^2}{3.32} + \frac{(26-19.54)^2}{19.54} + \frac{(41-54.13)^2}{54.13} + \frac{(13-19.7)^2}{19.7} +$$

$$\frac{(109-115.46)^2}{115.46} + \frac{(333-319.87)^2}{319.87} = 21.94$$

第三步,确定 P 值,做出统计推断,解释结果。

查附表 4,$\chi^2_{2,0.05}=5.991$,$\chi^2=21.94>\chi^2_{2,0.05}$,得 $P<0.05$,按照 $\alpha=0.05$ 的检验水准拒绝 H_0,接受 H_1。故可认为,rs2187668 SNPs 与 AIH 的发病相关。

上例中,虽然表格中有一个期望频数小于 5,但是根据拟合优度检验的条件,当期望频数小于 5 的格子数目不大于总格子数的 1/5,即 $1/5\times6=1.7$ 时,可不用校正。若有 2 个格子的期望频数小于 5,则必须用校正的拟合优度检验。

2. 配伍组设计下多组频数分布的比较

另一种 $r\times c$ 拟合优度检验的应用为配伍组设计下多组频数分布的比较。该设计与配对设计相似,但配对因素 ≥2,称为配伍。如用例 5-5 中 A,B 两种方法检查乳腺癌患者,其结果分为"+"和"-",但是,若出现不确定的"±"结果,则同为"配对"资料,列联表却变成了 3×3 的形式,这就需要用配伍组设计下的拟合优度检验进行分析。

【例 5-8】　煤矿职工医院为探讨硅肺不同期次患者的胸部平片肺门密度变化,把 492 名患者的资料归纳如表 5-11 所示。问:硅肺患者肺门密度的变化与硅肺的期次有无关系?

表 5-11　硅肺患者肺门密度与硅肺期次的关系

硅肺期次	肺门密度			合计
	+	++	+++	
Ⅰ	43(24.9)	188(149.9)	14(70.2)	245
Ⅱ	1(17.2)	96(103.4)	72(48.4)	169
Ⅲ	6(7.9)	17(47.7)	55(22.4)	78
合计	50	301	141	492

注:( )内为期望值。

教与思：生物统计学素质教育实践

解 本例492名患者组成一个样本,样本中的每个个体既按肺门密度进行分类,又按硅肺期次进行分类,因此为非独立样本的$r \times c$表拟合优度检验。

第一步,建立假设检验,确定检验水准。

H_0:硅肺患者肺门密度的变化与硅肺的期次无关系;

H_1:硅肺患者肺门密度的变化与硅肺的期次有关系;

检验水准:$\alpha = 0.05$。

第二步,计算统计量。

因$N > 40$,期望值均大于5,因此根据公式进行计算得

$$\chi^2 = \frac{(43-24.9)^2}{24.9} + \frac{(188-149.9)^2}{149.9} + \frac{(14-70.1)^2}{70.1} + \frac{(1-17.2)^2}{17.2} + \frac{(96-103.4)^2}{103.4} +$$

$$\frac{(72-48.4)^2}{48.4} + \frac{(6-7.9)^2}{7.9} + \frac{(17-47.7)^2}{47.7} + \frac{(55-22.4)^2}{22.4} = 162.69$$

第三步,确定P值,做出统计推断,解释结果。

$df = (3-1) \times (3-1) = 4$,查附表4,$\chi^2_{4,0.05} = 9.488$,$\chi^2 = 162.69 > \chi^2_{4,0.05}$,得$P < 0.05$,按照$\alpha = 0.05$的检验水准拒绝$H_0$,接受$H_1$。故可认为,硅肺患者肺门密度的变化与硅肺的期次有关系。

3. 多组间的两两比较(Bonferroni校正法)

如例5-7所示,AIH患者和健康对照者的rs2187668 SNPs分布不全相同,需要进一步的两两比较。通常以小概率作为判断差异是否显著的标准,一般以概率0.05或概率0.01作为判断标准。但多重比较时若均以0.05作为小概率的标准,则每次比较就会有5%的犯第一类错误的可能。如有4个组要做6次比较,则犯第一类错误的概率为26.5%,不符合小概率判断的原则。因此,多重两两比较时可应用Bonferroni校正法。该方法将小概率0.05或0.01除以要比较的次数n,作为判断显著性的小概率,这样,多重比较第一类错误发生的概率不会超过0.05或0.01。

对例5-7进行两两比较时,因要对AA与AG,AA与GG以及AG与GG进行3次两两比较,即对3种不同表型进行两两比较,因此检验水准确定为$\alpha = 0.05/3 = 0.017$。

表5-12 两两比较的结果

两两比较	拟合优度	P
AA与AG	18.128 4	0.000 02
AA与GG	19.355 0	0.000 01
GG与AG	6.222 2	0.012 62

当比较次数不多时,应用 Bonferroni 校正法效果较好。当比较次数较多(如在 10 次以上)时,由于其检验水准选择得过低,结论偏于保守。

三、素质教育要素

以"独立性"引导学生培养独立自主、自强不息和勇敢坚毅的个人品格

以独立性检验引申"独立性"的内涵。独立性是指一个人的意志不易受他人影响,具有很强的独立提出问题和实施行为的能力。它体现了意志行为价值的内在稳定性,表现为有主见、有上进心、能独立处理事情、不依赖他人、能积极完成各种实际任务,且勇敢、自信、认真、专注、有责任感。例如,美国总统罗斯福就非常注重培养孩子的独立人格。他曾有一句名言:"在儿子面前,我不是总统,而是父亲。"他反对孩子过着依赖父母的寄生生活。他让孩子们以自己的方式"求生存"。他的大儿子詹姆斯 20 岁时去欧洲旅行,回程之前买了一匹好马,发了一封电报给父亲求助。罗斯福打电话说:"你和你的马游泳回来吧!"他的儿子只好卖掉了马,换了路费回家。二战开始后,罗斯福的四个儿子都上了前线。父亲病逝,他们还都坚守在各自的岗位上,用这种特殊的方式为父亲送行。

第6章 方差分析

方差分析(analysis of variance)是1923年由英国统计学家 R. A. Fisher 提出的。该方法将 k 个处理的观测值作为一个整体看待,把观测值总变异的平方和及自由度分解为对应于不同变异来源的平方和及自由度,进而获得不同变异来源的总体方差估计值;通过计算不同变异来源的总体方差的估计值的适当比值,就能检验各样本所属总体平均数是否相等。方差分析实质上是关于观测值变异原因的数量分析,它在科学研究中应用十分广泛,主要应用于以下四个方面:第一,用于多个样本平均数的比较分析;第二,用于多个因素间的交互作用分析;第三,用于回归方程的假设检验;第四,用于方差的同质性检验。

◎ 案例二十八——t 检验和 F 检验的比较

一、素质教育目标

1. 让学生意识到节约体现在社会生活的方方面面,培养节约意识。
2. 引导学生自觉培养科学实验的品质。

二、教学内容

t 检验的统计学方法属于参数检验的范畴,所处理的数据类型为计量资料。即在总体分布类型已知的前提下,通过检验总体参数,达到对1个或2个样本所代表的总体进行比较的目的。如果需进行多个平均数间的差异显著性检验,仍采用 t 检验就不适合了。这时应用 t 检验主要存在以下三个方面的不足之处:

第一,检验过程烦琐。如果实验设计有 k 个处理,就要执行 $k(k-1)/2$ 次 t 检验。以7个处理为例,我们需要使用 t 检验方法对成对均值进行21次检验。

第二,多个平均数间的比较没有统一的实验误差,误差估计的精密度和测试的灵敏度较低。采用 t 检验法进行成对比较时,每次比较都要计算检验误差,因此每次比较的误差估计不统一。由于未充分利用数据提供的信息,所以它降低了误差估计的精密度及测试的灵敏度。例如,一个实验可能有 7 个处理,每个处理重复 5 次,总共有 35 个观察值。执行 t 检验时,每次只能使用 2 个处理的 10 个观察值来估计实验误差,误差自由度为 $2×(5-1)=8$;若利用整个实验的 30 个观测值估计实验误差,显然估计的精密度高,且误差自由度为 $6×(5-1)=24$。可见,在用 t 检验法进行检验时,由于估计误差的精密度低,误差自由度小,检验的灵敏性降低,因此容易掩盖差异的显著性。

第三,推断的可靠性较低,犯 I 类错误概率较高。尽管数据提供的所有信息都用于估计实验误差,但如果使用 t 检验方法来检验多个处理的均值之间差异的显著性,由于不考虑两个均值相互比较的顺序,会增加犯 I 类错误的概率,大大降低推理的可靠性。

综上,t 检验不适用于检验多个均值的显著性差异,应采用方差分析法。

三、素质教育要素

1. 勤俭节约是一种社会风尚

统计分析也要秉承"勤俭节约"的原则。统计工作的每一个环节在不影响实验效果的前提下,应做到省钱、省时、省力。假设检验主要针对单一或两个样本进行 t 检验。方差分析不仅涉及多个样本,还涉及多个因素,若仍然按照 t 检验进行,工作量和实验(试验)成本将会大大增加。以单因素方差分析为例,若实验设计有 k 个处理,则要做 $k(k-1)/2$ 次 t 检验。以 6 个处理为例,采用 t 检验法要进行 15 次两两平均数的差异显著性检验;以 10 个处理为例,采用 t 检验法要进行 45 次两两平均数的差异显著性检验。所以,三组及三组以上的资料的差异显著性检验应选择方差分析。通过科学地实验、分析,引导学生在生活中自觉培养勤俭节约的意识。

2. 统一尺度标准,确保公平公正

进行多个平均数显著性检验时,只有选择统一尺度,即统一实验误差,才能保证测量的精密度。以 A,B,C 三个处理为例,按照 t 检验进行差异显著性检验,若 A 与 B 比较时选择尺度 1,A 与 C 比较时选择尺度 2,B 与 C 比较时选择尺度 3,则实验研究无统一的实验误差,误差估计的精密度和检验的灵敏性低。由此可见,如果没有标准尺度,就会影响实验的科学性。例如,实验有 8 个处理,每个处理重复 4 次,共有 32 个观测值。进行 t 检验时,每次只能利用 2 个处理共 8 个观测值估计实验误差,误差自由度为 $2×(4-1)=6$;若利用整个实验的 32 个观测值估计实验误差,显然估计的精密度更高,且误差自由度为 $8×(4-1)=24$。可见,在用 t 检验法进行检验时,由于估计误差的精密度低,误差自由度小,检验的灵敏性降低,因此容易掩盖差异的显著性。

◎ 案例二十九——效应与互作

一、素质教育目标

让学生体会团结的力量,教育学生学会团结协作,凝聚工作智慧,以取得更好的成绩。

二、教学内容

1. 效应(effect)

对实验单位施加实验处理而引起的实验指标的改变称为效应。同一因素不同水平表现出来的单独作用叫主效应(main effect),或称简单效应(simple effect)。例如,施肥引起作物产量的增加,保鲜膜减少鲜果水分的散失。

2. 互作(interaction)

两个及以上因素间相互作用所产生的新效应称为互作,即实验指标中不能用各因素的主效应来解释的部分。例如,作物同时施肥和浇水,施肥和浇水各有其主要作用,但增产量并不与施肥和浇水的主效应符合,相差的部分就是水肥的交互作用,简称互作。互作可能是正效应,也可能是负效应或效应不明显。两因素的互作叫一级互作,三因素的互作叫二级互作。

主效应的利用价值与不同因素间的交互作用有密不可分的关系,若交互作用不显著($P>0.05$),则各因素的最优水平的组合为最优的处理组合。若交互作用显著($P<0.05$),则各因素的效应就不能累加,最优处理组合应根据各处理组合的直接表现选定。当交互作用相当大时,可以忽略主效应。两因素间是否存在交互作用,既可利用专门的统计方法来判断,又可根据专业知识来判断。

三、素质教育要素

深入思考"1+1"与"2"的关系,正确理解"团结协作力量大"的内涵

在实验(试验)过程中,不同因素之间往往会产生交互效应,交互效应有大有小,有正有负。以两个因素为例,假设 A,B 两个因素的主效应均为 1:第一种情形,若交互效应为 0,则总效应为 2;第二种情形,若交互效应=0.05,则总效应为 2.05;第三种情形,若交互效应也为 1,则总效应为 3;第四种情形,若交互效应为-0.5,则总效应为 1.5。前两种情形交互作用要么没有,要么很小,此时可以忽略交互作用,则各因素的效应可以累加,各因素的最优水平组合起来,即为最优的处理组合,构建线性模型时可以交互因素选项。第三种情形交互作用已经

相当于一个主效应,交互作用正向促进作用显著,则总效应不再等于各因素的主效应的简单累加,第四种情形交互作用也显著,但是,该交互作用是反向促进,后两种最优处理组合应根据各处理组合的直接表现选定。当交互作用相当大时,可不考虑主效应。

同样的道理,社会生活中人与人之间也会产生交互作用。在一个团队中,如果所有人不协作,各干各的,取得的最好的业绩就是每个人的业绩之和;如果团队内部深度合作,产生交互正效应,就可能取得突破,成绩远胜出个人业绩之和;如果团队内部互相拆台,产生交互负效应,就会损害彼此利益,总体成绩远不如个人业绩之和。

◎ 案例三十——方差分析的基本思想

一、素质教育目标

1. 帮助学生学会正确地理解和看待事物,加强辩证逻辑思维能力训练,进而提升创造性思维能力。

2. 引导学生在分析问题时,先从总体出发把控全局,然后重点分析局部情况。

3. 让学生体会多个决策主体行为的相互作用,各主体会根据自身掌握的信息和对自身能力的认知做出有利于自身的决策。

二、教学内容

1. 两类误差

两类误差包括随机误差和系统误差。随机误差是指因素的同一处理或同一水平的内部,样本各观测值之间的偏差。比如,同一涂膜方式下不同葡萄鲜果的失重是不同的,这种偏差受随机因素的影响,称为随机误差。系统误差是指因素的不同处理或不同水平下,各组平均值之间的差异。比如,不同涂膜方式下不同葡萄鲜果的失重是不同的,这种差异可能是由抽样的随机性造成的,也可能是事物本质差异造成的,本质差异所造成的误差,称为系统误差。

2. 两类方差

数据的误差用平方和除以自由度所得数值称为方差,其包括组内方差(within groups)和组间方差(between groups)。组内方差是指因素的同一水平(同一个总体)下样本数据的方差,只包含随机误差。例如,零售业被投诉次数的方差。组间方差是指因素的不同水平(不同总体)下各样本之间的方差,既包括随机误差,也包括系统误差。例如,多个行业被投诉次数之间的方差。当系统误差等于 0 时,组间误差与组内误差的比值等于 1;当系统误差增大时,它们之间的比值就会大于 1;当这个比值大到某种程度时,就可以说不同水平之间存在着显著差异,也就是自变量对因变量有影响。

3. 方差分析的基本思路

(1) 比较两类误差(方差),以检验均值是否相等。

(2) 比较的基础是方差比(误差比)= 组间方差(组间误差)/组内方差(组内误差)。

(3) 如果系统(处理)误差显著地不同于随机误差,则均值就是不相等的;反之,均值就是相等的。

(4) 若均值不相等,就要进行多重比较。

4. 方差分析的基本步骤

(1) 计算各项平方和与自由度。

(2) 列出方差分析表,进行 F 检验。

(3) 若 F 检验显著,则进行多重比较。多重比较的方法有最小显著差数法(LSD 法)和最小显著极差法(LSR 法:主要有 q 检验法、新复极差法等)。表示多重比较结果的方法有三角形法和标记字母法。

三、素质教育要素

1. 真假博弈之因素判断

因素(factor)是决定事物成败的原因或条件,又称因子。在科学实验中,影响实验指标的要素或原因,称为因素。影响实验指标的因素有很多,例如考察光照、温度、水分、施肥量对作物产量的影响,产量是实验指标,影响产量的光照、温度、水分、施肥量为因素。在众多因素之中,哪些是"真"因素,哪些是"假"因素?"真"因素是对实验指标的大小有决定性作用的因素,而"假"因素则是对实验指标的大小作用很小或无作用的因素。真假因素之博弈借助变异(方差或均方)来度量。数据总变异分解为处理间变异(系统误差)和处理内变异(随机误差),如果系统(处理)误差显著地不同于随机误差,则平均数就是不相等的,为"真"因素;反之,平均数就是相等的,为"假"因素。

2. 总体把控,局部比较,由总体到局部的过程

一个画家在创作时要树立整体观念,对整体的意境有准确的把握。作品的主要思想或基本意义的表达是画作的灵魂,因此整体的重要性可见一斑。而作为基础构成整体的部分也不容忽视。局部场景设置的好坏直接影响整体效果的

表现。例如,在描绘树木时,要注意特定类型的树木及其固有的形状特征。如果要画一棵枝繁叶茂的大树,那么这幅画的灵魂就是"繁茂",需要渲染郁郁葱葱的特征。

方差分析亦是如此,总体上按照同一尺度分析不同因素的不同水平是否存在差异,即 F 检验,这属于总体把控。若 F 检验显著,接下来,就要针对显著的因素或交互因素,进行多重比较(局部比较)。如果所有因素及交互因素均未达到显著差异,就不需要进行局部比较了,即多重比较就不需要做了。以 A,B 双因素为例进行方差分析,F 检验结果表明,A 因素不同水平间达到显著差异,B 因素不同水平间未达到显著差异,AB 交互因素的不同处理间未达到显著差异。那么,此时只需要对 A 因素的不同水平进行多重比较。

3. 通过博弈,找出最优组合

博弈是指多决策主体之间行为相互作用时,各主体根据所掌握信息及对自身能力的认知,做出"以小博大"的决策的一种行为。如钓鱼就是以小博大的娱乐活动。方差分析有组间误差和组内误差两种误差,组间误差包括系统误差和随机误差,组内误差只有随机误差。先假设组间误差＝随机误差,然后依据小概率原理进行博弈,若统计量的值落在拒绝域($P<0.05$),说明组间误差与随机误差存在显著差异,均值就是不相等的;反之,若统计量的值落在接受域($P>0.05$),说明组间误差与随机误差差异不显著,均值就是相等的。

若组内与组间的博弈结果说明不同组别间差异达到显著水平,接下来,组间因素间就要进行博弈,以确定哪些因素真正影响到因变量,并找到真因素的最优组合。通过该内容的教学,可培养学生的逆向思维能力,提高学生的思维创造性。在学习时,可以通过设计密集性的学习目标,来完成整体教学目标,达到以小博大的效果;在做决策时,利用小概率原理,尽可能做到以小博大。

知识链接

小组真假合作学习之博弈

在学习过程中,假合作多流于形式,通常会出现各种各样的问题。比如,教师围绕学习内容安排学生自主学习和合作学习。教师宣布小组讨论开始后,前后桌的学生立即聚集在一起,整个教室"嗡嗡"声一片。两三分钟后,教师说"停",同学们立刻安静下来,开始汇报学习成果。这种合作学习无法达到自主合作、共同进步的效果。课堂讨论是小组合作学习中使用最多的学习形式。不过在讨论过程中,如果分工不明确,就会出现有的人很忙,有的人很闲的情况。因此,每个人在合作中的收获差别很大。此外,由于一节课的时间有限,教师教学时间紧,部分教师在小组合作学习结束后就匆忙进入新的教学环节。但学生的脑海中可能仍然在思考之前合作学习过程中的相关问题,从而陷入了自己的思考,削弱了教学效果。

如何避免进入这些小组合作学习的误区,使小组合作真正地发挥它在课堂学习中的有效性,是我们必须思考的问题。小组合作学习要形成教育共同体,也就是真正实现人人进步、共同发展。要达到此种目的,就必须在实际教学中变"假"合作为"真"合作。

(1)"真"合作之关键:一个合适的讨论问题,一个相异构想数多的问题。奥苏伯尔在《教育心理学》一书中说:"影响学习的最重要因素是学生已经知道的东西,而教学是建立在学生原有知识的基础上的。"在获取知识时,他们总是试图用旧的知识结构和思维方式来理解它,有时还会自我修正新知识的含义以套用到旧的知识结构和思维方式上。于是,新旧混杂,衍生出各种背离科学概念的想法。教育理论把这种源于学生感性认识而偏离科学现象和科学概念本质的认识和观念称为"相异构想"。教育界认为,相异构想数多的问题更适合小组协作学习。在课堂教学中,教师不能抛出一个问题,就让学生分组讨论。有些问题的答案一目了然,不值得采用小组合作学习的组织形式;有些问题太难,教师必须解释透彻,不宜采用小组合作探究的方式。小组合作学习最适用于不同个体根据其先前的知识和经验可能有不同的理解,并且每个人都可以形成论点的情况。

(2)小组合作的必要条件:有安全感。安全感之所以在团体合作中尤为重要,是因为它可以在精神上抚慰团体成员,培养团体成员之间的亲密感,促进团体内部民主氛围的建立和维护,使团体合作成为可能。有时,小组成员不积极参与,不是因为他们不感兴趣,而是因为他们没有安全感,不愿意公开表达自己。团队要营造安全感,首先要让团体成员自己参与制定团队合作规则,让他们有主人翁意识,愿意主动去兑现自己的承诺。其次,要鼓励各成员尽可能地多发言,增强自信心。小组合作学习的成功还取决于成员之间相互依存的关系的建立和维持。成功的小组合作学习不仅仅注重个人的成长,更注重学习者群体的成长。

◎ 案例三十一——方差分析的数学模型

一、素质教育目标

1. 让学生理解"不以规矩,不成方圆",意识到生活、学习、工作都要遵循一定的规则。

2. 培养学生善于发现问题、敢于直面问题、勇于解决问题的能力。

二、教学内容

（一）单因素方差的线性模型

1. 数据模式

假设某单因素实验有 k 个处理,每个处理有 n 次重复,共有 nk 个观测值。这类实验资料的数据模式如表 6-1 所示。

表 6-1　k 个处理每个处理有 n 个观测值的数据模式

处理	观测值						合计 $x_{i.}$	平均 $\bar{x}_{i.}$
X_1	x_{11}	x_{12}	⋯	x_{1j}	⋯	x_{1n}	$x_{1.}$	$\bar{x}_{1.}$
X_2	x_{21}	x_{22}	⋯	x_{2j}	⋯	x_{2n}	$x_{2.}$	$\bar{x}_{2.}$
⋮	⋮	⋮	⋯	⋮	⋯	⋮	⋮	⋮
X_i	x_{i1}	x_{i2}	⋯	x_{ij}	⋯	x_{in}	$x_{i.}$	$\bar{x}_{i.}$
⋮	⋮	⋮	⋯	⋮	⋯	⋮	⋮	⋮
X_k	x_{k1}	x_{k2}	⋯	x_{kj}	⋯	x_{kn}	$x_{k.}$	$\bar{x}_{k.}$
合计							$x_{..}$	$\bar{x}_{..}$

表 6-1 中, x_{ij} 表示第 i 个处理的第 j 个观测值（ $i = 1,2,\cdots,k; j = 1,2,\cdots,n$ ）; $x_{i.} = \sum\limits_{j=1}^{n} x_{ij}$ 表示第 i 个处理 n 个观测值的和; $x_{..} = \sum\limits_{i=1}^{k} \sum\limits_{j=1}^{n} x_{ij} = \sum\limits_{i=1}^{k} x_{i.}$ 表示全部观测值的总和; $\bar{x}_{i.} = \sum\limits_{j=1}^{n} x_{ij}/n = x_{i.}/n$ 表示第 i 个处理观测值的平均数; $\bar{x}_{..} = \sum\limits_{i=1}^{k} \sum\limits_{j=1}^{n} x_{ij}/kn = x_{..}/kn$ 表示全部观测值的总平均数。 x_{ij} 可以分解为

$$x_{ij} = \mu_i + \varepsilon_{ij} \tag{6-1}$$

式中, μ_i 表示第 i 个处理观测值总体的平均数。为了看出各处理的影响大小,再将 μ_i 再进行分解,令

$$\mu = \frac{1}{k} \sum_{i=1}^{k} \mu_i \tag{6-2}$$

$$\alpha_i = \mu_i - \mu \tag{6-3}$$

则

$$x_{ij} = \mu + \alpha_i + \varepsilon_{ij} \tag{6-4}$$

式中, μ 表示全实验观测值总体的平均数; α_i 是第 i 个处理的效应(treatment effect),表示处理 i 对实验结果产生的影响。显然有

$$\sum_{i=1}^{k} \alpha_i = 0 \tag{6-5}$$

ε_{ij} 是实验误差,相互独立,且服从正态分布 $N(0, \sigma^2)$。

2. 数学模型

$x_{ij} = \mu + \alpha_i + \varepsilon_{ij}$ 称为单因素实验的线性模型(linear model),亦称数学模型。在此模型中, x_{ij} 表示总平均数 μ、处理效应 α_i、实验误差 ε_{ij} 之和。由 ε_{ij} 相互独立且服从正态分布 $N(0, \sigma^2)$ 可知,各处理 $X_i (i=1, 2, \cdots, k)$ 所属总体服从正态分布 $N(\mu_i, \sigma^2)$。尽管各总体的均数 μ_i 可以不等或相等,但 σ^2 必须是相等的。

若将表 6-1 中的观测值 $x_{ij} (i=1, 2, \cdots, k; j=1, 2, \cdots, n)$ 的数据结构(模型)用样本符号来表示,则

$$x_{ij} = \bar{x}_{..} + (\bar{x}_{i.} - \bar{x}_{..}) + (x_{ij} - \bar{x}_{i.}) = \bar{x}_{..} + t_i + e_{ij} \tag{6-6}$$

将式(6-4)与式(6-6)比较可知, $\bar{x}_{..}$, $(\bar{x}_{i.} - \bar{x}_{..}) = t_i$, $(x_{ij} - \bar{x}_{i.}) = e_{ij}$ 分别是 μ, $(\mu_i - \mu) = \alpha_i$, $(x_{ij} - \mu_i) = \varepsilon_{ij}$ 的估计值。

由式(6-4)和式(6-6)可知,每个观测值都包含处理效应($\mu_i - \mu$ 或 $\bar{x}_{i.} - \bar{x}_{..}$)与误差($x_{ij} - \mu_i$ 或 $x_{ij} - \bar{x}_{i.}$),故 kn 个观测值的总变异可分解为处理间的变异和处理内的变异两部分。

(二)两因素交叉分组资料的方差分析的线性模型

针对 X 和 Y 两个因素进行实验设计,其中因素 X 分为 a 水平,因素 Y 分为 b 水平。所谓交叉分组,就是将因素 X 的每个水平和因素 Y 的每个水平交叉匹配,形成 ab 水平组合(处理)。实验处理分为无重复和有重复 2 种。

1. 数据模式

X, Y 两个实验因素交叉配对有 ab 个水平组合,每个水平组合只有一个观测值,全实验共有 ab 个观测值,其数据模式如表 6-2 所示。

表 6-2　两因素单独观测值实验数据模式

X 因素	Y 因素						合计 $x_{i.}$	平均 $\bar{x}_{i.}$
	Y_1	Y_2	...	Y_j	...	Y_b		
X_1	x_{11}	x_{12}	...	x_{1j}	...	x_{1b}	$x_{1.}$	$\bar{x}_{1.}$
X_2	x_{21}	x_{22}	...	x_{2j}	...	x_{2b}	$x_{2.}$	$\bar{x}_{2.}$
⋮	⋮	⋮	...	⋮	...	⋮	⋮	⋮
X_i	x_{i1}	x_{i2}	...	x_{ij}	...	x_{ib}	$x_{i.}$	$\bar{x}_{i.}$
⋮	⋮	⋮	...	⋮	...	⋮	⋮	⋮
X_a	x_{a1}	x_{a2}	...	x_{aj}	...	x_{ab}	$x_{a.}$	$\bar{x}_{a.}$
合计 $x_{.j}$	$x_{.1}$	$x_{.2}$	...	$x_{.j}$	...	$x_{.b}$	$x_{..}$	$\bar{x}_{..}$
平均 $\bar{x}_{.j}$	$\bar{x}_{.1}$	$\bar{x}_{.2}$	...	$\bar{x}_{.j}$	...	$\bar{x}_{.b}$		

表 6-2 中，$x_{i.}=\sum\limits_{j=1}^{b}x_{ij}$，$\bar{x}_{i.}=\dfrac{1}{b}\sum\limits_{j=1}^{b}x_{ij}$，$x_{.j}=\sum\limits_{i=1}^{a}x_{ij}$，$\bar{x}_{.j}=\dfrac{1}{a}\sum\limits_{i=1}^{a}x_{ij}$，$x_{..}=\sum\limits_{i=1}^{a}\sum\limits_{j=1}^{b}x_{ij}$，

$\bar{x}_{..}=\sum\limits_{i=1}^{a}\sum\limits_{j=1}^{b}x_{ij}/ab$。

2. 数学模型

两因素单独观测值实验的数学模型为

$$x_{ijl}=\mu+\alpha_i+\beta_j+\varepsilon_{ijl}(i=1,2,\cdots,a;j=1,2,\cdots,b) \tag{6-7}$$

式中，μ 为总平均数；α_i，β_j 分别为 X_i，Y_j 的效应，$\alpha_i=\mu_i-\mu$，$\beta_j=\mu_j-\mu$（μ_i，μ_j 分别为 X_i，Y_j 观测值总体平均数），且 $\sum\alpha_i=0$，$\sum\beta_j=0$；ε_{ijl} 为随机误差，相互独立，且服从正态分布 $N(0,\sigma^2)$。

在对两个因素的两个独立观测值进行交叉分组的实验中，因素 X 的每个水平有 b 次重复，因素 Y 的每个水平有 a 次重复，并且每个观测值同时受到因素 X 和 Y 以及随机误差的影响。因此，ab 个观测值的总变异可分为三部分：因素 X 水平间变异、因素 Y 水平间变异和实验误差；自由度也相应划分。

（三）系统分组资料的方差分析

在安排多因素实验方案时，将 X 因素分为 a 个水平，在 X 因素每个水平 X_i 下将 Y 因素分为 b 个水平，再在 Y 因素每个水平 Y_{ij} 下将 Z 因素分为 c 个水平……，这样得到各因素水平组合的方式称为系统分组（hierarchical classification）或称多层分组、套设计、窝设计。

在系统分组中，首先划分水平的因素叫一级因素（或一级样本），其次划分

水平的因素叫二级因素(或二级样本、次级样本),以此类推有三级因素……。在系统分组中,次级因素的各水平会套在一级因素的每个水平下,它们之间是从属关系而不是平等关系,分析侧重于一级因素。

以系统分组方式排列的多因素实验得到的数据称为系统分组数据。根据二级样本量是否相等,系统分组数据分为二级样本量相等和二级样本量不等两种。最简单的系统分组数据是双因子系统分组资料。

1. 数据模式

如果 X 因素有 a 个水平,在 X 因素每个水平 X_i 下将 Y 因素分 b 个水平,Y 因素每个水平 Y_{ij} 下有 n 个观测值,则共有 abn 个观测值,其数据模式如表 6-3 所示。

表 6-3　二因素系统分组资料数据模式

一级因素 X	二级因素 Y	观测值 C x_{ijl}				二级因素		一级因素	
						总和 $x_{ij.}$	平均 $\bar{x}_{ij.}$	总和 $x_{i..}$	平均 $\bar{x}_{i..}$
X_1	Y_{11}	x_{111}	x_{112}	$\cdots$	x_{11n}	$x_{11.}$	$\bar{x}_{11.}$	$x_{1..}$	$\bar{x}_{1..}$
	Y_{12}	x_{121}	x_{122}	$\cdots$	x_{12n}	$x_{12.}$	$\bar{x}_{12.}$		
	$\vdots$	$\vdots$	$\vdots$	$\cdots$	$\vdots$	$\vdots$	$\vdots$		
	Y_{1b}	x_{1b1}	x_{1b2}	$\cdots$	x_{1bn}	$x_{1b.}$	$\bar{x}_{1b.}$		
X_2	Y_{21}	x_{211}	x_{212}	$\cdots$	x_{21n}	$x_{21.}$	$\bar{x}_{21.}$	$x_{2..}$	$\bar{x}_{2..}$
	Y_{22}	x_{221}	x_{222}	$\cdots$	x_{22n}	$x_{22.}$	$\bar{x}_{22.}$		
	$\vdots$	$\vdots$	$\vdots$	$\cdots$	$\vdots$	$\vdots$	$\vdots$		
	Y_{2b}	x_{2b1}	x_{2b2}	$\cdots$	x_{2bn}	$x_{2b.}$	$\bar{x}_{2b.}$		
$\vdots$	$\vdots$	$\vdots$	$\vdots$	$\cdots$	$\vdots$	$\vdots$	$\vdots$	$\vdots$	$\vdots$
X_a	Y_{a1}	x_{a11}	a_{a12}	$\cdots$	x_{a1n}	$x_{a1.}$	$\bar{x}_{a1.}$	$x_{a..}$	$\bar{x}_{a..}$
	Y_{a2}	x_{a21}	x_{a22}	$\cdots$	x_{a2n}	$x_{a2.}$	$\bar{x}_{a2.}$		
	$\vdots$	$\vdots$	$\vdots$	$\cdots$	$\vdots$	$\vdots$	$\vdots$		
	Y_{ab}	x_{ab1}	x_{ab2}	$\cdots$	x_{abn}	$x_{ab.}$	$\bar{x}_{ab.}$		
合计								$x_{...}$	$\bar{x}_{...}$

表 6-3 中,$x_{ij.} = \sum\limits_{l=1}^{n} x_{ijl}$;$\bar{x}_{ij.} = x_{ij.}/n$,$x_{i..} = \sum\limits_{j=1}^{b} \sum\limits_{l=1}^{n} x_{ijl}$;$\bar{x}_{i..} = x_{i..}/bn$,$x_{...} = \sum\limits_{i=1}^{a} \sum\limits_{j=1}^{b} \sum\limits_{l=1}^{n} x_{ijl}$;$\bar{x}_{...} = x_{...}/abn$。

2. 数学模型

数学模型为

$$x_{ijl} = \mu + \alpha_i + \beta_{ij} + \varepsilon_{ijl}(i=1,2,\cdots,a;j=1,2,\cdots,b;l=1,,2,\cdots,n) \qquad (6\text{-}8)$$

式中,μ 为总体平均数;α_i 为 X_i 的效应,β_{ij} 为 X_i 内 Y_{ij} 的效应,$\alpha_i = \mu_i - \mu$,$\beta_{ij} = \mu_{ij} - \mu_i(\mu_i,\mu_{ij}$ 分别为 X_i,Y_{ij} 观测值总体平均数);ε_{ijl} 为随机误差,相互独立,且都服从正态分布 $N(0,\sigma^2)$。

（四）数学模型

数学模型中的处理效应 α_i（或 β_j,β_{ij}）,根据处理性质的不同,可分为固定效应(fixed effect)和随机效应(random effect)。若按处理效应的类别来划分方差分析的模型,则有三种,即固定模型、随机模型和混合模型。就实验资料的具体统计分析过程而言,这三种模型的差别并不大,但从解释和理论基础而言,它们之间是有很明显的区别的。不论设计实验、解释实验结果,还是最后进行统计推断,都必须了解这三种模型的意义和区别。

1. 固定模型

在单因素实验的方差分析中,k 个处理被认为是 k 个明确的群体,且研究对象仅限于这 k 个总体的结果,而没有扩展到其他总体;研究的目的是推断 k 个总体均值是否相同,即检验 k 个总体均值相等的假设 $H_0:\mu_1=\mu_2=\cdots=\mu_k$。若 H_0 被否定,则下一步要做多重比较,重复实验的处理仍然是原来的 k 个处理。这样,k 个处理的效果（比如 $\alpha_i = \mu_i - \mu$）就固定在被测处理的范围内了,此种类型的模型称为固定模型。一般的饲养实验及品种比较实验等均属固定模型。

在多因素实验中,若每一水平的实验因素的影响是固定的,则对应于一个固定模型。

2. 随机模型

在单因素实验中,k 个处理没有特别指定,而是从一个较大的处理群体中随机选择 k 个处理,即研究对象不限于这 k 个处理对应的结果,而是更关注 k 个处理所在的较大总体;研究的目的不是推断当前 k 个处理是否属于同一个群体平均值,而是根据这 k 个处理得到的结论推断它们属于大总体。在变异的情况下,检验的假设一般是处理效果的方差等于 0,即 $H_0:\sigma_\alpha^2=0$;若 H_0 被拒绝,则进一步的工作是估计 σ_α^2;当重复测试时,可以从大处理总体中随机抽取新的处理。这样,处理效应就不是固定的,而是随机的,这种模型称为随机模型。随机模型广泛应用于遗传、育种和生态学实验研究。

在多因素实验中,若各因素水平的效应均属随机,则对应于随机模型。

3. 混合模型

在多因素实验中,若既包括固定效应的实验因素,又包括随机效应的实验因素,则该实验对应于混合模型。混合模型在实验研究中是经常采用的。

三、素质教育要素

1. 不以规矩,不成方圆——方差分析的线性模型必须符合"规矩"

中国古代一向用规画圆、用矩画方,因此才有"不以规矩,不成方圆"一说。"规矩"后来用来指代规则与礼法。任何事物都要遵循一定的规则。日月星辰,必须遵循其既定的规则运行,否则这个世界就可能崩塌;市场,必须以一定的规则运转,否则它就难以发挥在资源配置中的基础作用。人不以规矩则废,党不以规矩则乱。方差分析也是如此,不是任何数据都可以进行方差分析,只有当数据符合以下三个规则时,才能进行方差分析。

(1)效应的可加性:方差分析的模型是线性加法模型,即模型包含的处理效应与误差效应均是"可加的",只有保证了样本平方和的"可加性",才能使实验观测值总平方和具有"可剖分性"。

(2)分布的正态性:所有实验误差都是相互独立的,且都服从正态分布 $N(0,\sigma^2)$。只有在这样的条件下才能进行 F 检验。

(3)方差的同质性:各个处理观测值总体方差 σ^2 应是相等的。只有这样,才有理由以各个处理均方的合并均方作为检验各处理差异显著性的共同的误差均方。

在做方差分析前,如果发现观测值的某些异常不是研究对象本身的原因造成的,在不影响方差分析正确性的前提下,应予以删除。不是所有资料的性质都符合方差分析的基本假定(即上述三个规则)。对不能直接进行方差分析的资料,应考虑进行适当的数据转换(transformation of data)后再做方差分析,或利用非参数方法进行方差分析。

2. 不以规矩,不成方圆——生物统计学课堂导入的原则

生物统计学是一门科学性极强的学科,概念、原理、思想都是经过生物统计学家反复推敲、科学论证后得出的。这就意味着整个生物统计学教学都应该是科学严谨的,教师需要反复推敲教学过程,让每个知识点的讲述都符合逻辑。故而,生物统计学课堂导入需要遵循科学性原则,确保导入内容是科学的,导入过程是严谨的。

面对生物统计学这种逻辑性、科学性较强的学科,教师应更加重视启发学生,让学生自己摸索出一条生物统计学学习之路,能举一反三地理解生物统计学

知识,融会贯通地解决生物统计学问题。子曰:"不愤不启,不悱不发,举一隅不以三隅反,则不复也。"这句话主要是讲教育者要让学生养成主动思考的习惯,让学生开启心灵智慧,独立思考,这充分体现了启发式教学理念。生物统计学课堂导入要遵循启发性原则,通过常见生活案例、经典故事有意识地引导学生思考,让学生找到解决问题的方法,从而真正理解知识,这样才能提高生物统计学教学的有效性。

生活与生物统计学紧密相关,最早的时候,生物统计学家就是从一点一滴的生活现象中开启生物统计学研究的。所以说,生物统计学来源于生活,最终也要回归到现实生活中,更好地服务生活。由于生物统计学与生活息息相关,素质教育下的生物统计学课堂应以"从生活中来,回归到生活中去"为理念组织教学活动,积极培养学生的生物统计学意识,提高学生解决实际问题的能力。鉴于此,生物统计学课堂导入要遵循生活性原则,在导入阶段就定下生活性的教学基调,搭建起生物统计学与生活之间的桥梁,让学生看见生物统计学的原始面貌,经历生物统计学知识的产生过程,从而提高运用生物统计学知识解决实际问题的能力。

◎ 案例三十二——多重比较

一、素质教育目标

1. 让学生认识到,找准问题本质是解决问题的前提,找准了问题的本质,就抓住了事情的主要矛盾。

2. 启发学生因势利导,选择恰当方法或措施解决实际问题,适应新时代的发展需求。

二、教学内容

在 F 检验显著的前提下,多个平均数两两间的相互比较称为多重比较(multiple comparisons)。多重比较的方法可以分成两类:最小显著差数法(LSD 法)和最小显著极差法(LSR 法)。

(一)最小显著差数法(LSD 法,least significant difference)

基本步骤:第一步,计算出显著水平为 α 的最小显著差数 LSD_α;第二步,将任意两个处理平均数的差数的绝对值 $|\bar{x}_{i.} - \bar{x}_{j.}|$ 与 LSD_α 比较。若 $|\bar{x}_{i.} - \bar{x}_{j.}| > \mathrm{LSD}_\alpha$,则 $\bar{x}_{i.}$ 与 $\bar{x}_{j.}$ 在 α 水平上差异显著;反之,两者在 α 水平上差异不显著。最小显著差数由式(6-9)计算。

$$LSD_\alpha = t_{\alpha(df_e)} S_{\bar{x}_{i.} - \bar{x}_{j.}} \qquad\qquad (6\text{-}9)$$

式中,$t_{\alpha(df_e)}$ 为在 F 检验中误差自由度下显著水平为 α 的临界 t 值;$S_{\bar{x}_{i.} - \bar{x}_{j.}}$ 为均数差异标准误,由式(6-10)算得。

$$S_{\bar{x}_{i.} - \bar{x}_{j.}} = \sqrt{2MS_e / n} \qquad\qquad (6\text{-}10)$$

式中,MS_e 为 F 检验中的误差均方;n 为各处理的重复数。

当显著水平 $\alpha = 0.05$ 或 0.01 时,从 t 值表中查出 $t_{0.05(df_e)}$,和 $t_{0.01(df_e)}$,代入式 (6-9)得

$$LSD_{0.05} = t_{0.05(df_e)} S_{\bar{x}_{i.} - \bar{x}_{j.}} \qquad\qquad LSD_{0.01} = t_{0.01(df_e)} S_{\bar{x}_{i.} - \bar{x}_{j.}} \qquad (6\text{-}11)$$

LSD 法多重比较具体步骤如下:

(1) 列出平均数的多重比较表,在表中各处理的平均数按从大到小自上而下排列;

(2) 计算最小显著差数 $LSD_{0.05}$ 和 $LSD_{0.01}$;

(3) 将平均数多重比较表中两两平均数的差数与 $LSD_{0.05}$,$LSD_{0.01}$ 比较,做出显著性推断。

【例 6-1】 使用白芨胶为葡萄鲜果表面涂保鲜膜以延长其物流期。以 A,B,C 三种涂膜方式和 CK(不涂膜)进行葡萄鲜果保鲜实验,每个处理设置 4 个重 1 kg 的果样以获取重复观测值,9 天后观测鲜果的失重(单位:g),结果如表 6-4 所示。试分析涂膜能否显著减少葡萄鲜果的失重;如果可以,哪种涂膜方式的保鲜效果最好?

表 6-4 不同涂膜方式下鲜果的失重 单位:g

处理	鲜果失重(x_{ij})				合计 $x_{i.}$	平均 $\bar{x}_{i.}$
CK	32.4	33.2	32.3	31.9	129.8	32.45
A	24.7	21.2	25.8	27.5	99.2	24.80
B	22.7	21.3	18.4	21.6	84.0	21.00
C	23.3	21.1	22.3	21.9	88.6	22.15
合计					401.6	

这是一个单因素实验,处理数 $k = 4$,重复数 $n = 4$。各项平方和及自由度计算如下:

矫正数:$C' = x_{..}^2 / nk = 401.6^2 / (4 \times 4) = 10\,080.16$

总平方和:$SS_T = \sum x_{ijl}^2 - C' = 32.4^2 + 33.2^2 + \cdots + 21.9^2 - C'$

$$= 10\ 433.\ 42 - 10\ 080.\ 16 = 353.\ 26$$

处理间平方和：

$$SS_t = \frac{1}{n}\sum x_{i.}^2 - C' = \frac{1}{4}(129.\ 8^2 + 99.\ 2^2 + 84.\ 0^2 + 88.\ 6^2) - C'$$

$$= 318.\ 50$$

处理内平方和：$SS_e = SS_T - SS_t = 353.\ 26 - 318.\ 50 = 34.\ 76$

总自由度：$df_T = nk - 1 = 4 \times 4 - 1 = 15$

处理间自由度：$df_t = k - 1 = 4 - 1 = 3$

处理内自由度：$df_e = df_T - df_t = 15 - 3 = 12$

用 SS_t, SS_e 分别除以 df_t 和 df_e 便得到处理间均方 MS_t 及处理内均方 MS_e。

$MS_t = SS_t / df_t = 318.\ 50 / 3 = 106.\ 167$

$MS_e = SS_e / df_e = 34.\ 76 / 12 = 2.\ 897$

各处理的多重比较如表 6-5 所示。

表 6-5　三种涂膜方式鲜果失重的多重比较表（LSD 法）

处理	平均数 $\bar{x}_{i.}$	$\bar{x}_{i.} - 21.\ 00$	$\bar{x}_{i.} - 22.\ 15$	$\bar{x}_{i.} - 24.\ 80$
CK	32.\ 45	11.\ 45**	10.\ 30**	7.\ 65**
A	24.\ 80	3.\ 80**	2.\ 65*	
C	22.\ 15	1.\ 15^{ns}		
B	21.\ 00			

注：表中 C 与 B 的差数 1.15 用 q 检验法与新复极差法检验时，在 $\alpha = 0.\ 05$ 的水平上不显著。

因为 $S_{\bar{x}_{i.} - \bar{x}_{j.}} = \sqrt{2MS_e / n} = \sqrt{2 \times 2.\ 897 \div 4} = 1.\ 204$，查 t 值表得 $t_{12, 0.\ 025} = 2.\ 179$，$t_{12, 0.\ 005} = 3.\ 055$。

所以，显著水平为 0.05 与 0.01 的最小显著差数分别为

$\text{LSD}_{0.\ 05} = t_{12, 0.\ 025} S_{\bar{x}_{i.} - \bar{x}_{j.}} = 2.\ 179 \times 1.\ 204 = 2.\ 624$

$\text{LSD}_{0.\ 01} = t_{12, 0.\ 005} S_{\bar{x}_{i.} - \bar{x}_{j.}} = 3.\ 055 \times 1.\ 204 = 3.\ 678$

将表 6-5 中的 6 个平均数的差数与 $\text{LSD}_{0.\ 05}, \text{LSD}_{0.\ 01}$ 比较：小于 $\text{LSD}_{0.\ 05}$ 者差异不显著，在平均数的差数的右上方标记 "ns"，或不标记符号；介于 $\text{LSD}_{0.\ 05}$ 与 $\text{LSD}_{0.\ 01}$ 之间者差异显著，在平均数的差数的右上方标记 "＊"；大于 $\text{LSD}_{0.\ 01}$ 者差异极显著，在平均数的差数的右上方标记 "＊＊"。检验结果：差数 11.45，10.30，7.65 和 3.80 均大于 3.678，平均数间差异极显著；差数 2.65 介于 2.624 与 3.678 之间，平均数间差异显著；差数 1.15 小于 2.624，平均数间差异不显著。

由此表明 A，B 和 C 涂膜方式对鲜果的保湿效果极显著高于对照组；A 涂膜方式对鲜果的保湿效果显著低于 C 涂膜方式的保湿效果；A 涂膜方式对鲜果的保湿效果极显著低于 B 涂膜方式的保湿效果；B 与 C 涂膜方式的保湿效果差异不显著。这说明，B 和 C 涂膜方式对鲜果的保湿效果最佳。

LSD 法是 t 检验法的变形。t 检验是 t 值 $|(\bar{x}_{i.} - \bar{x}_{j.})/S_{\bar{x}_{i.}-\bar{x}_{j.}}|$ 与临界值 t_α 的比较，而 LSD 法是 $|\bar{x}_{i.}-\bar{x}_{j.}|$ 与最小显著差数 $t_\alpha S_{\bar{x}_{i.}-\bar{x}_{j.}}$ 的比较。LSD 法不同于两两比较的 t 检验法，是因为 LSD 法是利用 F 检验得到误差均方（MS_e）作为统一的均数差异标准误（$S_{\bar{x}_{i.}-\bar{x}_{j.}}$），并利用误差自由度 df_e 查临界 t_α 值进行比较，解决了 t 检验法检验过程烦琐、无统一的实验误差的问题，提高了估计误差的精确度和检验的灵敏性。然而，LSD 法并未解决推断的可靠性降低的问题，犯弃真错误的概率变大，该法适用于各处理组与对照组比较。

（二）最小显著极差法（LSR 法，least significant ranges）

该方法的特点是把平均数的差数看成平均数的极差，极差范围之内所包含的平均数的个数称为秩次距，用 k 表示，然后根据秩次距的不同采用不同的检验尺度，以弥补 LSD 法的不足。在显著水平 α 上，依秩次距 k 的不同而采用不同的检验尺度进行平均数间差异显著性检验的方法叫作最小显著极差法（LSR 法）。

例如，有 8 个平均数要相互比较，先将 8 个平均数依其数值大小依次排列，两极端平均数的差数（极差）的显著性，由其差数是否大于秩次距 $k=8$ 时的最小显著极差 $\text{LSR}_{\alpha,8}$ 决定（$\geqslant \text{LSR}_{\alpha,8}$ 为显著，$< \text{LSR}_{\alpha,8}$ 为不显著）；秩次距 $k=7$ 的平均数的极差的显著性由最小显著极差 $\text{LSR}_{\alpha,7}$ 决定；……直到任何两个相邻平均数的差数的显著性由最小显著极差 $\text{LSR}_{\alpha,2}$ 决定为止。因此，有 k 个平均数相互比较，就有 $k-1$ 种秩次距（k，$k-1$，$k-2$，…，2），需求得 $k-1$ 个最小显著极差（$\text{LSR}_{\alpha,k}$），分别作为判断具有相应秩次距的平均数的极差是否显著的标准。LSR 法弥补了 LSD 法的不足，但检验的工作量有所增加。常用的 LSR 法有 q 检验法和新复极差法两种。

1. q 检验法（q test）

此法是以统计量 q 的概率分布为基础的。q 值由下式求得：

$$q = \bar{x}_{i.} - \bar{x}_{j.}/S_{\bar{x}} \tag{6-12}$$

式中，$S_{\bar{x}} = \sqrt{MS_e/n}$ 为标准误。q 分布依赖于误差自由度 df_e 及秩次距 k。

为了简便起见，不将由公式（6-12）算出的 q 值与临界 q 值 $q_{\alpha(df_e,k)}$ 比较，而将极差与最小显著极差（$q_{\alpha(df_e,k)}S_{\bar{x}}$）比较，进而做出统计推断。

$$\mathrm{LSR}_{\alpha}=q_{\alpha(df_e,k)}S_{\bar{x}} \tag{6-13}$$

当显著水平 $\alpha=0.05$ 和 0.01 时,根据自由度 df_e 及秩次距 k 分别从 q 值表中查出 $q_{0.05(df_e,k)}$ 和 $q_{0.01(df_e,k)}$ 代入式(6-14)

$$\mathrm{LSR}_{0.05,k}=q_{0.05(df_e,k)}S_{\bar{x}}$$
$$\mathrm{LSR}_{0.01,k}=q_{0.01(df_e,k)}S_{\bar{x}} \tag{6-14}$$

q 检验法可按如下步骤进行:

第一步,列出平均数多重比较表;

第二步,利用自由度 df_e、秩次距 k 查临界 q 值表,计算 $\mathrm{LSR}_{0.05,k}$,$\mathrm{LSR}_{0.01,k}$;

第三步,将平均数的各极差与相应的最小显著极差 $\mathrm{LSR}_{0.05,k}$,$\mathrm{LSR}_{0.01,k}$ 比较,做出统计推断。

对于例 6-1,各处理平均数多重比较表同表 6-5。在表 6-5 中,极差 1.15,2.65,7.65 的秩次距为 2;极差 3.80,10.30 的秩次距为 3;极差 11.45 的秩次距为 4。

因为 $MS_e=2.897$,故标准误 $S_{\bar{x}}$ 为

$$S_{\bar{x}}=\sqrt{MS_e/n}=\sqrt{2.897/4}=0.851$$

根据 $df_e=12$,$k=2,3,4$,由附表 6 查出 $\alpha=0.05,0.01$ 水平下的临界 q 值,乘以标准误 $S_{\bar{x}}$,求得各最小显著极差,所得结果列于表 6-6。

表 6-6　q 值及 LSR 值

df_e	秩次距 k	$q_{0.05}$	$q_{0.01}$	$\mathrm{LSR}_{0.05}$	$\mathrm{LSR}_{0.01}$
12	2	3.08	4.32	2.621	3.676
	3	3.77	5.05	3.208	4.298
	4	4.20	5.50	3.574	4.681

将表 6-5 中的极差 1.15,2.65,7.65 与表 6-6 中的最小显著极差 2.621,3.676 比较;将极差 3.80,10.30 与 3.208,4.298 比较;将极差 11.45 与 3.574,4.681 比较。检验结果显示,除 A_4 与 A_3 的差数 3.80 由 LSD 法比较时的差异极显著变为差异显著外,其余检验结果同 LSD 法。

2. 新复极差法

新复极差法,又称最短显著极差法(shortest significant ranges,SSR 法),由邓肯(Dunkin)于 1955 年提出。新复极差法与 q 检验法的检验步骤是相同的,唯一不同之处是,计算最小显著极差时需查 SSR 表而不是查 q 值表。最小显著极差

计算公式为

$$LSR_{\alpha,k} = SSR_{\alpha(df_e,k)} S_{\bar{x}} \tag{6-15}$$

其中,$SSR_{\alpha(df_e,k)}$ 是根据显著水平 α、误差自由度 df_e、秩次距 k,由 SSR 表查得的临界 SSR 值;$S_{\bar{x}} = \sqrt{MS_e/n}$。$\alpha = 0.05$ 和 $\alpha = 0.01$ 水平下的最小显著极差分别为

$$LSR_{0.05,k} = SSR_{0.05(df_e,k)} S_{\bar{x}}$$

$$LSR_{0.01,k} = SSR_{0.01(df_e,k)} S_{\bar{x}} \tag{6-16}$$

对于例 6-1,各处理平均数多重比较表同表 6-5。

已算出 $S_{\bar{x}} = 0.851$,依 $df_e = 12$,$k = 2, 3, 4$,由附表 7 查临界 $SSR_{0.05(12,k)}$ 和 $SSR_{0.01(12,k)}$ 值,乘以 $S_{\bar{x}} = 0.851$,求得各最小显著极差,所得结果列于表 6-7。

表 6-7　SSR 值与 LSR 值

df_e	秩次距 k	$SSR_{0.05}$	$SSR_{0.01}$	$LSR_{0.05}$	$LSR_{0.01}$
	2	3.08	4.32	2.621	3.676
12	3	3.23	4.50	2.749	3.830
	4	3.31	4.62	2.817	3.932

将表 6-5 中的平均数差数(极差)与表 6-7 中的最小显著极差比较,检验结果与 q 检验法相同。

当各处理重复数不等时,为简便起见,不论是 LSD 法还是 LSR 法,均可用式 (6-17) 计算出一个各处理平均的重复数 n_0,以代替计算 $S_{\bar{x}_{i.} - \bar{x}_{j.}}$ 或 $S_{\bar{x}}$ 所需的 n。

$$n_0 = \frac{1}{k-1}\left(\sum n_i - \frac{\sum n_i^2}{\sum n_i} \right) \tag{6-17}$$

式中,k 为实验的处理数;$n_i (i = 1, 2, \cdots, k)$ 为第 i 处理的重复数。

（三）多重比较结果的表示法

各平均数经多重比较后,应以简明的形式将结果表示出来,常用的表示方法有以下两种。

1. 三角形法

此法是将多重比较结果直接标记在平均数多重比较表上,如表 6-5 所示。由于在多重比较表中所有平均数差数构成一个三角形阵列,故称为三角形法。此法的优点是简便、直观,缺点是当平均数个数较多时,多重比较结果所占篇幅较大。

2. 标记字母法

（1）将各处理的平均数由大到小自上而下排列。

（2）显著水平为 0.05，在最大平均数后标记字母 a，并将该平均数与以下各平均数依次相比，凡差异不显著者标记同一字母 a，直到某一个与其差异显著的平均数标记字母 b。

（3）以标记有字母 b 的平均数为标准，与上方比它大的各个平均数比较，凡差异不显著者再加标 b，直至显著为止；再以标记有字母 b 的最大平均数为标准，与下面各未标记字母的平均数相比，凡差异不显著者继续标记字母 b，直至某一个与其差异显著的平均数标记字母 c；⋯⋯如此重复下去，直至最小一个平均数被标记且与以上平均数比较完毕为止。

这样，各平均数间凡有一个相同标记字母的即为差异不显著，凡无相同标记字母的即为差异显著。实际应用中，还需区分 $\alpha = 0.05$ 水平显著和 $\alpha = 0.01$ 水平显著。这时，用小写字母表示显著水平 $\alpha = 0.05$，用大写字母表示显著水平 $\alpha = 0.01$。在利用字母标记法表示多重比较结果时，常在三角形法的基础上进行。此法的优点是占篇幅小，在期刊论文中使用较普遍。

对于例 6-1，现根据表 6-5 所示的多重比较结果用字母标记如表 6-8 所示（用新复极差法检验，表 6-5 中 A 与 B 的差数 3.80 在 $\alpha = 0.05$ 的水平上达到显著，其余的与 LSD 法同）。

表 6-8　多重比较结果的字母标记（SSR 法）

处理	平均数 $\bar{x}_{i.}$	$\alpha = 0.05$	$\alpha = 0.01$
CK	32.45	a	A
A	22.15	c	B
C	24.80	b	B
B	21.00	c	B

在表 6-8 中，先将各处理平均数由大到小自上而下排列。当显著水平 $\alpha = 0.05$ 时，先在平均数 32.45 行上标记字母 a；由于 32.45 与 24.80 之差为 7.65，在 $\alpha = 0.05$ 水平上显著，所以在平均数 24.80 行上标记字母 b；然后将标记字母 b 的平均数 24.80 与其下方的平均数 22.15 比较，差数为 2.65，在 $\alpha = 0.05$ 水平上显著，所以在平均数 22.15 行上标记字母 c；再将平均数 22.15 与平均数 21.00 比较，差数为 1.15，在 $\alpha = 0.05$ 水平上不显著，所以在平均数 21.00 行上标记字母 c。类似地，可以在 $\alpha = 0.01$ 时将各处理平均数标记上大写字母，结果见表

6-8。q 检验结果与 SSR 法检验结果相同。

由表 6-8 看到,A,B 和 C 三种涂膜方式对鲜果的保湿效果极显著高于对照组;A 涂膜方式对鲜果的保湿效果显著低于 C 涂膜方式的保湿效果;A 涂膜方式对鲜果的保湿效果显著低于 B 涂膜方式的保湿效果;B 与 C 涂膜方式的保湿效果差异不显著。结果显示,B 和 C 涂膜方式对鲜果的保湿效果最佳。应当注意,无论采用哪种方法表示多重比较结果,都应注明采用的是哪一种多重比较法。

三、素质教育要素

1. 聚焦方差分析的本质,让"茅塞"在多重比较中"顿开"

"茅塞顿开"的意思是原来心里好像有茅草堵塞着,忽然被清除干净了,形容思想忽然开窍,立刻明白了某个道理。进行方差分析时,先计算各项平方和与自由度,进行 F 检验,若 F 检验显著,则进行多重比较。F 值显著或极显著,否定了无效假设 H_0,表明实验的总变异主要来源于处理间的变异。实验中各处理平均数间存在显著或极显著差异,但并不意味着每两个处理平均数间的差异都显著或极显著,也不能具体说明哪些处理平均数间有显著或极显著差异,哪些处理平均数间差异不显著。此时,我们的思路是闭塞的,并不清楚真正具体的差异情况。通过多重比较可具体判断两两处理平均数间的差异显著性情况,使得方差分析的结果一目了然,让人豁然开朗。通过教学,让学生意识到,解决问题要抓住问题本质。

2. 根据否定一个正确的 H_0 和接受一个不正确的 H_0 的相对重要性来选择检验尺度

尺度是指衡量长度的定制,可引申为看待事物的一种标准。多重比较中的检验尺度:q 检验法 ≥ 新复极差法 ≥ LSD 法。当秩次距 $k=2$ 时,q 检验法 = 新复极差法 = LSD 法;当秩次距 $k>2$ 时,q 检验法 > 新复极差法 > LSD 法。在多重比较中,q 检验法尺度最大,其次为新复极差法,最后为 LSD 法。检验尺度大的多重比较方法检验显著的差数,以检验尺度小的多重比较方法检验未必显著;检验尺度小的多重比较方法检验显著的差数,以检验尺度大的多重比较方法检验必然显著。一般地讲,实验资料究竟采用哪种多重比较方法,主要取决于"否定一个正确的 H_0"和"接受一个不正确的 H_0"的相对重要程度。如果否定一个正确的 H_0 是事关重大或后果严重的,或对实验要求苛刻,用 q 值法较为妥当;如果接受一个不正确的 H_0 是事关重大或后果严重的,则宜用新复极差法。生物实验误差较大,常采用新复极差法。在现实的学习、工作中,要具体问题具体分析,权衡利弊之后,选择恰当的方法解决问题。

◎ 案例三十三——几种常用的数据转换方法

一、素质教育目标

1. 让学生学会在"执着"中变通,坚定方向,但是会根据实际情况选择达到目的的途径。

2. 启发学生遇到困难时,变通是有条件、有方向的,不能胡乱变通或随意变通。

二、教学内容

1. 平方根转换(square root transformation)

该方法适用于各组的均方与其均值之间具有特定比例关系的数据,尤其是总体服从泊松分布的数据。转换的方法:$y=\sqrt{x}$。当原资料中有数据为 0 或有多个数据小于 10 时,把原数据转换成 $y=\sqrt{x+1}$,保证均方的稳定性和方差的同质性的作用更加明显。此转换有利于满足模型效应加性和误差正态性的要求。

2. 对数转换(logarithmic transformation)

如果每组数据的标准差或极差与其均值大致成正比,或者模型效应呈相乘性或非加性,则将原始数据转换为对数。转换的方法:$y=\lg x$ 或 $y=\ln x$。此转换可以使模型效应由相乘性变成相加性,且各组方差变得比较一致。当原资料中有数据 0 时,可以进行 $y=\lg(x+1)$ 或 $y=\ln(x+1)$ 的转换。一般而言,对数转换对于削弱大变数的作用要比平方根转换更强。例如,变数 1,10,100 做平方根转换是 1,3.16,10,做对数转换则是 0,1,2。

3. 反正弦转换(arcsine transformation)

反正弦转换(角度转换)适用于二项分布资料,如感染率、发病率、病死率、受胎率等,用小数或百分数表示。转换的方法:$y=\arcsin\sqrt{p}$,转换后的数值的单位是度。由于二项分布的方差$\left(\dfrac{pq}{n}\right)$与平均数($p$)有函数关系,因此,当平均数接近 0 或接近 100% 时,方差趋向于较小;而当平均数接近 50% 时,方差趋向于较大。接近于 0 和 100% 的数值变成角度以后方差变大,可以满足方差同质性的要求。值得一提的是,当数据介于 30%~70% 之间时,因数据的分布接近于正态分布,对分析结果的影响不大,不需要进行数据转换。数据转换后进行方差分析,若 F 检验显著,则根据转换后的数据进行多重比较。但是,用原来的数值解释表达分析结果。

【例6-2】 表6-9为甲、乙、丙三个地区乳牛隐性乳房炎阳性率资料,试对资料进行方差分析。

表6-9 三个地区乳牛隐性乳房炎阳性率 单位:%

甲	94.3	64.1	47.7	43.6	50.4	80.5	57.8
乙	26.7	9.4	42.1	30.6	40.9	18.6	40.9
丙	18.0	35.0	20.7	31.6	26.8	11.4	19.7

解 这是一个服从二项分布的阳性率资料,且有低于30%和高于70%的,应先对阳性率资料进行反正弦转换,转换结果见表6-10。

表6-10 资料的反正弦转换值

地区	$x = \arcsin\sqrt{p}$				x_i	$\bar{x}_i$	还原/%
甲	76.19	53.19	43.68	41.32	372.89	53.27	64.2
	45.23	63.79	49.49				
乙	31.11	17.85	40.45	33.58	228.06	32.58	29.0
	39.76	25.55	39.76				
丙	25.10	36.27	27.06	34.20	199.89	28.56	22.8
	31.18	19.73	26.35				
合计					800.84		

表6-9中资料的方差分析,见表6-11。

表6-11 资料的方差分析

变异来源	平方和	自由度	均方	F 值
地区间	2 461.822 8	2	1 230.911 4	14.03[**]
误差	1 579.492 7	18	87.750 0	
总变异	4 041.315 5	20		

F检验结果表明,各地区间乳牛隐性乳房炎阳性率差异极显著。下面进行多重比较,见表6-12。

表6-12 资料平均数多重比较表(SSR法)

地区	平均数 $\bar{x}_i$	$\bar{x}_i - 28.56$	$\bar{x}_i - 32.58$
甲	53.27	24.71[**]	20.69[**]
乙	32.58	4.02	
丙	28.56		

因 $S_{\bar{x}} = \sqrt{87.750\ 0/7} = 3.54$，$df_e = 18$，SSR 值与 LSR 值见表 6-13。

表 6-13　SSR 值与 LSR 值

df_e	秩次距 k	$SSR_{0.05}$	$SSR_{0.01}$	$LSR_{0.05}$	$LSR_{0.01}$
18	2	2.97	4.07	10.51	14.41
	3	3.12	4.27	11.04	15.12

对结论进行解释时，应将各组平均数还原为阳性率。如表 6-10 中平均数 53.27 根据 $p = \sin^2 x$，还原为 64.2%；平均数 32.58 还原为 29.0%；平均数 28.56 还原为 22.8%。但根据转换过的数据所算出的方差或标准差不宜再换回原来的数据。

检验结果表明，甲地区乳牛隐性乳房炎阳性率极显著高于丙地区和乙地区，乙地区与丙地区阳性率差异不显著。

三、素质教育要素

该执着时就要执着，但要在执着中学会变通

"变通"是指思维能灵活变化、不拘常规，能举一反三、触类旁通。当执着"行到水穷处"时，就需要行"坐看云起时"的变通；当执着遇到"山重水复疑无路"时，稍微变通就能迎来"柳暗花明又一村"。在工作与学习中，我们该执着时就要执着，该变通时就要变通。善变通者，其思维活动触类旁通，灵活多变，不受定势和功能固着的束缚，能从一个方面发散到另一个方面，多能获得先机之利。

客观事物的发展，大都是由简单到复杂，由低级到高级，不断前进、不断上升的。但在事物发展的某一个阶段，有可能出现后退或下降，这说明事物发展具有复杂性和曲折性。人的思维不仅应反映出事物前进和后退以及上升与下降的过程，还应根据具体情况采取相对应的策略。当我们面临障碍，特别是巨大的障碍时，如果不宜单纯采取常规策略，就必须积极应对多重关系，采取迂回曲折的方法，利用、改变或者创造外部条件，间接达到目的，这就是迂回型变通。即考虑能不能避开障碍，走一条迂回曲折的道路；考虑能不能以解决甲问题为手段而达到解决乙问题的目的；考虑能不能为了前进而先后退，以求宽平之途；等等。这样做，不用直接向"障碍"挑战，不直接触动和攻击"障碍"本身，但可以设法变不利为有利，至少不让它成为拦路虎、绊脚石。这样做虽然没有直接扫除障碍那样痛快酣畅，但最后多能取得令人满意的结果。这种变通更能体现思维的独特性和流畅性，是变通的最高层次。

方差分析必须满足效应的可加性、分布的正态性和方差的同质性三个基本假定。此时,必须"执着"遵守这三个基本假定。只要其中一个基本假定不满足,就不能进行方差分析。若一定要进行方差分析就必须变通,创造条件使其符合基本假定。此时,需要对数据进行转换,要使数据转换后满足三个基本假定,就要选择合适的转换方法。如果各组均方与其平均数之间有某种比例关系,可以将原数据进行平方根转换。如果各组数据的标准差或极差与其平均数大体成比例,或者模型效应呈相乘性或非相加性,就将原数据转换为对数。如果资料服从二项分布,可将原数据进行反正弦转换。应当注意的是,以转换后的数据进行方差分析,若 F 检验差异显著,则应用转换后的数据进行多重比较计算。对于一般非连续性的数据,最好在方差分析前先检查各处理平均数与相应处理内均方是否存在相关性和各处理均方间的变异是否较大。如果存在相关性或者变异较大,那么应考虑对数据进行转换。有时要确定适当的转换方法并不容易,哪种方法能使处理平均数与其均方的相关性最小,哪种方法就是最合适的转换方法。另外,还有一些别的转换方法可以考虑。例如,当各处理标准差与其平均数的平方成比例时,可进行倒数转换。

第7章 回归分析与相关分析

本章的内容有两部分,其中第一部分是回归分析(regression analysis),即研究相关变量之间的因果关系。表示原因的变量称为自变量,表示结果的变量称为因变量。"一因一果"的研究,即一个自变量和一个因变量的回归分析,称为一元回归分析;"多因一果"的研究,即几个自变量和一个因变量的回归分析,称为多元回归分析。一元回归分析分为线性回归分析和曲线回归分析;多元回归分析分为多元线性回归分析和多元非线性回归分析。第二部分是相关分析(correlation analysis),即研究相关变量之间的平行关系。对两个变量之间呈线性关系的相关分析称为简单相关分析(也称为线性相关分析);在对多个变量进行相关分析时,研究一个变量与多个变量之间的线性相关关系,称为复相关分析;在保持其他变量不变的情况下,研究两个变量之间的线性相关关系,称为偏相关分析。

◎ 案例三十四——一元直线回归的数学模型

一、素质教育目标

1. 让学生体会联系的普遍性原理。

2. 让学生体会一元直线回归数学模型蕴含的"偶然性与必然性辩证统一"的哲学思想,进一步增强学生的辩证思维和创新思维能力。

二、教学内容

1. 直线回归的数学模型

设 x 是一个自变量,y 是一个因变量,获得两个变量的 n 对观测值(x_1,y_1),(x_2,y_2),$\cdots$,(x_n,y_n),见表 7-1,要求出 y 与 x 间相互关系的近似的数学表达式,就必须用到直线回归数学模型。

表 7-1 (x,y) 数对

x	x_1	x_2	x_3	$\cdots$	x_n
y	y_1	y_2	y_3	$\cdots$	y_n

为了更直观地看出 x 和 y 间的变化趋势,可将每一对观测值在平面直角坐标系中描出点,作出散点图。由散点图可以看出两个变量间有无关系。若有关系,判断两个变量间关系类型是直线型还是曲线型;若两变量间关系呈直线型,判断两个变量间直线关系的性质(是正相关还是负相关)以及相关程度(是密切相关还是不密切相关),是否有异常观测值。设自变量为 x ,因变量为 y ,两个变量的 n 对观测值为 (x_1,y_1) , (x_2,y_2) , $\cdots$, (x_n,y_n) 。可用直线函数关系来描述变量 x,y 之间的关系:

$$y=\beta_0+\beta_1 x+\varepsilon \tag{7-1}$$

式中, β_0,β_1 为待定系数; $\varepsilon \sim N(0,\sigma^2)$ 。设 (x_1,Y_1) , (x_2,Y_2) , $\cdots$, (x_n,Y_n) 是取自总体 (x,Y) 的一组样本,而 (x_1,y_1) , (x_2,y_2) , $\cdots$, (x_n,y_n) 是该样本的观测值,在样本中观测值 $x_1,x_2,\cdots,x_n$ 是随机取定的不完全相同的数值,而样本中的 $y_1,y_2,\cdots$, y_n 为在实验或观测后随机变量 x 对应的具体数值,则有

$$y_i=\beta_0+\beta_1 x_i+\varepsilon_i(i=1,2,\cdots,n) \tag{7-2}$$

其中, $\varepsilon_1,\varepsilon_2,\cdots,\varepsilon_n$ 相互独立。模型(7-2)可理解为,对于自变量 x 的每一个特定的取值 x_i ,都有一个服从正态分布的 y_i 取值范围与之对应,这个正态分布的期望是 $\beta_0+\beta_1 x_i$,方差是 σ^2 。在线性模型中,由假设知 $Y \sim N(\beta_0+\beta_1 x,\sigma^2)$, $E(Y)=\beta_0+\beta_1 x$,回归分析就是根据样本观测值寻求 β_0,β_1 的估计 b_0,b 。对于给定的 x 值,取

$$\hat{y}=b_0+bx \tag{7-3}$$

作为 $E(Y)=\beta_0+\beta_1 x$ 的估计,式(7-3)称为 y 关于 x 的线性回归方程或经验公式,其图像称为回归直线, b_0 称为回归截距(regression intercept), b 称为回归系数(regression coefficient)。

2. 参数 β_0,β_1 的估计

对样本的一组观测值中的每个 x_i ,由线性回归方程式(7-3)可以确定一回归值

$$\hat{y}_i=b_0+bx_i \tag{7-4}$$

这个回归值 $\hat{y}_i$ 与实际观测值 y_i 之差为 $y_i-\hat{y}_i=y_i-b_0-bx_i$,称之为离差,表示 y_i 与回归直线 $\hat{y}=b_0+bx$ 的偏离度。为了使回归直线 $\hat{y}=b_0+bx$ 尽可能地靠近各个

点 $(x_i, y_i)(i=1, 2, \cdots, n)$，必须保证回归平方和 Q（剩余平方和）达到最小。

$$Q = \sum_{i=1}^{n} (y_i - \hat{y}_i)^2 = \sum_{i=1}^{n} (y_i - b_0 - bx_i)^2 \qquad (7\text{-}5)$$

这就是最小二乘（平方）法的原理。对所有 x_i，若 y_i 与 $\hat{y}_i$ 的偏离度越小，则认为直线与所有实验点拟合得越好。运用求二元函数极值的方法，只需求 Q 关于 b_0, b 的偏导数，并令其为零，即

$$\begin{cases} \dfrac{\partial Q}{\partial b_0} = -2 \sum_{i=1}^{n} (y_i - b_0 - bx_i) = 0 \\ \dfrac{\partial Q}{\partial b} = -2 \sum_{i=1}^{n} (y_i - b_0 - bx_i)x_i = 0 \end{cases} \qquad (7\text{-}6)$$

解此正规方程组得

$$\begin{cases} b_0 = \bar{y} - b\bar{x} \\ b = \dfrac{\sum xy - (\sum x)(\sum y)/n}{\sum x^2 - (\sum x)^2/n} = \dfrac{\sum (x - \bar{x})(y - \bar{y})}{\sum (x - \bar{x})^2} = \dfrac{SP_{xy}}{SS_x} \end{cases} \qquad (7\text{-}7)$$

b_0, b 称为 β_0, β_1 的最小二乘估计。这里 b_0 为回归截距，是总体回归截距 β_0 的最小二乘估计值，也是无偏估计值，又是回归直线与 y 轴交点的纵坐标；b 称为回归系数，是总体回归系数 β_1 的最小二乘估计值，也是无偏估计值，是回归直线的斜率。

在式 (7-7) 中，分子 SP_{xy} 为自变量 x 的离均差与因变量 y 的离均差的乘积和 $\sum (x - \bar{x})(y - \bar{y})$，称为 x, y 变量的离均差乘积和（sum of products），简称乘积和；分母 SS_x 是自变量 x 的离均差平方和 $\sum (x - \bar{x})^2$。SP_{xy} 的计算常用公式 (7-8)。

$$SP_{xy} = \sum_{i=1}^{n} (x - \bar{x})(y - \bar{y}) = \sum_{i=1}^{n} xy - \frac{\sum\limits_{i=1}^{n} x \sum\limits_{i=1}^{n} y}{n} = \sum xy - \frac{\sum x \sum y}{n} \qquad (7\text{-}8)$$

若将 $b_0 = \bar{y} - b\bar{x}$ 代入式 (7-3)，则可得回归方程的另一形式为

$$\hat{y} = \bar{y} - b\bar{x} + bx = \bar{y} + b(x - \bar{x}) \qquad (7\text{-}9)$$

显然，由上述方法所确定的回归直线具有以下基本性质：

性质 1：离回归的和为零，即 $\sum_{i=1}^{n} (y_i - \hat{y}_i) = 0$；

性质 2：离回归平方和最小，即 $\sum_{i=1}^{n} (y_i - \hat{y}_i)^2$ 最小；

性质 3：回归直线通过散点图的几何重心 $(\bar{x}, \bar{y})$。

三、素质教育要素

1. 一元直线回归体现了联系的普遍性原理

万物皆有联系，世界上没有任何事物是孤立存在的。例如，水涨船高，是指水与船之间的联系；积云变成雨，是指云和雨之间的联系。正是由于事物之间存在这种普遍联系，所以一个问题的解决，往往会影响到它周围与之相关联的许多事物。同样，根据其他事物的已知特征，确定与你要寻找的思维结论相似和相关的事物，将两者结合起来可以达到"以此释彼"的目的。变量之间也会相互作用和相互影响，既然变量之间存在相互联系，那便可以通过一个或多个变量的特点来分析关联变量的特点，从而揭示变量间的关系。

2. 一元直线回归的数学模型符合"偶然性与必然性辩证统一"的哲学思想

必然性与偶然性相互依存、相互制约，两者辩证统一。没有脱离偶然性的必然性，必然性存在于偶然性之中，并借大量的偶然性为自己开辟道路；偶然性受必然性的制约，偶然性是必然性的表现形式和补充。必然性与偶然性在特定条件下可以相互转化。

生物统计学中许多理论都蕴含着丰富的哲理：第一，偶然性与必然性的辩证统一。回归模型是偶然与必然结合的体现，回归模型中被解释变量的值由两部分共同决定：前面一部分是由解释变量决定的，是回归模型的回归部分（$\beta_0 + \beta_1 x_i$），体现了必然性；后面一部分是由随机扰动项决定的，是回归模型的离回归部分（ε_i），体现了偶然性。第二，真理具有相对性，不能用绝对的眼光看问题。在统计学分析中没有绝对的结论，回归分析随着抽取样本和显著水平的变化而变化，所得的检验结果都是基于现有样本和显著水平（或置信水平）的，并非绝对肯定的结论：当 P 值大于显著水平时，应表述为"不拒绝原假设"，回归方程不显著；反之，应表述为"拒绝原假设"，回归方程显著。

3. 回归有"核心"，直线有"重心"

线性回归的基本思想是"所有的点到回归直线的距离最近"，为了符合回归的基本思想，必须使离回归平方和最小，即 $\sum\limits_{i=1}^{n}(y_i - \hat{y}_i)^2$ 最小，这是线性回归的"核心"。基于离回归平方和最小的思想，直线必经过散点图的几何重心。一元线性回归，一定经过重心 $(\bar{x}, \bar{y})$；二元线性回归，一定经过重心 $(\bar{x}_1, \bar{x}_2, \bar{y})$；……以此类推，$n$ 元线性回归，一定经过重心 $(\bar{x}_1, \bar{x}_2, \cdots, \bar{x}_n, \bar{y})$。

◎ 案例三十五——一元直线回归分析案例

一、素质教育目标

警示学生在生活中注意身边有无危害国家安全的异常人员,一旦发现,及时告知相关部门。

二、教学内容

【例 7-1】　在温度、水量、光照、土壤类型、人工措施等条件一致的前提下,研究小麦亩产量(y)与每亩土地施肥量(x)的关系,每亩土地施肥量按照 10,15,20,25,30,35,40,45 kg 设置 8 个处理,测得施肥量与亩产量的关系数据如表 7-2 所示。

表 7-2　施肥量与亩产量的关系　　　　　　　　　　单位:kg/亩

施肥量	10	15	20	25	30	35	40	45	50
亩产量	280	290	295	415	432	416	446	680	500

将表 7-2 施肥量与亩产量关系的数据点绘制成散点图,见图 7-1。

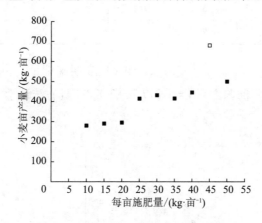

图 7-1　施肥量与亩产量的关系的散点图

1. 未进行异常值处理

由图 7-1 可见,(45,680)这个点为异常值。对异常值不作处理,完成施肥量与亩产量回归关系方差分析表,如表 7-3 所示,并作回归直线如图 7-2a 所示。

表 7-3　施肥量与亩产量回归关系方差分析表（未进行异常值处理）

变异来源	平方和 SS	自由度 df	均方 MS	F 值	$F_{0.01}$	显著性
回归变异	92 276.82	1	92 276.82	18.65	12.25	＊＊
剩余变异	34 634.07	7	4 947.73			
总变异	126 910.89	8				

因为 $F = 18.65 > F_{0.01(1,7)} = 12.25$，$P < 0.01$，表明施肥量与亩产量之间存在着极显著的直线关系，回归方程 $\hat{y} = 7.843\,3x + 181.81$ 具有统计学上极显著的意义，是有效的。

2. 进行异常值处理

将异常值（45，680）剔除后完成施肥量与亩产量回归关系方差分析表，如表 7-3 所示，并作回归直线如图 7-2b 所示。

表 7-4　施肥量与亩产量回归关系方差分析表（进行异常值处理）

变异来源	平方和 SS	自由度 df	均方 MS	F 值	$F_{0.01}$	显著性
回归变异	43 076.15	1	43 076.15	42.47	13.75	＊＊
剩余变异	6 085.35	6	1 014.23			
总变异	49 161.50	7				

因为 $F = 42.47 > F_{0.01(1,6)} = 13.75$，$P < 0.01$，表明施肥量与亩产量之间存在着极显著的直线关系，回归方程 $\hat{y} = 5.877\,7x + 218.94$ 具有统计学上极显著的意义，是有效的。

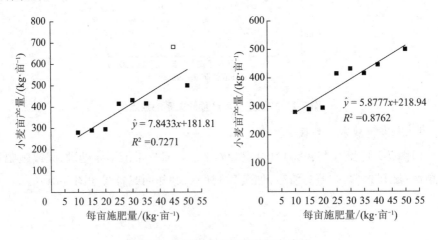

图 7-2　施肥量与亩产量的回归直线

从上面的分析结果来看,处理或不处理异常值,P 均小于 0.01,表明施肥量与亩产量之间都存在着极显著的直线关系,回归方程具有统计学上极显著的意义,但是两次回归结果是不一样的,一个显著的回归并不一定具有实践上的预测意义。

三、素质教育要素

保持警惕,防止"一颗老鼠屎坏了一锅粥"

数据中的异常值有时就像一颗老鼠屎,应当立即清除,以防后患。例 7-1 中,从显著性分析结果来看,异常值处不处理回归方程均可用,但是从图 7-2 可以看出,异常值处理前,线性方程的斜率为 7.843 3,表示"在其他条件不变的前提下,每亩土地施肥量每增加 1 kg,小麦亩产量将增加 7.843 3 kg";异常值处理后,线性方程的斜率为 5.877 7,表示"在其他条件不变的前提下,每亩土地施肥量每增加 1 kg,小麦亩产量将增加 5.877 7 kg"。因为一个异常值,线性方程的斜率增大 33%,所以线性方程的预测结果不准确。因此,一个显著回归并不一定具有实践上的预测意义。换句话说,不要将回归关系的显著性与相关或回归关系的强弱混为一谈。

也就是说,统计分析时,异常值处理是非常重要的,要防止"一颗老鼠屎坏了一锅粥"。在社会生活中也是如此,如果一个群体中有个别人思想不良,听之任之,就一定会影响到整体。当代大学生要树立维护国家安全的意识,始终保持警惕,提高鉴别力,如果发现身边有危害国家安全的可疑人员,要主动向相关部门提供信息,剔除这些"老鼠屎",维护国家安全与稳定。

◎ 案例三十六——矩阵的基本运算和变换

一、素质教育目标

1. 让学生理解世间万事万物及各个领域普遍存在"形变质不变"的哲学原理,引导学生正确利用辩证唯物主义思想,运用"形变质不变"的原理观察、分析和处理生活中的相关问题;引导学生树立崇高的人生理想,坚定政治信念,增强历史使命感。

2. 通过行列式的学习,让学生掌握认识事物的普遍方法。

3. 提升学生的规则意识,培养学生的科学应变能力。

4. 让学生意识到"学以致用"的重要性。

二、教学内容

(一) 矩阵的概念

实验有 m 个样本，每个样本测量 n 个指标，则得到 $m×n$ 个数据。如果以样本为行，指标为列，则得到一个 m 行 n 列的矩形数据列表。

如果用 $a_{ij}(i=1,2,\cdots,m;j=1,2,\cdots,n)$ 表示第 i 行第 j 列的数据，则数据列表为

$$\begin{pmatrix} a_{11} & a_{12} & \cdots & a_{1n} \\ a_{21} & a_{22} & \cdots & a_{2n} \\ \vdots & \vdots & & \vdots \\ a_{m1} & a_{m2} & \cdots & a_{mn} \end{pmatrix}$$

数学上把形如上式的 m 行 n 列数据列表称为 $m×n$ 矩阵，其中 a_{ij} 称为矩阵的第 i 行第 j 列的元素，并规定了其运算方法。

一般用加粗的斜体大写字母表示矩阵，如 A,B,C 等；要说明矩阵的行列规模，则在大写字母右边添加下标说明，如 $A_{m×n}$ 表示 $m×n$ 矩阵 A；要同时说明矩阵的规模和元素，则用加括号的矩阵元素加下标说明，如 $(a_{ij})_{m×n}$ 表示元素为 a_{ij} 的 $m×n$ 矩阵。

(二) 特殊矩阵

矩阵的所有元素都为 0 时，称为零矩阵，记为 $\mathbf{0}_{m×n}$，在不引起混淆时简记为 $\mathbf{0}$。

矩阵的行数和列数相等时，称为方阵，如称 $A_{n×n}$ 为 n 阶方阵 A。只有 1 行（列）的矩阵习惯称作行向量（列向量）。

矩阵从左上到右下的对角线称为主对角线；主对角线下（上）方的元素全为 0 的矩阵称为上三角矩阵（下三角矩阵）；除主对角线外其他位置的元素都为 0 的矩阵称为对角矩阵；主对角线上的元素全为 1 的对角矩阵称为单位矩阵，用 E 表示，单位矩阵具有数字"1"的性质。

(三) 矩阵的线性运算

两个具有相同行数和列数的矩阵称为同阶矩阵；两个同阶矩阵对应位置上的元素相等时称为两个矩阵相等。如 $A=(a_{ij})_{m×n}$，$B=(b_{ij})_{s×t}$，当且仅当 $s=m,t=n,a_{ij}=b_{ij}$ 时，$A=B$。

两个同阶矩阵对应位置上的元素相加（减）得到的新矩阵，称为矩阵的和（矩阵的差），如 $m×n$ 矩阵 $A=(a_{ij})$，$B=(b_{ij})$，则 $A±B=(a_{ij}±b_{ij})_{m×n}$。

例如,

$$\begin{pmatrix} 4 & 3 \\ 1 & 2 \end{pmatrix} + \begin{pmatrix} 1 & 2 \\ 3 & 4 \end{pmatrix} = \begin{pmatrix} 5 & 5 \\ 4 & 6 \end{pmatrix}$$

$$\begin{pmatrix} 4 & 2 \\ 1 & 2 \end{pmatrix} - \begin{pmatrix} 1 & 2 \\ 3 & 4 \end{pmatrix} = \begin{pmatrix} 3 & 1 \\ -2 & -2 \end{pmatrix}$$

以非零数 k 乘以矩阵 $\boldsymbol{A}$ 的每个元素所得的新矩阵称为数 k 与矩阵 $\boldsymbol{A}$ 的乘积,简称矩阵的数乘。若 $\boldsymbol{A} = (a_{ij})_{m \times n}$,则 $k\boldsymbol{A} = k(a_{ij})_{m \times n} = (ka_{ij})_{m \times n}$。例如,$3 \times$

$$\begin{pmatrix} 1 & 2 & 3 \\ 4 & 5 & 6 \end{pmatrix} = \begin{pmatrix} 3 & 6 & 9 \\ 12 & 15 & 18 \end{pmatrix}.$$

（四）矩阵的乘积运算

前一矩阵第 i 行的元素与后一矩阵第 j 列对应元素的乘积之和作为新矩阵第 i 行第 j 列的元素构成的新矩阵称为两个矩阵的乘积,前面的矩阵称为左乘矩阵,后面的矩阵称为右乘矩阵。

如 $\boldsymbol{A} = (a_{ij})_{m \times s}$,$\boldsymbol{B} = (b_{ij})_{s \times n}$,若 $\boldsymbol{A} \times \boldsymbol{B} = \boldsymbol{C}$,则 $\boldsymbol{C} = (c_{ij})_{m \times n}$,$c_{ij} = a_{i1}b_{1j} + a_{i2}b_{2j} + \cdots + a_{is}b_{sj} = \sum_{k=1}^{s} a_{ik}b_{kj}$,$\boldsymbol{A}$ 为左乘矩阵,$\boldsymbol{B}$ 为右乘矩阵。需要注意的是:① 左乘矩阵的列数必须与右乘矩阵的行数相同;② 矩阵乘法不满足交换律,即 $\boldsymbol{AB} \neq \boldsymbol{BA}$。例如,$\begin{pmatrix} 4 & 2 \\ 3 & 1 \end{pmatrix} \times \begin{pmatrix} 1 & 2 & 3 \\ 4 & 5 & 6 \end{pmatrix} = \begin{pmatrix} 12 & 18 & 24 \\ 7 & 11 & 15 \end{pmatrix}$,$\begin{pmatrix} 1 & 2 & 3 \\ 4 & 5 & 6 \end{pmatrix} \times \begin{pmatrix} 6 & 3 \\ 5 & 2 \\ 4 & 1 \end{pmatrix} = \begin{pmatrix} 28 & 10 \\ 73 & 28 \end{pmatrix}$。

（五）矩阵的转置

将矩阵的行与列互换,得到的新矩阵称为原矩阵的转置矩阵,$\boldsymbol{A}$ 的转置矩阵记为 $\boldsymbol{A}^{\mathrm{T}}$。$m \times n$ 矩阵 $\boldsymbol{A}$ 转置后的 $\boldsymbol{A}^{\mathrm{T}}$ 为 $n \times m$ 矩阵。例如,$\boldsymbol{A} = \begin{pmatrix} 1 & 2 & 3 \\ 4 & 5 & 6 \end{pmatrix}$,

$$\boldsymbol{A}^{\mathrm{T}} = \begin{pmatrix} 1 & 4 \\ 2 & 5 \\ 3 & 6 \end{pmatrix}.$$

（六）矩阵的初等变换

对矩阵进行的下列变换称为矩阵的初等变换:① 对换矩阵的某两行(列)元素;② 用一个非零数 k 乘以矩阵的某一行(列)的元素;③ 将矩阵的某一行(列)元素的 k 倍加到另一行(列)的对应元素上。

对行进行的初等变换称为初等行变换,对列进行的初等变换称为初等列变换。初等变换是矩阵运算的重要方法。

（七）行列式

行列式的取值为一个标量，写作 $\det A$ 或 $|A|$。在 n 维欧几里得空间中，行列式描述的是一个线性变换对"体积"所造成的影响。在一个 n 阶行列式 D 中，把元素 $a_{ij}(i,j=1,2,\cdots,n)$ 所在的行与列划去后，剩下的 $(n-1)\times(n-1)$ 个元素按照原来的次序组成一个 $n-1$ 阶行列式(M_{ij})，称为元素 a_{ij} 的余子式，M_{ij} 带上符号$(-1)^{(i+j)}$ 称为 a_{ij} 的代数余子式，记作 $A_{ij}=(-1)^{(i+j)}M_{ij}$。

$$|A|=\sum_j a_{ij}M_{ij}（依 i 行展开）$$

$$|A|=\sum_i a_{ij}M_{ij}（依 j 行展开）$$

（八）逆矩阵

对于 n 阶方阵 A，若存在一个同阶方阵 B，使得 $AB=BA=E$，则称矩阵 A 可逆，矩阵 B 为矩阵 A 的逆矩阵。A 的逆矩阵记为 A^{-1}。

求逆矩阵的方法有多种，这里介绍表解法和伴随阵法。

1. 表解法

表解法求逆矩阵的过程：在矩阵 A 的右侧拼接一个同阶的单位矩阵 E，经过初等行变换，将矩阵 A 变换为单位矩阵 E，则原来的单位矩阵 E 就被变换为矩阵 A 的逆矩阵 A^{-1}。

表解法求方阵 $A=\begin{pmatrix}1&1&2\\0&0&1\\2&1&2\end{pmatrix}$ 的逆矩阵 $A^{-1}=\begin{pmatrix}-1&0&1\\2&-2&-1\\0&1&0\end{pmatrix}$ 的过程如下：

$$(A|E)=\begin{pmatrix}1&1&2\\0&0&1\\2&1&2\end{pmatrix}\begin{pmatrix}1&0&0\\0&1&0\\0&0&1\end{pmatrix}\xrightarrow[r_1+r_3]{r_3-2r_1}\begin{pmatrix}1&0&0\\0&0&1\\0&-1&-2\end{pmatrix}\begin{pmatrix}-1&0&1\\0&1&0\\-2&0&1\end{pmatrix}$$

$$\xrightarrow[r_3+r_2]{r_2-r_3}\begin{pmatrix}1&0&0\\0&1&3\\0&0&1\end{pmatrix}\begin{pmatrix}-1&0&1\\2&1&-1\\0&1&0\end{pmatrix}\xrightarrow{r_2-3r_3}\begin{pmatrix}1&0&0\\0&1&0\\0&0&1\end{pmatrix}\begin{pmatrix}-1&0&1\\2&-2&-1\\0&1&0\end{pmatrix}=(E|A^{-1})$$

2. 伴随阵法

利用伴随矩阵求逆矩阵：n 阶矩阵 A 可逆 $\Leftrightarrow \det A\neq0$，且在 A 可逆时，$A^{-1}=\dfrac{1}{\det A}\times A^*$，其中 A^* 是 A 的伴随矩阵。若 $\det A\neq0$，则 $A^{-1}=\dfrac{1}{|A|}A^*$，这种方法比较适用于阶数较低且伴随矩阵容易求出的情形。

$$A_{n\times n}^{-1} = \begin{pmatrix} \dfrac{M_{11}}{|A|} & \dfrac{M_{21}}{|A|} & \cdots & \dfrac{M_{n1}}{|A|} \\[2mm] \dfrac{M_{12}}{|A|} & \dfrac{M_{22}}{|A|} & \cdots & \dfrac{M_{n2}}{|A|} \\[1mm] \vdots & \vdots & & \vdots \\[1mm] \dfrac{M_{1n}}{|A|} & \dfrac{M_{2n}}{|A|} & \cdots & \dfrac{M_{nn}}{|A|} \end{pmatrix}$$

(九)矩阵的特征根与特征向量

1. 特征根与特征向量的定义

对于 n 阶方阵 A,如果存在数 λ 和非零向量 X,使 $AX = \lambda X (X \neq 0)$,则称 λ 是矩阵 A 的特征根(或称特征值),X 是矩阵 A 属于特征根 λ 的特征向量。

线性无关的特征根和特征向量在统计学中有重要意义。

2. 初等变换法求特征根与特征向量

利用矩阵初等变换求得矩阵的特征根时,可同步求得特征根所属的全部的线性无关的特征向量。

设 $F(\lambda) = \lambda E - A^{\mathrm{T}}$,且矩阵 $(F(\lambda) \mid E)$ 经初等列变换后,变换为矩阵 $(B(\lambda) \mid P(\lambda))$,其中 $B(\lambda)$ 为上三角矩阵,则 $B(\lambda)$ 的主对角线上的全部元素的乘积的 λ 多项式的全部根恰为矩阵 A 的全部特征根。

将矩阵 A 的每一个特征根 λ_i 代入 $(B(\lambda) \mid P(\lambda))$ 矩阵得矩阵 $(B(\lambda_i) \mid P(\lambda_i))$,若 $B(\lambda_i)$ 中零向量个数与该特征根的重数相同,则矩阵 $P(\lambda_i)$ 中和 $B(\lambda_i)$ 中零向量所对应的行向量转置为列向量后,是属于特征根 λ_i 的全部线性无关的特征向量;若零向量个数少于该特征根的重数,则需对 $(B(\lambda_i) \mid P(\lambda_i))$ 进行行变换,变换为 $(B(\lambda_i)^* \mid P(\lambda_i)^*)$,使 $B(\lambda_i)^*$ 中零向量个数与特征根的重数相同,则矩阵 $P(\lambda_i)^*$ 中和 $B(\lambda_i)^*$ 中零向量所对应的行向量转置为列向量后,是属于特征根 λ_i 的全部线性无关的特征向量。

例 如, 矩 阵 $A = \begin{pmatrix} 1 & 0 & 0 \\ -2 & -1 & 1 \\ 0 & 0 & 1 \end{pmatrix}$, 因 为 $(F(\lambda) \mid E) =$

$$\left(\begin{array}{ccc|ccc} \lambda-1 & 2 & 0 & 1 & 0 & 0 \\ 0 & \lambda+1 & 0 & 0 & 1 & 0 \\ 0 & -1 & \lambda-1 & 0 & 0 & 1 \end{array}\right) \rightarrow \left(\begin{array}{ccc|ccc} \lambda-1 & 2 & 0 & 1 & 0 & 0 \\ 0 & -1 & \lambda-1 & 0 & 0 & 1 \\ 0 & 0 & \lambda^2-1 & 0 & 1 & \lambda+1 \end{array}\right) = (B(\lambda) \mid P(\lambda)),$$

所以 A 的特征根 $\lambda_1 = 1$(二重),$\lambda_2 = -1$。

当 $\lambda_1 = 1$(二重)时，$(\boldsymbol{B}(1) \,|\, \boldsymbol{P}(1)) = \begin{pmatrix} 0 & 2 & 0 & | & 1 & 0 & 0 \\ 0 & -1 & 0 & | & 0 & 0 & 1 \\ 0 & 0 & 0 & | & 0 & 1 & 2 \end{pmatrix}$，由于 $\boldsymbol{B}(1)$ 只有

一个零向量，需变换为 $(\boldsymbol{B}(1)^* \,|\, \boldsymbol{P}(1)^*) = \begin{pmatrix} 0 & 0 & 0 & | & 1 & 0 & 2 \\ 0 & -1 & 0 & | & 0 & 0 & 1 \\ 0 & 0 & 0 & | & 0 & 1 & 2 \end{pmatrix}$，所以 $\lambda_1 = 1$ 对

应 的 特 征 向 量 为 $\begin{pmatrix} 1 \\ 0 \\ 2 \end{pmatrix}$ 和 $\begin{pmatrix} 0 \\ 1 \\ 2 \end{pmatrix}$；当 $\lambda_2 = -1$ 时，$(\boldsymbol{B}(-1) \,|\, \boldsymbol{P}(-1)) =$

$\begin{pmatrix} -2 & 2 & 0 & | & 1 & 0 & 0 \\ 0 & -1 & -2 & | & 0 & 0 & 1 \\ 0 & 0 & 0 & | & 0 & 1 & 0 \end{pmatrix}$，所以 $\lambda_2 = -1$ 对应的特征向量为 $\begin{pmatrix} 0 \\ 1 \\ 0 \end{pmatrix}$。即 $\boldsymbol{A}$ 的特征根

为 $1, 1, -1$，对应的特征向量分别为 $\begin{pmatrix} 1 \\ 0 \\ 2 \end{pmatrix}, \begin{pmatrix} 0 \\ 1 \\ 2 \end{pmatrix}, \begin{pmatrix} 0 \\ 1 \\ 0 \end{pmatrix}$。

三、素质教育要素

1. 矩阵的初等变换蕴含"形变质不变"的哲学原理

矩阵的初等变换主要包含换行(列)变换、倍乘变换和倍加变换三种。在初等变换下，虽然矩阵的形态发生诸多改变，但许多内在的性质是保持不变的，如：列向量组的秩不变，矩阵的秩不变，列向量的线性相关性不变，列向量的线性表示形式不变，极大线性无关组的位置不变，以该矩阵作为增广矩阵的线性方程组的解不变，等等。矩阵的初等变换的规律体现了"形变质不变"的哲学原理。

世间万事万物及各个领域普遍存在"形变质不变"的哲学现象。辩证唯物主义认为，一切事物都处于永不停息的运动、变化和发展过程中，整个世界是一个无限变化和永恒发展的物质世界，发展是新事物替代旧事物的过程。变与不变是辩证统一的，"万变不离其宗"。毛泽东将马列主义普遍真理和中国革命实践相结合，探索出一条适合中国国情的民主革命道路，取得了最后胜利。中国革命实践就是在坚守马列主义的核心要义和理论精髓不变的前提下积极"求变"。我国改革开放以来，邓小平提出四项基本原则是立国之本，是不变的内涵。改革开放是强国之路，须求变求强，但改革不能背离基本原则。中国改革既不走封闭僵化的老路，也不走改旗易帜的旧路。矢志不渝地坚持走中国特色社会主义道路，就一定能实现中华民族伟大复兴的中国梦。新时期的青年，应学会正确利用

辩证唯物主义思想,运用"形变质不变"的原理观察、分析和处理生活中的相关问题,应树立崇高的人生理想,坚定政治信念,增强历史使命感。

2. 行列式从二阶推广到 n 阶,符合从感性到理性、从特殊到一般、从具体到抽象的逻辑认识过程

有限与无限思想揭示了变量与常量对立统一的关系。借助有限与无限思想,人们可以通过有限认识无限,通过不变认识变,通过量变认识质变,通过近似认识精确。认识事物须遵循从感性到理性、从特殊到一般、从具体到抽象的逻辑认识过程。行列式的定义从二阶、三阶推广到 n 阶符合这样的逻辑认识过程。在"行列式从有限推广至无限"的教学过程中,可以培养学生的认知意识,发展其观察能力,进而提高其抽象和逻辑思维能力。同时,定义中连加符号的使用,可以让学生体会数学符号的简洁之美。

3. 行列式展开须满足性质要求和展开条件,以此培养学生的规则意识

引导学生从行列式的计算方法中受到启发,在遇到复杂问题时尝试运用各种方法,将一个"高阶"的复杂问题最终化解成"低阶"的简单问题,鼓舞学生的斗志,培养学生解决问题的能力,提高学生的核心竞争力,促使学生遇到困难时能够通过不懈的探索使问题简单化,进而取得成功。值得注意的是,教师在引导学生化繁为简的过程中,一定要让学生遵守相应规则,即必须在满足行列式性质要求和展开条件的基础上进行行列式展开,培养学生的规则意识。

4. 特征值与特征向量在桥梁建造中的应用体现了"学以致用"的重要性,引导学生把握好正确的方向,坚守初心,牢记使命,永不动摇

共振是指一物理系统在特定频率下,相比其他频率以更大的振幅振动的情形,这些特定频率称为共振频率。当物理系统受到外界干扰时,相应的振动规律取决于干扰振动频率是否与其固有频率一致,如果策动力的频率与该物体的固有频率正好相同,则自然物体振动的幅度会达到最大,称为共振。共振现象引发了一系列灾难。例如,1849 年,法国昂热市有一座 100 多米长的大桥,一队士兵在指挥官的指挥下步调一致地过桥,大桥突然坍塌,造成 266 人溺水身亡。再如,1940 年,美国华盛顿州塔科马峡悬索桥全长 853 米,当时居世界悬索桥第三位,建成后仅 4 个月就因一阵风引起的共振而被摧毁。

特征值和特征向量不仅有着广泛的应用,而且还蕴含着丰富的人生哲理。特征向量代表着线性变换的一个稳定的方向,当特征值为正时,其方向不会改变。这可以启迪学生在人生成长道路中,坚持正确稳定的方向。坚守初心,牢记使命,永不动摇。

◎ 案例三十七——多元线性回归

一、素质教育目标

1. 培养学生利用"因果关系"辩证法,删繁就简,去粗存精,凝练升华,化为己用的能力。

2. 引导学生学会从林林总总的表象中发现事物的本质。

二、教学内容

多元线性回归一般是指具有一个因变量(y)与多个(两个或两个以上)自变量(x),且各自变量均为一次项的回归分析。多元线性回归模型和计算过程与一元线性回归类似,不同的是计算过程更为复杂。

(一)多元线性回归模型

设因变量 y 与自变量 $x_1, x_2, \cdots, x_m$ 间的多元线性回归模型如下:

$$y_i = \mu_y + \beta_1(x_1 - \mu_{x_1}) + \beta_2(x_2 - \mu_{x_2}) + \cdots + \beta_m(x_m - \mu_{x_m}) + \varepsilon_i \tag{7-10}$$

式中,$\mu_y, \mu_{x_1}, \mu_{x_2}, \cdots, \mu_{x_m}$ 分别是 $y, x_1, x_2, \cdots, x_m$ 的总体平均数;$\beta_j(j=1,2,\cdots,m)$ 为因素 x_j 对 y 的偏回归系数;ε_i 为随机误差,服从 $N(0, \sigma_y^2)$ 的正态分布,其中 σ_y 称作回归估计标准误。

当 $\beta_0 = \mu_y - \beta_1\mu_{x_1} - \beta_2\mu_{x_2} - \cdots - \beta_m\mu_{x_m}$ 时,回归模型形式变化如下:

$$y_i = \beta_0 + \beta_1 x_1 + \beta_2 x_2 + \cdots + \beta_m x_m + \varepsilon_i \tag{7-11}$$

对于样本而言,多元线性回归方程表示为

$$\hat{y} = \bar{y} + b_1(x_1 - \bar{x}_1) + b_2(x_2 - \bar{x}_2) + \cdots + b_m(x_m - \bar{x}_m) \tag{7-12}$$

或

$$\hat{y} = b_0 + b_1 x_1 + b_2 x_2 + \cdots + b_m x_m \tag{7-13}$$

式(7-13)中,b_0 为 β_0 的样本估计值,可由下式计算:

$$b_0 = \bar{y} - b_1\bar{x}_1 - b_2\bar{x}_2 - \cdots - b_m\bar{x}_m \tag{7-14}$$

(二)多元线性回归方程的建立

可根据最小二乘法的原理,使离差平方和 Q 最小,即使 $Q = \sum(y - \hat{y})^2 = \sum[y - \bar{y} - b_1(x_1 - \bar{x}_1) - b_2(x_2 - \bar{x}_2) - \cdots - b_m(x_m - \bar{x}_m)]^2$ 有最小值。

令 $Y = y - \bar{y}, X_1 = x_1 - \bar{x}_1, X_2 = x_2 - \bar{x}_2, \cdots, X_m = x_m - \bar{x}_m$,则

$$Q = \sum(Y - b_1 X_1 - b_2 X_2 - \cdots - b_m X_m)^2$$

为了使 Q 有最小值,令 $b_1, b_2, \cdots, b_m$ 的偏微分方程的值为 0,如下所示:

$$\frac{\partial Q}{\partial b_1} = -2 \sum (Y - b_1 X_1 - b_2 X_2 - \cdots - b_m X_m) X_1 = 0$$

$$\frac{\partial Q}{\partial b_2} = -2 \sum (Y - b_1 X_1 - b_2 X_2 - \cdots - b_m X_m) X_2 = 0$$

$$\cdots\cdots$$

$$\frac{\partial Q}{\partial b_m} = -2 \sum (Y - b_1 X_1 - b_2 X_2 - \cdots - b_m X_m) X_m = 0$$

将平方和 $\sum X_i^2$ 记为 SS_i，乘积和 $\sum X_i X_j$ 记为 SP_{ij}，$\sum X_i Y$ 记为 SP_{iy}，得正规方程组：

$$\begin{cases} b_1 SS_1 + b_2 SP_{12} + \cdots + b_m SP_{1m} = SP_{1y} \\ b_1 SP_{12} + b_2 SS_2 + \cdots + b_m SP_{1m} = SP_{2y} \\ \cdots\cdots \\ b_1 SP_{1m} + b_2 SP_{2m} + \cdots + b_m SS_m = SP_{my} \end{cases} \tag{7-15}$$

用矩阵形式表示为

$$\begin{pmatrix} SS_1 & SP_{12} & \cdots & SP_{1m} \\ SP_{12} & SS_2 & \cdots & SP_{2m} \\ \vdots & \vdots & & \vdots \\ SP_{1m} & SP_{2m} & \cdots & SS_m \end{pmatrix} \begin{pmatrix} b_1 \\ b_2 \\ \vdots \\ b_m \end{pmatrix} = \begin{pmatrix} SP_{1y} \\ SP_{2y} \\ \vdots \\ SP_{my} \end{pmatrix} \tag{7-16}$$

将系数矩阵记为 A，偏相关系数矩阵记为 b，常数矩阵记为 K，则式（7-16）可写作：$Ab=K$。若系数矩阵 A 的逆矩阵为 A^{-1}，则 $b=A^{-1}K$。

若 $A^{-1} = \begin{pmatrix} c_{11} & c_{21} & \cdots & c_{m1} \\ c_{12} & c_{22} & \cdots & c_{m2} \\ \vdots & \vdots & & \vdots \\ c_{1m} & c_{2m} & \cdots & c_{mm} \end{pmatrix}$，则

$$\begin{pmatrix} b_1 \\ b_2 \\ \vdots \\ b_m \end{pmatrix} = \begin{pmatrix} c_{11} & c_{21} & \cdots & c_{m1} \\ c_{12} & c_{22} & \cdots & c_{m2} \\ \vdots & \vdots & \vdots & \vdots \\ c_{1m} & c_{2m} & \cdots & c_{mm} \end{pmatrix} \begin{pmatrix} SP_{1y} \\ SP_{2y} \\ \vdots \\ SP_{my} \end{pmatrix} \tag{7-17}$$

通过式（7-17），建立了因变量 y 与自变量 $x_1, x_2, \cdots, x_m$ 的 m 元线性回归方程。

（三）线性回归方程和偏回归系数的检验

值得注意的是：t 检验与 F 检验结果一致。

$$F=\frac{U_i}{Q_y/(n-m-1)}=\frac{b_i^2/c_{ii}}{s_y^2}=\left(\frac{b_i}{s_y\sqrt{c_{ii}}}\right)^2=\left(\frac{b_i}{S_{b_i}}\right)^2=t^2$$

对于 t 检验和 F 检验，任选其一即可。

1. 线性回归方程的检验

因变量 y 的总平方和（SS_y）分解为回归平方和（U_y）和离回归平方和（Q_y）两部分。U_y 的自由度为 m，计算公式如下：

$$U_y=b_1SP_{1y}+b_2SP_{2y}+\cdots+b_mSP_{my} \tag{7-18}$$

Q_y 为实际观测值 y 和线性回归方程的估计值 $\hat{y}$ 之间的差值。

$$Q_y=SS_y-U_y \tag{7-19}$$

离回归自由度 $df=n-(m+1)=n-m-1$。

假设 $H_0:\beta_1=\beta_2=\cdots=\beta_m=0$，$H_1:\beta_1,\beta_2,\cdots,\beta_m$ 不全为零。用 F 检验法进行检验：

$$F=\frac{U_y/m}{Q_y/(n-m-1)} \tag{7-20}$$

服从 $df_1=m,df_2=n-m-1$ 的 F 分布。根据 F 值计算对应的概率或将 F 值与临界值对比判断多元回归模型的显著性。

2. 偏回归系数的检验

偏回归系数 β_i 的显著性检验假设为 $H_0:\beta_i=0;H_1:\beta_i\neq0$。具体可以采用 t 检验法或 F 检验法进行检验。

（1）t 检验

偏回归系数 b_i 的标准误为 s_{b_i}：

$$s_{b_i}=s_y\sqrt{c_{ii}} \tag{7-21}$$

式中，s_y 为因变量 y 的标准误，$s_y=\sqrt{Q_y/(n-m-1)}$；c_{ii} 为建立线性回归方程时系数矩阵 A 的逆矩阵 A^{-1} 主对角线上对应自变量 x_i 的元素。

由于 $(b_i-\beta_i)/s_{b_i}$ 符合 $df=n-m-1$ 的 t 分布，所以在假设 H_0 为 $\beta_i=0$ 时，根据

$$t=b_i^2/s_{b_i} \tag{7-22}$$

可检验 b_i 来自 $\beta_i=0$ 的总体的概率。

（2）F 检验

多元线性回归中，U_y 总是随着 m 的增大而增大，增加自变量 x_i 后增加的平方和 U_i，称为 y 在 x_i 上的偏回归平方和，计算公式为

$$U_i=b_i^2/c_{ii} \tag{7-23}$$

由于增加自变量 x_i 后增加的自由度为 1,所以由

$$F = \frac{U_i}{Q_y/(n-m-1)} \tag{7-24}$$

可检验 b_i 来自 $\beta_i = 0$ 的总体的概率。

(四)最优线性回归方程的建立

多元线性回归方程中含有不显著的因素时,线性回归方程也可能显著,为使方程能正确表达变量间的关系,需要剔除线性回归方程中不显著的自变量,保证线性回归方程中的自变量的偏回归系数达到显著水平,这时的线性回归方程称为最优线性回归方程。目前,最优线性回归方程的构建采用逐步回归方法。逐步回归分为逐步引入自变量和逐步剔除自变量两种方法。

【例 7-2】 表 7-5 是某种抗旱作物各单项指标的测定数据,试建立亩产量 (y) 与千粒重 (x_1)、每穗总粒数 (x_2) 和株高 (x_3) 的线性回归方程。

表 7-5 某种抗旱作物各单项指标的原始数据

序号	亩产量/kg	千粒重/g	每穗总粒数/粒	株高/cm
1	1 468.13	26.7	135.7	106.50
2	1 408.50	26.6	131.3	105.60
3	1 385.55	26.3	127.8	103.50
4	1 342.13	25.6	137.5	100.30
5	1 241.63	25.5	118.2	98.80
6	1 271.33	26.0	113.6	97.60
7	1 262.25	25.7	118.9	97.30
8	1 206.00	25.6	118.5	95.30
9	1 225.13	25.9	121.3	95.60
10	1 176.75	25.3	124.7	95.10
11	1 189.13	25.0	121.6	94.70
12	1 099.13	25.4	112.5	92.50
13	1 095.75	25.3	103.8	93.60
14	1 068.75	25.2	110.1	91.50
15	1 071.00	25.3	113.8	89.60

解 第一步,构建回归方程。

根据表7-5的数据,进行基础数据计算:

$\bar{x}_1 = 25.693$　　　$\bar{x}_2 = 120.620$　　　$\bar{x}_3 = 97.167$　　　$\bar{y} = 1\,234.077$

$SS_1 = 3.669$　　　$SS_2 = 1\,264.644$　　　$SS_3 = 351.193$　　　$SS_y = 219\,509.423$;

$SP_{12} = 40.872$　　　$SP_{13} = 31.327$　　　$SP_{23} = 532.100$

$SP_{1y} = 779.899$　　　$SP_{2y} = 14\,024.968$　　　$SP_{3y} = 8\,575.287$

可建立三元正规方程组:

$$\begin{pmatrix} 3.669 & 40.872 & 31.327 \\ 40.872 & 1\,264.644 & 523.100 \\ 31.327 & 523.100 & 351.193 \end{pmatrix} \times \begin{pmatrix} b_1 \\ b_2 \\ b_3 \end{pmatrix} = \begin{pmatrix} 779.899 \\ 14\,024.968 \\ 8\,575.287 \end{pmatrix}$$

由系数矩阵的逆矩阵计算偏相关系数矩阵为

$$\begin{pmatrix} b_1 \\ b_2 \\ b_3 \end{pmatrix} = \begin{pmatrix} 1.240\,771 & 0.014\,795 & -0.132\,714 \\ 0.014\,795 & 0.002\,236 & -0.004\,650 \\ -0.132\,714 & -0.004\,650 & 0.021\,612 \end{pmatrix} \times \begin{pmatrix} 779.899 \\ 14\,024.968 \\ 8\,575.287 \end{pmatrix} = \begin{pmatrix} 37.109 \\ 3.022 \\ 16.607 \end{pmatrix}$$

计算得 $b_1 = 37.109$, $b_2 = 3.022$, $b_3 = 16.607$; 代入式(7-14), 计算得 $b_0 = -1\,697.464$。

于是,三元线性回归方程为

$$y = -1\,697.464 + 37.109x_1 + 3.022x_2 + 16.607x_3$$

第二步,检验显著性。

根据方差分析表(见表7-6),由于 F 值对应概率 $P < 0.001$,推断建立的亩产量与千粒重、每穗总粒数和株高的线性回归方程达到极显著水平。

表 7-6　线性回归关系的方差分析

变异来源	SS	df	s^2	F	P
回归	213 726.902	3	71 242.301	1 135.523	<0.001
离回归	5 872.521	11	525.684		
总变异	219 509.423	14			

根据假设可知,回归方程达到极显著只能说明 β_i 中有不为零的情况,并不能说所有 β_i 均不为零,因此还需要逐个对 β_i 进行检验。

首先计算 $s_y = \sqrt{Q_y/(n-m-1)}$,然后依次计算其他统计量,结果整理如表7-7所示。

表 7-7　偏回归系数的检验

自变量	b_i	c_{ii}	$s_{b_i} = s_y \sqrt{c_{ii}}$	$t = b_i^2 / s_{b_i}$	$U_i = b_i^2 / c_{ii}$	$F = U_i / s_b^2$	P
千粒重 x_1	37. 108 9	1. 240 8	25. 539 2	1. 453 0	1 109. 848 9	1. 701 6	0. 174 1
每穗总粒数 x_2	3. 021 6	0. 002 2	1. 084 2	2. 786 9	4 082. 879 2	3 473. 242 8	0. 017 7
株高 x_3	16. 606 8	0. 021 6	3. 370 74	4. 926 9	12 760. 483 3	1 123. 152 4	<0. 001

根据表 7-7,千粒重(x_1)的偏回归系数 b_1 未达到显著水平($P = 0. 174 1$),每穗总粒数(x_2)的偏回归系数 b_2 达到显著水平($P = 0. 017 7$),株高(x_3)的偏回归系数 b_3 达到极显著水平($P < 0. 001$)。

第三步,建立最优线性回归方程。

对于一个建立的线性回归方程,只要某一因素的偏回归系数达到显著水平,遵循回归平方和只增不减的原则,线性回归方程总能达到显著水平。因此,与一元线性回归不同,多元线性回归的偏回归系数的显著性与线性回归方程的显著性不同。上例中,亩产量与千粒重、每穗总粒数、株高的线性回归方程达到极显著水平,但千粒重的偏回归系数未达到显著水平。

在线性回归方程 $y = -1 697. 464 + 37. 109 x_1 + 3. 022 x_2 + 16. 607 x_3$ 中,千粒重(x_1)的偏回归系数 b_1 未达到显著水平,所以去除千粒重(x_1),重新建立线性回归方程,得

$$y = -1 076. 316 + 20. 567 x_2 + 2. 579 x_3$$

对该线性回归方程进行检验,$F = 185. 089$,$P < 0. 001$;对偏回归系数进行检验,$t_2 = 2. 371 2$,$P = 0. 035 3$,$t_3 = 9. 968 9$,$P < 0. 001$。由于偏回归系数 b_2,b_3 均达到显著水平,故 $y = -1 076. 316 + 20. 567 x_2 + 2. 579 x_3$ 为最优线性回归方程。

根据上式,每穗总粒数每增加 1 粒,亩产量约增加 20. 567 kg;株高每长高 1 cm,亩产量约增加 2. 579 kg。

三、素质教育要素

1. 利用“因果关系”辩证法进行多元线性回归分析

（1）利用“因果关系”辩证法,让多元线性回归的自变量 x 删“繁”就“简”。

在多元线性回归的具体实现过程中,要重视多因(x_i)一果(y)的复合因果联系。一方面,要充分认识每一自变量 x_i 与因变量 y 是否存在因果关系。去掉与因变量 y 没有因果关系的自变量,保留有因果关系的自变量。另一方面,要全面分析研判自变量 x_i 与因变量 y 的相关关系程度,忽略因果关系程度较小的自变量($P > 0. 05$)。

（2）利用"因果关系"辩证法,让多元线性回归的自变量 x 去"粗"存"精"。

通过前一步工作,我们得到了影响因变量的主要自变量,但是自变量 x_i 与自变量 x_j 存在自相关性,会干扰多元线性回归分析结果。为了消除自变量的子项关系,再对这些自变量进行两两相关分析,保留相关系数>0.8 中的贡献率较大者。

（3）利用"因果关系"辩证法,判断多元线性回归残差的独立性。

首先对因变量（y）和回归残差（ε）进行标准化处理,以因变量（y）为横轴,以回归残差（ε）为纵轴,建立散点图。观察图中的散点是否存在某种规律,分析因变量（y）与回归残差（ε）有无相关关系,若散点存在某种规律或趋势,则回归残差不独立;反之,则回归残差是独立的。

2. 运用"因果关系"辩证法加强学生思想政治教育

（1）"因果关系"辩证法简化了思想政治教育方法。

思想政治教育实践高度重视多因多果的复合因果联系。首先,要充分认识思想政治教育工作的复杂性,详细分析学生反映的实际思想问题,既要考虑学生思想问题的共性,又要了解学生思想问题的个性。其次,为防止思想政治教育简单化、模式化"以尺量横、以尺量纵",教师要对学生思想问题产生的原因进行综合分析和判断。

（2）"因果关系"辩证法让思想政治教育柳暗花明。

思想政治教育的实践表明,当前学生思想问题的产生和演变是有其客观原因的。只有客观、充分地研究外界对学生思想产生影响的根本原因,才能有效地预测学生思想行为的目的性。

（3）"因果关系"辩证法让思想政治教育趋其本质。

思想政治教育的规律是人们能够认识和掌握的。教师只要善于运用马克思主义的立场、观点和方法,就可以对学生的思想政治教育工作进行探索和研究。思想政治教育应由"粗"走向"精",减少工作中的盲目性和随意性,进一步增强思想政治教育的自觉性和科学性。

（4）"因果关系"辩证法让思想政治教育得以创新。

思想政治教育工作者要在总结我党思想政治教育传统经验和做法的基础上,不断推进思想政治教育理念、方法和手段创新,切实增强思想政治教育的吸引力、感召力、感染力。特别是在自媒体、新媒体、融合媒体等多元传播时代,教师必须充分利用现代网络的优势,占据学校思政教育的新阵地,以先进的文化和理念,用强大的正能量引领广大学生树立正确的世界观、人生观、价值观,争当社会主义核心价值观的坚定信仰者、积极传播者和模范践行者。

3. 多元线性回归建模启示我们要树立世界眼光、把握时代脉搏

统计模型都源于实践应用,是无数学者探索总结的智慧结晶。一方面,多元线性回归不仅可以展示统计的魅力,还可以提升学生的思维能力,前人的智慧、思想和品质也将给学生带来精神的洗礼,对学生的思想品德的培育有着重要的作用。另一方面,建立模型的实质就是在纷繁复杂的现象(变量)之间寻找联系、寻找规律,由此可引申出对习近平总书记关于世界发展态势和国际格局变化论述的理解:要树立世界眼光、把握时代脉搏,要把当今世界的风云变幻看准、看清、看透,从林林总总的表象中发现本质,尤其要认清长远趋势。

◎ 案例三十八 ——— 主成分分析

一、素质教育目标

让学生了解改革开放以来我国居民生活发生的翻天覆地的变化,增强其奋斗强国的信心与决心。

二、教学内容

主成分分析(principal component analysis)是基于多个变量的线性变换筛选出少数重要变量的一种多元统计分析方法。在实际研究工作中,为了综合分析某些问题,往往会提出许多与其相关的变量,并且每个变量都不同程度地反映了主题的某些信息。但是,过多的变量会增加问题分析的复杂性,因此,人们自然希望能用较少的变量获得较多有用的信息。当两个变量之间存在一定的相关性时,这两个变量反映的该主题的信息存在一定的重叠。鉴于此,主成分分析对原先所有变量进行线性变换,建立尽可能少的新变量,且保证新变量间不相关,使得这些新变量在反映研究问题方面尽可能保持原有的信息。主成分分析首先是由 K. 皮尔森针对非随机变量引入的,之后 H. 霍特林将此方法推广到随机向量的情形。

1. 主成分分析的原理

设法将原来的变量重新组合成一组新的互相无关的几个综合变量,同时根据实际需要从中取出几个较少的综合变量尽可能多地反映原来变量的信息的统计方法叫作主成分分析或称主分量分析,这也是数学上处理降维的一种方法。

2. 主成分分析的基本思想

主成分分析是将众多原来具有一定相关性的变量(如 p 个变量),重新组合

成一组新的互相无关的综合变量,进而替换原来的变量。从本质上讲,新的综合变量是原来 p 个变量的线性组合。具体做法如下:用 F_1 表示第一个线性组合,F_1 的方差用 $\mathrm{Var}(F_1)$ 表示,该值越大表示第一个新的综合变量包含的信息越多。通常,在所有新的综合变量中选取方差最大的主成分为第一主成分(F_1)。当第一主成分包含原来 p 个变量的信息不够多时,要考虑选取第二个线性组合(F_2)为第二主成分,第一主成分已有的信息不需要出现在第二主成分中,$\mathrm{Cov}(F_1, F_2)=0$,依此类推,可以构造出第三个、第四个直至第 p 个主成分。

3. 主成分分析的基本步骤

在实际应用中,原先的变量的量纲往往不一致。为了消除量纲不一致对分析结果的影响,首先,将原始数据进行标准化处理;其次,进行变量间的相关性判定;第三,依据特征值和方差累积贡献率确定主成分个数;第四,计算得到主成分表达式,并对主成分进行命名。

【例 7-3】 附表 9 至附表 11 分别是 2015 年、2018 年、2021 年我国农村居民(暂未列入港澳台数据)对谷物、植物食用油、蔬菜、肉类、水产品、蛋类、奶类等主要食品的人均消费量,试对其进行主成分分析。

解 主成分分析可通过降维将多个指标转变为少数几个综合指标,提取重要信息,分析我国农村居民人均主要食品消费的特点。12 种居民消费食品的主成分分析及因子载荷见表 7-8。提取特征值大于 1 的主成分,2015 年、2018 年和 2021 年我国农村居民人均主要食品消费主成分分别有 3 个、3 个和 4 个。方差的累积贡献率分别是 71.84%,72.27% 和 79.20%,可用于解释我国农村居民人均主要食品消费的共性和差异性。

2015 年数据显示,旋转平方和载入,第一主成分的特征值为 3.400,其方差贡献率为 28.29%,在载荷矩阵(见表 7-9)中猪肉(0.906)、禽类(0.770)、水产品(0.740)和蔬菜(0.666)在第一主成分(F_1)中载荷较高,载荷系数均大于 0.5;第二主成分的特征值为 2.950,方差贡献率为 24.55%,谷物(0.856)、食糖(0.851)和牛肉(0.824)的载荷系数均大于 0.5;蛋类(0.831)、干果(0.746)和植物食用油(0.723)在第三主成分中载荷值较高。3 个主成分可以解释原有12 个指标总方差的 71.84%。

2018 年数据显示,第一、二、三主成分的特征值分别为 3.400,2.850 和 2.430,其方差贡献率分别为 28.35%,23.71% 和 20.21%。选取载荷系数均大于0.5 的变量(见表 7-10),第一主成分包括猪肉(0.897)、禽类(0.812)和水产品(0.752);第二主成分有蛋类(0.875)、干果(0.857)、蔬菜(0.677)和奶类

(0.637);第三主成分分别为食糖(0.816)、谷物(0.761)、植物食用油(0.717)和牛肉(0.614)。3 个主成分可以解释原有 12 个指标总方差的 72.27%。

2021 年数据显示,第一主成分的特征值为 2.820,其方差贡献率为 23.50%,在载荷矩阵(见表 7-11)中蛋类(0.867)、干果(0.864)和奶类(0.840)在第一主成分中载荷较高,载荷系数均大于 0.5;第二主成分的特征值为 2.478,其方差贡献率为 20.65%,水产品(0.938)、禽类(0.851)和猪肉(0.677)的载荷系数均大于 0.5;牛肉(0.858)和羊肉(0.692)在第三主成分中载荷系数较高;谷物(0.904)和食糖(0.749)在第四主成分中载荷系数较高。4 个主成分可以解释原有 12 个指标总方差的 79.20%。

表 7-8 特征值和累积贡献率

年份	主成分	初始特征值			提取平方和载入			旋转平方和载入		
		特征值	解释方差/%	累积方差/%	特征值	解释方差/%	累积方差/%	特征值	解释方差/%	累积方差/%
2015	1	4.174	34.78	34.78	4.170	34.78	34.78	3.400	28.29	28.29
	2	2.669	22.24	57.02	2.670	22.24	57.02	2.950	24.55	52.84
	3	1.778	14.82	71.84	1.780	14.82	71.84	2.280	19.00	71.84
2018	1	4.178	34.82	34.82	4.180	34.82	34.82	3.400	28.35	28.35
	2	2.848	23.73	58.55	2.850	23.73	58.55	2.850	23.71	52.06
	3	1.647	13.72	72.27	1.650	13.72	72.27	2.430	20.21	72.27
2021	1	4.221	35.17	35.17	4.221	35.17	35.17	2.820	23.50	23.5
	2	2.517	20.98	56.15	2.517	20.98	56.15	2.478	20.65	44.14
	3	1.708	14.24	70.38	1.708	14.24	70.38	2.474	20.62	64.76
	4	1.057	8.81	79.20	1.057	8.81	79.20	1.732	14.44	79.20

表 7-9 2015 年因子载荷矩阵

类别	因子载荷(主成分)		
	F_1	F_2	F_3
猪肉	**0.906**	0.007	−0.160
禽类	**0.770**	−0.051	−0.220
水产品	**0.740**	0.026	0.164
蔬菜	**0.666**	−0.205	0.474

类别	因子载荷(主成分)		
	F_1	F_2	F_3
羊肉	−0.644	0.344	0.033
谷物	−0.180	**0.856**	−0.147
食糖	0.240	**0.851**	−0.044
牛肉	−0.381	**0.824**	−0.263
奶类	−0.523	0.631	0.303
蛋类	0.112	−0.241	**0.831**
干果	−0.222	−0.348	**0.746**
植物食用油	−0.062	0.266	**0.723**

表 7-10 2018 年因子载荷矩阵

类别	因子载荷(主成分)		
	F_1	F_2	F_3
猪肉	**0.897**	−0.162	−0.068
禽类	**0.812**	−0.143	−0.072
水产品	**0.752**	0.214	−0.017
羊肉	−0.620	0.064	0.375
蛋类	0.016	**0.875**	−0.120
干果	−0.144	**0.857**	−0.261
蔬菜	0.609	**0.677**	−0.007
奶类	−0.506	**0.637**	0.236
食糖	−0.055	−0.252	**0.816**
谷物	−0.343	−0.265	**0.761**
植物食用油	0.077	0.279	**0.717**
牛肉	−0.462	−0.416	**0.614**

表 7-11　2021 年因子载荷矩阵

类别	因子载荷（主成分）			
	F_1	F_2	F_3	F_4
蛋类	**0.867**	0.014	−0.306	0.093
干果	**0.864**	−0.142	−0.235	0.009
奶类	**0.840**	0.024	0.298	−0.094
植物食用油	0.439	0.164	−0.325	0.411
水产品	0.153	**0.938**	−0.084	−0.019
禽类	−0.194	**0.851**	−0.201	−0.119
猪肉	−0.047	**0.677**	−0.512	0.256
牛肉	−0.329	−0.154	**0.858**	0.133
羊肉	0.024	−0.347	**0.692**	−0.08
蔬菜	0.495	0.471	−0.545	0.254
谷物	0.039	−0.038	−0.15	**0.904**
食糖	−0.069	−0.005	0.535	**0.749**

三、素质教育要素

2015 年、2018 年和 2021 年《中国统计年鉴》中全国农村居民人均主要食品消费量的原始数据主成分分析结果表明：以我国农村居民平均每人购买奶类、蛋类、蔬菜、谷物、牛肉、羊肉、猪肉、禽类等为研究变量，可对多个变量进行降维处理，即进行主成分分析。2015 年，第一因子主要反映猪肉、禽类、水产品和蔬菜的支出，说明这 4 个变量有较强相关性，可以归为一类，称为第一主消费因子（肉类）；第二因子主要反映谷物、食糖和牛肉的支出，可以归为一类，称为第二消费因子（主食）；第三因子主要反映蛋类、干果和植物食用油的支出，可以归为一类，称为第三消费因子（蛋类干果）。2018 年，第一因子主要反映猪肉、禽类和水产品的支出，可以归为一类，称为第一主消费因子（肉类）；第二因子主要反映蛋类、干果、蔬菜和奶类的支出，可以归为一类，称为第二消费因子（蛋类干果）；第三因子主要反映食糖、谷物、植物食用油和牛肉的支出，可以归为一类，称为第三消费因子（主食）。2021 年，第一因子主要反映蛋类、干果和奶类的支出，说明这 3 个变量有较强相关性，可以归为一类，称为第一主消费因子（蛋类干果）；第二因子主要反映水产品、禽类和猪肉的支出，可以归为一类，称为第二消费因子

(肉类 1);第三因子主要反映牛肉和羊肉的支出,称为第三消费因子(肉类 2);第四因子主要反映谷物和食糖的支出,可以归为一类,称为第四消费因子(主食)。

从时间长轴来看,主食消费支出由 2015 年的第二消费因子,变为 2018 年的第三消费因子,再变为 2021 年的第四消费因子。而营养价值高的蛋类干果的消费支出正好相反,2015 年、2018 年和 2021 年的消费因子分别是第三、第二和第一。2021 年,肉类分解为两个消费因子,其中,牛肉和羊肉的支出单独作为一类消费因子。这从侧面反映出,随着我国改革开放不断深入,农民的收入逐年提高,可以拿出更多钱购买营养价值高的牛羊肉、蛋类干果等,餐桌菜肴丰富多样。

◎ 案例三十九——聚类分析

一、素质教育目标

让学生体会数据聚类分析在生产实践中的作用,培养其家国情怀,提升其责任感,加深其对专业的认同感。

二、教学内容

分类学有广义和狭义之分。广义的分类学是指系统学,狭义的分类学是指生物分类学。在分类学产生的初始阶段,人们主要依靠经验和专业知识来实现分类,很少利用数学方法,致使许多分类带有主观性和任意性,不能很好地揭示客观事物内在的本质差别。随着生产技术和科学的发展,人们对事物的认识不断加深,使得分类越来越细,要求越来越高。为了克服古老分类学的不足,统计这个有用的工具逐渐被引进到分类学中,形成了数值分类学。随着多元统计分析方法的发展,数值分类学中分离出聚类分析。

聚类分析方法发展很快,并且在生物学、经济、管理、地质勘探、天气预报、医学、心理学、考古学等许多方面都取得了很有成效的应用,因此也使其成为国内外较为流行的多变量统计分析方法之一。

1. 聚类分析的基本思想

聚类分析是研究"物以类聚"的一种现代多元统计分析方法。其基本思想如下:由于所研究的样品(或变量)之间存在着不同程度的相似性(或亲疏关系),于是根据一批样品的多个观测变量,可以具体找出一些能够度量样品(或变量)相似程度的统计量,将这些统计量作为划分类型的依据,把一些相似程度较大的样品(或变量)聚为一类,把另外一些彼此之间相似程度较大的样品(或变量)聚为另外一类,关系密切的聚合到一个小的分类中,关系疏远的聚合到一个大的分类中,直到把所有的样品(或变量)聚合完毕,把不同的类型一一划分出来,形成一个由小到大的分类系统,最后把整个分类系统画成一张分类图(又称谱系图),用它把所有样品(或变量)的亲属关系表示出来。

聚类分析也有不同的分类:按聚类变量可分为样品聚类(又称 Q 聚类)和指标聚类(又称 R 聚类);按聚类方法可分为系统聚类法、动态聚类法、有序样品聚类法、模糊聚类法和图论聚类法。

2. 聚类分析的基本原则

聚类分析的基本原则是将有较大相似性的对象归为一类,而将差异较大的个体归入不同的类。为了将样品聚类,就需要研究样品之间的关系。一种方法是将每一个样品看作 p 维空间的一个点,并在空间定义距离,距离较近的点归为一类,距离较远的点则属于不同的类。另一种方法是以相似系数归类,性质越接近的变量,它们的相似系数越接近于1(或−1),彼此无关的变量的相似系数越接近于 0,比较相似的变量归为一类,不怎么相似的变量属于不同的类。但相似系数和距离有各种各样的定义,而这些定义和与变量的关系类型密切相关,可进行聚类的统计量有距离和相似系数。在介绍相似系数和距离之前,先介绍一下变量的类型。

在实际问题中,变量有的是定量的(如高度、质量等),有的是定性的(如抗病情况、产品等级等),因此变量(指标)的类型按以下三种尺度划分。

(1)间隔尺度。变量能用连续的量来表示,如长度、质量、比强度等。在间隔尺度中,若存在绝对零点,则称比率变量或比例尺度。

(2)有序尺度。度量变量时不用明确的数量来表示,而是用有序的等级来表示,如抗病情况分为免疫、高度抵抗、中度抵抗和易感染等;某产品分为上、中、下三等。

(3)名义尺度。度量变量时不用明确的数量来表示,也不用有序的等级来表示,而是用不同状态来表示。例如,性别变量有男、女两种状态,某杂交后代 F_2 代的花有红、黄和白三种颜色;又如,医学化验中有阴性和阳性两种结果。

在生物领域,我们面临的往往是比较复杂的研究对象,如果能把相似的样品归成类,处理起来就大为方便。所以聚类分析的目的就是把相似的研究对象归成类。

【例 7-4】 附表 12 至附表 15 分别列出了 2005 年、2010 年、2015 年和 2020 年我国各地区(暂未列入港澳台数据)农村居民家庭人均生活消费现金支出情况。由表可见,我国各地区农村居民生活现金支出主要用于食品、衣着、居住、家庭设备及服务、交通和通信、文教娱乐用品及服务、医疗保健等方面。

依据食品、衣着、居住、家庭设备及服务、交通和通信、文教娱乐用品及服务、医疗保健等方面人均消费情况,对我国 22 个省、5 个自治区和 4 个直辖市农村居民消费进行系统聚类,2005 年和 2010 年聚类结果分别如图 7-3、图 7-4 所示。

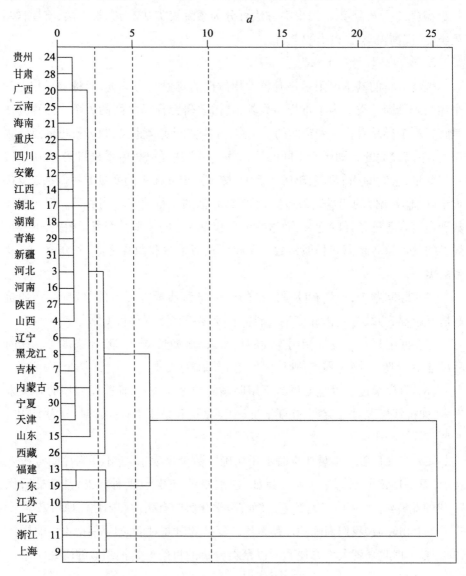

图 7-3　2005 年系统聚类图

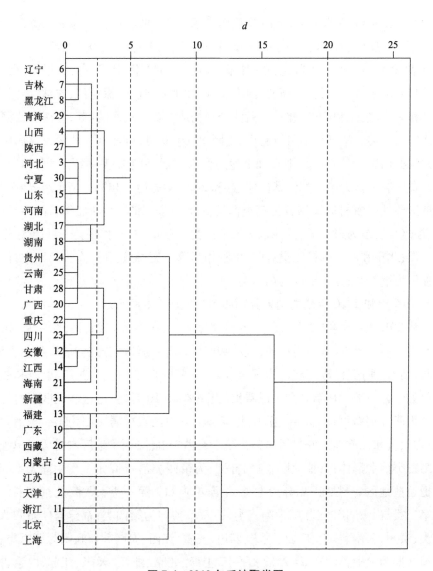

图 7-4　2010 年系统聚类图

从 2005 年分类结果看,重庆、四川、陕西、河南、江西、湖北、安徽、湖南、广西、青海、新疆、宁夏、河北、内蒙古、吉林、山西、贵州、云南、甘肃与海南,江苏、福建和广东,辽宁、黑龙江、山东和天津,北京与浙江分别构成一类。上海和西藏可单独作为一类。从谱系图可以看出,当距离 $d=10$ 时,可把这些地区农村居民划分为两类消费群体:北京、浙江和上海地区农村居民归为第一类消费群体,其他地区农村居民归为第二类消费群体。当距离 $d=5$ 时,则可把这些地区农村居民划分为三类消费群体:上海单独作为第一类;北京和浙江为第二类;其他地区为第三类。在 $d=2.5$ 水平上，上海单独作为第一类；北京和浙江为第二类；江苏、福建、广东、辽宁、黑龙江、山东和天津归为第三类；其他地区为第四类。

从 2010 年分类结果看，贵州、甘肃、广西、云南与海南，重庆、四川、安徽、江西、湖北、湖南、青海、新疆、河北、河南、陕西和山西，辽宁、黑龙江、吉林、内蒙古、宁夏和天津，福建和广东，北京与浙江分别构成一类。山东、江苏、上海和西藏可单独作为一类。从谱系图可以看出，当距离 $d=10$ 时，可把这些地区农村居民划分为两类消费群体：北京、浙江和上海地区农村居民归为第一类消费群体，其他地区农村居民归为第二类消费群体，这和 2005 年的情况相同。当距离 $d=5$ 时，可把这些地区农村居民划分为三类消费群体：上海、北京和浙江作为第一类；江苏、福建与广东为第二类；其他地区为第三类。在 $d=2.5$ 水平上，上海单独作为第一类；北京和浙江为第二类；江苏单独作为第三类；福建和广东为第四类；西藏单独作为第五类；其他地区为第六类。

2015 年和 2020 年聚类结果分别如图 7-5、图 7-6 所示。

从 2015 年分类结果看，辽宁、吉林和黑龙江，山西和陕西，河北、宁夏、山东和河南，贵州、云南、甘肃与广西，重庆和四川，安徽与江西分别构成一类。青海、湖北、湖南、海南、江苏、新疆、内蒙古、天津、福建、广东、北京、浙江、上海和西藏可单独作为一类。从谱系图可以看出，当距离 $d=10$ 时，可把这些地区农村居民划分为四类消费群体：天津、浙江、北京和上海地区农村居民归为第一类消费群体；内蒙古和江苏地区农村居民归为第二类消费群体；西藏地区农村居民单独归为第三类消费群体；其他地区农村居民归为第四类消费群体。当距离 $d=5$ 时，可把这些地区农村居民划分为七类：上海单独归为第一类；天津、北京和浙江归为第二类；内蒙古和江苏归为第三类；西藏单独归为第四类；福建与广东归为第五类；贵州、云南、甘肃、广西、重庆、四川、安徽、江西、海南和新疆归为第六类；其他地区归为第七类。在 $d=2.5$ 水平上，上海、北京、浙江、天津、江苏、内蒙古和西藏分别单独作为一类（第一至七类）；福建与广东为第八类；新疆单独为第九类；重庆、四川、安徽、江西和海南为第十类；贵州、云南、甘肃和广西作为第十一类；湖北和湖南为第十二类；其他地区为第十三类。

从 2020 年分类结果看，山西和甘肃，贵州与云南，江西与广西，山东、宁夏和陕西，内蒙古、黑龙江、辽宁和吉林，重庆和四川，河北和河南，广东与福建，安徽与湖北分别构成一类。海南、青海、湖南、新疆、西藏、江苏、浙江、北京、天津和上海可单独作为一类。从谱系图可以看出，以 $d=10$ 为界，可把这些农村居民划分为五类消费群体：上海地区农村居民单独为第一类消费群体；江苏、浙江、北京和天津地区农村居民归为第二类消费群体;西藏地区农村居民单独作为第三类消费群体;新疆地区农村居民单独作为第四类消费群体;其他地区农村居民为第五类消费群体。当距离 $d=5$ 时,则可把这些地区农村居民划分为九类:上海、天津和北京分别作为第一至三类;江苏和浙江作为第四类;西藏为第五类;新疆为第六类;福建、广东、安徽、湖北和湖南作为第七类;山西、甘肃、贵州、云南、江西、广西和海南为第八类;其他地区为第九类。在 $d=2.5$ 水平上,上海、天津、北京、浙江、江苏、西藏和新疆分别作为第一至七类;安徽、湖北和湖南为第八类;福建与广东为第九类;重庆、四川、河北和河南为第十类;内蒙古、黑龙江、辽宁和吉林为第十一类;山东、宁夏和陕西为第十二类;江西、广西和海南为第十三类;山西、甘肃、贵州和云南为第十四类。

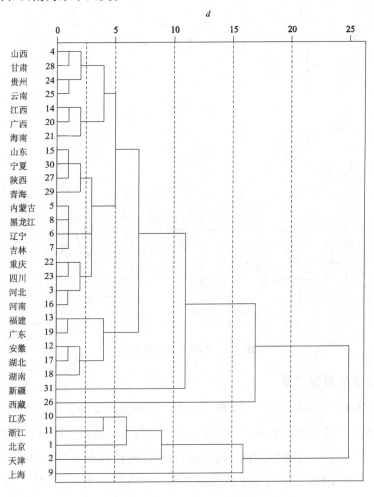

图 7-5　2015 年系统聚类图

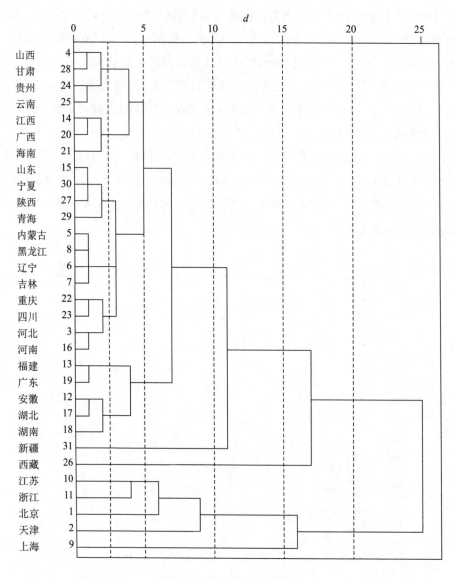

图 7-6　2020 年系统聚类图

三、素质教育要素

对 2005 年、2010 年、2015 年和 2020 年《中国统计年鉴》中全国居民分地区人均消费支出数据进行系统聚类研究,结果表明:我国农村居民消费支出分类效果较好,且不同地区的消费结构有各自的特点。从谱系图可以看出,以 $d=10$ 为界,2005 年和 2010 年居民分地区人均消费支出可以分为两类,第一类为北京、浙江和上海,北京和上海是中国的政治中心和文化中心,浙江是中国的经济金融中心,因此其食品支出、家庭设备及服务支出、文教娱乐用品及服务支出、医疗保健支出和其他商品及服务支出远远高出全国平均水平。到 2015 年,以 $d=10$ 为界,居民分地区人均消费支出可以划分为四类。到 2020 年,以 $d=10$ 为界,居民分地区人均消费支出可以划分为五类。从 2005 年到 2020 年,不同地区农村居民消费结构差异越来越明显,从侧面反映出我国农村居民消费水平逐年提高,地区差异越来越明显。

农村居民收入水平是影响农村居民消费需求最直接的因素,并最终决定着农村居民的消费层次和消费结构。从 2005 年到 2020 年,这些地区农村居民的消费层次逐年提高,消费结构越来越合理,说明我国改革开放取得了丰硕的成果,农村居民生活质量明显提高,并逐步迈向小康生活。通过聚类图向学生展示农村居民生活水平的变化,增强学生的民族自豪感和幸福感,增强学生的强国之志。

第 8 章　实验设计

　　实验设计(experiment design)是由 R. A. Fisher 于 20 世纪 20 年代应农业科学研究的需要而创立并发展起来的。实验设计方法是数理统计学的应用方法之一。实验设计是指导实验研究工作的一门重要学科。通过科学的实验设计,可以大大提高实验的效率和效果。实验设计的科学性、正确性将直接关系到实验结果的可信度、代表性和准确性。因此,生物学的实验设计必须遵循一定的原则,按照一定的方法,在严格的控制条件下进行,以保证实验结果的正确性和可重复性。为了达到实验研究的预期目的,在实验前,必须按照统计学的要求制订一份完整的实验方案。常用的实验方案可分为两类:顺序排列的实验方案和随机排列的实验方案。前者侧重于使实验更方便实施,常用于处理大量样本,对精度要求不高,不需要做统计推断的早期实验或初步实验。后者常用于精度要求高的实验,强调对实验有合理的实验误差估计,以便在实验表面效应与实验误差进行比较时得出结论。常用的实验设计方法有完全随机设计、随机单元组设计、拉丁方设计、交叉设计、正交设计和测量设计。

◎ 案例四十——实验方案

一、素质教育目标

引导学生凡事做好计划并科学地按计划执行,不盲目行动。

二、教学内容

　　实验方案(experimental scheme)是根据实验目的和要求进行比较的一组实验处理(treatment)的总称,是整个实验工作的核心部分。因此,必须慎重考虑和拟订实验方案。实验方案主要包括实验因素的选择和水平的确定等内容。

　　1. 实验因素与水平

　　在生物学研究中,无论是植物还是微生物,其生长发育和最终产物都受到多种因素的影响,其中一些是自然因素,如光照、温度、湿度、空气、土壤、病虫害等。在对肥料、水、生长素、杀虫剂等植物生长条件进行科学实验时,应在大多数因素固定的情况下考察一种或多种因素的影响,从变动一个或几个因子的不同处理中比较鉴别出最佳的一个或几个处理。固定因素在整个实验过程中保持一致,可形成一个相对一致的实验条件。发生变化并有待比较的一组处理的因素称为实验因素,简称因素或因子(factor)。实验因素的量的不同级别或质的不同状态称为水平(level)。水平可以是定量的,如生长素的不同浓度、水分含量的比例等具有量的差异,称为数量水平;也可以是定性的,如供试的不同品种、品质级别等具有质的区别,称为质量水平。数量水平不同级别间的差异可以等间距,如 20 ℃,30 ℃,40 ℃,50 ℃;也可以不等间距,如 0.01 mg/mL,0.1 mg/mL,0.5 mg/mL,5 mg/mL。所以实验方案是由实验因素与其相应的水平组成的,其中包括比较的标准水平。

2. 实验指标与效应

用于衡量实验效果的指示性状称为实验指标(experimental indicator)。一个实验中可以选用单指标,也可以选用多指标,这根据具体要求确定。例如,农作物品种比较实验中,衡量品种的优劣、适用或不适用,围绕育种目标需要考察生育期(早熟期)、丰产性、抗病性、抗虫性、耐逆性等多个指标。当然,一般田间实验中最重要的是产量这个指标。

各种专业领域的研究对象不同,实验指标就不同。例如,研究杀虫剂的作用时,实验指标不仅要看防治后植物受害程度,还要看昆虫群体对杀虫剂的反应。在设计实验时要合理地选用实验指标,它决定了观测记载的工作量。过于简单则难以全面准确地评价实验结果;过于烦琐又会增加许多不必要的工作。实验指标较多时还要分清主次,以便抓住主要矛盾。

实验因素对实验指标所起的作用称为实验效应(experimental effect)。例如,某小麦品种施肥量实验,每公顷施氮 10 kg,小麦产量为 300 kg,每公顷施氮 15 kg,小麦产量为 410 kg,则在每公顷施氮 10 kg 的基础上增施 5 kg 的效应为 410−300＝110(kg/公顷)。这一实验属单因素实验,在同一因素内两种水平实验指标的相差属简单效应(simple effect)。

在多因素实验中,既可以了解各因素的简单效应,又可以了解各因素的平均效应和因素间的交互作用。表 8-1 为某豆科植物施氮(N)、磷(P)的 2×2＝4 种处理组合(N1P1,N1P2,N2P1,N2P2)实验结果的假定数据,用以说明各种效应。
① 一个因素的水平相同,另一因素不同水平间的产量差异仍属简单效应。如表

8-1 中 20-10＝10 就是同一 N1 水平时 P2 与 P1 间的简单效应；30-16＝14 为在同一 N2 水平时 P2 与 P1 间的简单效应。16-10＝6 为同一 P1 水平时 N2 与 N1 间的简单效应；30-20＝10 为同一 P2 水平时 N2 与 N1 间的简单效应。② 一个因素内各简单效应的平均数称平均效应，亦称主要效应(main effect)，简称主效。如表 8-1 中 N 的主效为(6+10)/2＝8，这个值也是两个氮肥水平平均数的差数，即 23-15＝8；P 的主效为(10+14)/2＝12，这个值也是两个磷肥水平平均数的差数，即 25-13＝12。③ 两个因素简单效应间平均差异称为交互作用效应(interaction effect)或互作效应，简称互作。它反映一个因素的各水平在另一因素的不同水平中反应不一致的现象。将表 8-1 以图 8-1 表示，可以明确看到，图 8-1a 中的两直线平行，反应一致，表示没有互作，交互作用的具体计算为(8-8)/2＝0 或(6-6)/2＝0。图 8-1b 中在 N2 处产量比在 N1 处增长幅度大，直线上升快，表示有互作，交互作用为(14-10)/2＝2 或为(10-6)/2＝2，这种互作称为正互作。图 8-1c,d 中，P2-P1 在 N2 时比在 N1 时增产幅度减小，直线上升缓慢，甚至下落呈交叉状，这时有负互作。图 8-1c 中的交互作用为(6-10)/2＝-2，图 8-1d 中的交互作用为(0-10)/2＝-5。

表 8-1　2×2 实验数据

实验	因素	氮（N）				
		水平	N1	N2	平均	N2-N1
Ⅰ	磷（P）	P1 P2	10 20	16 26	13 23	6 6
		平均 P2-P1	15 10	21 10	10	6 0,0/2＝0
		水平	N1	N2	平均	N2-N1
Ⅱ	磷（P）	P1 P2	10 20	16 30	13 25	6 10
		平均 P2-P1	15 10	23 14	12	8 4,4/2＝2
		水平	N1	N2	平均	N2-N1
Ⅲ	磷（P）	P1 P2	10 20	16 22	13 21	6 2
		平均 P2-P1	15 10	19 6	8	4 -4,-4/2＝-2

续表

实验	因素	氮（N）				
		水平	N1	N2	平均	N2−N1
IV	磷（P）	P1 P2	10 20	16 16	13 18	6 4
		平均 P2−P1	15 10	16 0	5	5 −10，−10/ 2＝−5

　　因素间的交互作用只有在多因素实验中才能反映出来。交互作用显著与否直接关系到主效应的应用价值。若交互作用不显著，则各因素的效应可以累加，主效应就代表了各个简单效应。在正互作时，从各因素的最佳水平推论最优组合，估计值要偏低些，但仍有应用价值。若为负互作，则根据相互作用的不同情况来确定其应用价值。图 8-1c 由单增施氮（N2P1）及单增施磷（N1P2）来估计氮、磷肥皆增施（N2P2）的效果会估值过高，但 N2P2 还是最优组合，还有一定的应用价值。而图 8-1d 中 N2P2 反而减产，如从各因素的最佳水平推论最优组合将得出错误的结论。

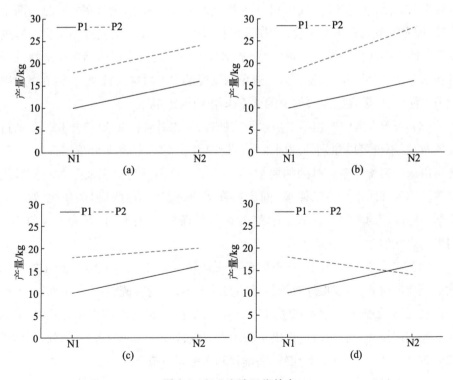

图 8-1　2×2 实验互作效应

两个因素间的互作称为一级互作(first order interaction)，三个因素间的互作称为二级互作(second order interaction)，以此类推。一级互作实际意义明确，二级以上的高级互作实际意义不大，一般不予考察。

3. 实验方案的制订

要拟订一个正确有效的实验方案，应认真考虑以下几个方面的问题：

(1) 围绕实验的目的，明确实验要解决的问题。制订实验计划前，应通过回顾前期研究进展、调查交流、文献检索等，明确实验目的，形成研究课题及其延伸思路，这样提出的实验计划能够准确有效地解决问题。

(2) 根据实验目的、任务和条件确定供试因素及其水平。测试的因素一般不宜过多，需抓住一两个或几个主要因素，解决关键问题。各因素的水平数也不宜过多，各水平之间的距离要适当，使各水平能够清楚地区分，并包含最佳水平范围。例如，通过某种杀虫剂控制某种虫害，设置杀虫剂浓度为 5，30，55，80，105 mg · L^{-1} 等 5 个水平，其间距为 25 mg · L^{-1}。若间距缩小至 5 mg · L^{-1}，则水平数不够多时，参试浓度的范围窄，会遗漏最佳水平范围，而且水平间差距过小时，实验效应受误差干扰不易有规律性地显示出来。如果实验涉及的因素较多，一时难以选择，或者各因素最优水平的可能范围难以估计，则可将实验分为两个阶段，即先做单因素预备实验，往往进行较多的处理，较少重复或不重复。通过预实验能准确地控制无关变量，确定基础水平。正式实验根据预实验选择的因素和水平，设置更多的重复。为了避免测试规模太大而难以管理，实验方案原则上力求简单，单因素实验可解决的就不采用多因素实验。

(3) 实验方案中应包括对照水平或处理，简称对照(check，符号 CK)。通过设置对照，不仅可以甄别处理因素与非处理因素效应，排除非处理因素的干扰，还可以减少实验误差。对照的要求：第一要求"对等"，对照组要具备与实验组对等的非处理因素。第二要求"同步"，在实验过程中，对照组与实验组始终处于同一空间和同一时间。第三要求"专设"，任何一个对照组都是为相应的实验组专门设立的。

(4) 实验方案中应注意比较间的唯一差异原则，以便正确地解析出实验因素的效应。例如，小麦根外喷施氮肥的实验方案，设置喷施氮肥为 A 处理，不喷施氮肥为 B 处理，则两者间的差异既有氮肥的作用，也有水的作用。此时，氮和水的作用混杂在一起很难解析出实验因素效应，如果增加喷水(C)的处理，就可以通过 A 与 C 及 B 与 C 的比较，明确氮和水的相对重要性。

(5) 在制订实验方案时，必须正确处理实验因素和实验条件之间的关系。

在实验中,只改变实验因素的水平,而其他因素保持不变并固定在一个恒定水平。根据相互作用的概念,特定实验因素在一种条件下的最优水平可能不是另一种条件下的最优水平,反之亦然。例如,小麦品种扬麦 1 号和水稻品种农垦58 号,在产品对比实验乃至区域实验阶段均未展现出突出优势。但是,在广泛推广时发现了它们的潜力,这表明其潜能在一定的实验条件下表现有限,而在另一种实验条件下被激发。因此,在制订实验方案时一定要设置好实验条件,千万不要以为强调实验条件的一致性就可以得到正确的实验结果。例如,品种比较实验应设置密度、施肥水平等一系列实验条件,使其具有代表性和典型性。由于单因素实验必须限制实验条件,因此可以将可能有互作的条件作为实验因素进行多因素实验,或者同一单因素实验在多种条件下分别进行。多因素实验可比单因素实验提供更多的效应估计,具有单因素实验无可比拟的优势。但是,随着实验因素数量的增加,处理组合的数量迅速增加,往往难以进行全面实验(称为完全实施),这就是为什么过去多因素实验在处理中的应用常受到限制。

三、素质教育要素

1. 好的实验设计能产生事半功倍的效果

战国时期伟大的思想家孟子,曾与他的学生公孙丑讨论统一天下的问题。他们从周文王说起,说当时的文王以方圆百里的小国为基础,施行仁政,创造了丰功伟绩。孟子说:"当今之时,万乘之国行仁政,民之悦之,犹解倒悬也。故事半古之人,功必倍之,惟此时为然。"这两句话的意思是:"今天,像齐国这样的大国如能施行仁政,天下老百姓必定十分喜欢,犹如替他们解除痛苦一般。所以,给百姓的恩惠只及古人的一半,而获得的效果必定能够加倍,现在正是最好的时机。"后来人们便根据孟子所说的这两句话,用"事半功倍"来形容做事所花力气较小而收到的效果甚大。

所谓实验设计,实际就是实验的安排和相应的后续统计分析,设计实验的目的就是以最少的实验次数取得最理想的实验结果。虽然做综合实验可以获得更多的信息,但是成本很高,而且人们并不需要那么多信息。研究工作中做好实验设计非常关键,通常能起到事半功倍的效果,因此应引导学生注重研究规划与设计。

2. 在一定的条件下实现各方利益最大化,是和谐社会发展的目标

实验设计就是在一定条件下追求"利益最大化",首先应保证实验结果科学可靠,其次要确保人力、物力花费最少,最后要确保用时最短。

历史唯物主义认为,逐利是社会进步的强大动力,也是社会矛盾和冲突的重

要根源。在利益多元化的今天,如何兼顾和协调各方利益成为社会建设的重要课题。推动社会发展归根结底是要形成一种合理的利益分配关系,这种关系应该兼顾社会各行各业的利益和需求。只有不断地促进公平分配,减少收入不平等,与社会建设者共享发展成果,才会激发人们构建和谐社会的愿望,激发每个人的创造力。

◎ 案例四十一——实验误差及其控制

一、素质教育目标

让学生明白失败并不可怕,要勇于面对,积极寻找导致失败的原因并设法解决,培养独立、自信、自强的个人品质。

二、教学内容

1. 实验误差的概念

实验观察或测量提供的实验数据可作为推断实验结果的依据。然而,研究人员获得的实验数据往往存在误差。例如,测定 5 号甜玉米品种籽粒的含糖量,取一个样品,测得结果为 13.50%,再取一个样品,测得结果为 13.98%,两者是同一品种的籽粒,理论上含糖量应相等,但实际测量值却不等。如果再继续取样测定,所获得的数据可能各不相等,这表明实验数据间确有误差。通常将每次取样测定的结果称为一个观测值(observation),以 y 表示,则有 $y = \mu + \varepsilon$,即观测值=真值+误差。每一观测值都有一误差 ε,可正可负。

若上述玉米籽粒一部分在冷库中保存,另一部分常温保存。同样,取样品测定其含糖量,每一观测值均包含误差。由于玉米籽粒在常温条件下长期保存后,其含糖量会有所降低,所以在不同存储状态下,玉米籽粒的含糖量观测值间存在差异。也就是说,对同一块田里同一品种种子的含糖量进行测定,观测值间必然存在差异,这种差异可归结为两种情况:一种是完全偶然性的,找不出确切原因的,称为偶然误差(spontaneous error)或随机误差(random error);另一种是有一定原因的,称为偏差(bias)或系统误差(systematic error)。若以上例中冷库保存的玉米籽粒为比较的标准,其籽粒含糖量的观测值可表示为

$$y_A = \mu + \varepsilon_A$$

在常温下保存的籽粒含糖量的观测值可表示为

$$y_B = \mu + \alpha_B + \varepsilon_B$$

式中,μ 代表 5 号品种籽粒含糖量的真值(理论值);ε_A,ε_B 分别为每一样品观测

值的随机误差;α_B 则为常温保存下(可能由于呼吸作用)出现的偏差或系统误差。两种保存方法下籽粒含糖量的差为

$$y_B - y_A = \alpha_B + (\varepsilon_B - \varepsilon_A)$$

这个差数包含了系统偏差和随机误差两个部分。

　　实验数据的准确性与实验误差密切相关。系统误差越大,数据偏离其理论真值越远,影响数据的准确性;偶然误差会使数据相互分散,影响数据的精密度。图 8-2 以打靶的情况来说明准确度和精密度。若以中心为理论真值,则图 8-2a 表示 6 次射击的准确度和精密度都非常好;图 8-2b 表示 6 次射击偏离中心,有系统偏差但很集中,准确度差,而精密度甚佳;图 8-2c 表示 6 次射击既打不到中心,又很分散,准确度和精密度均很差;图 8-2d 表示 6 次射击很分散,但能围绕中心打,平均起来有一定准确度,但精密度很差。

　　生物学实验中,常常采用比较实验来衡量实验的效应。如果两个处理均受同一方向和大小的系统误差干扰,那么对两个处理效应之间的比较影响不大。如果两个处理分别受两个不同方向和大小的系统误差干扰,便会严重影响两个处理效应间的真实比较。但一般的实验,只要误差控制得好,后面一种情况出现得就较少。因此,研究工作者在正确设计并实施实验计划的基础上,要十分重视精密度或偶然误差的控制,因为这会直接影响到统计推论的正确性。

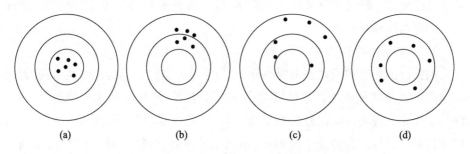

　　(a)　　　　　　(b)　　　　　　(c)　　　　　　(d)

图 8-2　准确度与精密度

2. 实验误差的来源

　　一般而言,科学实验的误差主要来源于实验材料、测试方法、仪器设备及试剂、实验环境条件和实验操作。

　　田间实验是生物学研究中最常用的研究方法。它与其他研究方法相比有很多特殊性,最重要的是它以生物体的反应作为实验指标,实验是在开放的自然条件下进行的。生物体、自然气候和土壤本身存在多种差异,因此野外实验中的误差控制尤为重要。为做好现场实验,必须认真分析可能的实验误差来源,力求控

制和减少误差。

对于田间实验,误差来源主要有以下几个方面。

第一,实验材料固有的差异。在田间实验中,实验材料通常是植物,它们在遗传和生长发育方面往往会存在差异,如实验用的材料基因型不一致,种子生活力有差别,秧苗素质有差异等,均能致使实验结果产生偏差。

第二,实验过程中,农业经营管理技术不统一造成的差异。现场供试材料的生长周期长,实验过程中各个管理环节的疏忽都会增加实验误差。例如:①播前整地施肥不一致,或播种时播种深度不一致;②作物生长发育过程中的田间管理(包括中耕、除草、灌溉、施肥、防病、防虫等)和操作标准不一致;③收获和脱粒过程中操作标准不一致,或观察和测量的时间、人员和仪器不一致。

第三,实验外部条件有差异。田间实验条件差异最主要是指实验场地的土壤差异,土壤肥力不均匀造成的条件差异对实验误差的影响最大,也最难控制。其他还有病虫害的侵袭、人畜的践踏、风雨的影响等,它们通常是随机的,每次处理所受到的影响也不完全相同。

上述差异都会不同程度地影响实验,从而导致实验产生误差。以上三个方面的现场实验误差来源因素会产生系统偏差或随机误差。实验误差和实验中发生的差错是两个完全不同的概念。在实验过程中,差错是绝对不允许的,但误差是不可避免的。研究者应采取一切措施,减少各种来源的差异,减少误差,保证实验的准确度和精密度。

3. 实验误差的控制

根据以上关于实验误差来源的分析,为了保证实验结果的正确性,研究人员必须积极预防各种系统误差;尽量控制在不同阶段、不同层次出现的随机误差,使其最小化。现场实验误差控制要逐项落实,确保实验材料、现场作业管理、实验条件的一致性。为防止系统偏差,田间实验应严格遵循"唯一差异性原则",尽量排除其他非处理因素的干扰。

三、素质教育要素

1. 用心成就细节,细节决定成败

细节往往因其"小",而容易被人忽视,让人掉以轻心;因其"细",而使人感到烦琐,或者对其不屑一顾。但这些小事和细节,往往是事物发展的关键和突破口,关系到最终的成败。选择实验材料是实验设计的一个环节,也是决定实验成败的关键环节。生物学实验中,实验材料的基因型必须同质一致。至于生长发育上的一致性,若秧苗大小、壮弱不一致,则可按大小、壮弱分档,而后将同一规格的安排在同一区组的各处理单位,或将各档按比例混合分配于各处理中,从而减少实验的差异。要想做好实验,目标要细,要求要细,责任要细,措施要细。

2. 严格规范实验操作,使之标准化,培养工匠精神

实验中,一切管理操作、观察测量和数据收集都应严格规范,并以区组为单位进行处理,减少可能发生的差异。如果整个实验的某一特定操作不能在一天内完成,则应至少完成一个区块内所有地块的工作。这样如果此田和彼田有差异,可以通过分块来控制。多人同时作业时,同样的技术,不同的人往往会得到不同的结果,如施肥、喷药等,最好一个人分管一到几块地,不宜两人分管同一块地。实验研究是一项严肃的工作,我们要树立较强的责任心,规范操作,严谨求真,培养工匠精神。

3. 勇于正视失败,乐观面对失败

实验总是存在误差的,有些误差可能会导致多次实验失败,这并不可怕。我们要勇于正视失败,乐观面对失败。例如,新配方研发过程中最优剂量就是通过大量实验摸索出来的。遭遇失败后,不要纠结于问题本身而痛苦,而要把精力放在寻找问题出现的原因和相应的解决方法上,多想几个解决问题的方法。引导学生独自完成实验设计,不断改进实验方案,逐步培养善于发现问题、分析问题、解决问题的能力。

参考文献

［1］白新桂.数据分析与实验优化设计［M］.北京:清华大学出版社,1986.

［2］杜荣骞.生物统计学［M］.4版.北京:高等教育出版社,2014.

［3］李春喜,邵方,姜丽娜.生物统计学［M］.4版.北京:科学出版社,2008.

［4］陈魁.应用概率统计［M］.北京:清华大学出版社,2000.

［5］易伦,李上红.概率在生活中的几点应用［J］.数学通讯,2002(10):44-45.

［6］王丽.浅析贝叶斯公式及其在概率推理中的应用［J］.科技创新导报,2010,7(24):136.

［7］殷杰,赵雷.社会科学与贝叶斯方法［J］.理论月刊,2012(12):5-10.

［8］邓集贤,杨维权,司徒荣,等.概率论与数理统计［M］.4版.北京:高等教育出版社,2009.

［9］陈希孺,倪国熙.数理统计学教程［M］.上海:上海科学技术出版社,1988.

［10］叶子弘,陈春.生物统计学［M］.北京:化学工业出版社,2012.

［11］王钦德,杨坚.食品实验设计与统计分析［M］.2版.北京:中国农业大学出版社,2010.

［12］明道绪.高级生物统计［M］.北京:中国农业出版社,2006.

［13］明道绪.生物统计附试验设计［M］.3版.北京:中国农业出版社,2002.

［14］王璐,王沁,等.SPSS统计分析基础、应用与实战精粹［M］.北京:化学工业出版社,2012.

［15］李云雁,胡传荣.实验设计与数据处理［M］.3版.北京:化学工业出版社,2017.

［16］张蓼红,冯孟潜,丁雪梅,等.课程思政元素融入生物统计学实验教学

研究[J].长春师范大学学报,2021,40(5):135-138.

[17] 周跃进."多元统计分析"课程"翻转课堂+课程思政"教学模式探索[J].安徽理工大学学报(社会科学版),2021,23(5):96-101.

[18] 赵艳琴,于秀英,刘贵峰,等.农业院校"生物统计学"课程思政的教学探索:以内蒙古民族大学为例[J].内蒙古民族大学学报(自然科学版),2021,36(4):355-357.

[19] 姚烨,李梁.医学类专业课程思政建设的思路与构想:以复旦大学上海医学院"卫生统计学"课程为例[J].甘肃高师学报,2021,26(2):112-116.

[20] 敖雁,张联民,顾准,等.渗透家国情怀的生物统计课程思政元素的探讨[J].高教学刊,2020(26):34-36.

[21] 王明华,石瑞,赵二劳.融合"课程思政"理念的生物统计学案例教学探讨[J].山东化工,2020,49(2):191-192.

[22] 李红宇,林志伟,殷大伟,等.农学类本科"生物统计学"课程与思政教育融合教学的初探[J].教育教学论坛,2020(34):35-36.

[23] 陈伟.对《统计学》课程教学内容与思政元素契合点的探讨[J].内蒙古统计,2022(2):43-46.

[24] 蒋变玲,赵亮,甘守伟,等.《实验设计与统计》课程思政教学探索与实践[J].广东化工,2021,48(9):320.

[25] 朱家砚.生物、医学背景下"概率论与数理统计"案例教学与课程思政的融合探索[J].科教导刊,2021(28):143-145.

[26] 陈耀庚,孙博文,王娜,等.以贝叶斯公式为案例的医学统计学课程思政教学设计[J].医学教育研究与实践,2021,29(5):781-784.

[27] 欧阳顺湘.成语与寓言中的概率思维[J].数学通报,2020,59(12):1-3,33.

[28] 张水利,屈聪."概率论与数理统计"课程教学改革探索与实践[J].科技风,2022(24):97-99.

[29] 高彦伟.数学"课程思政"的源与行:以"概率论与数理统计"教学为例[J].吉林师范大学学报(人文社会科学版),2021,49(4):111-118.

[30] 王瑞清,何良荣,王有武,等."田间实验与统计方法"课程思政探索与实践[J].教育教学论坛,2021(15):117-120.

[31] 景元萍,许超,魏巍."线性代数"课程思政元素挖掘的思维路径[J].教育教学论坛,2022(23):169-172.

[32] 李春娥，崔广庆. 案例式教学在多元统计分析"课程思政"中的实践[J]. 产业与科技论坛，2020，19(8)：129-130.

[33] 邱章乐. 变通思维概论[J]. 合肥教育学院学报，2003(2)：6-12.

[34] 穆静静，兰奇逊，张晓果. "线性代数"课程思政元素设计与探索[J]. 数学学习与研究，2022(17)：29-31.

[35] 李纯净，张淼，王纯杰，等. 概率论与数理统计课程思政与科教融合的创新探索[J]. 高教学刊，2022，8(16)：43-46.

[36] 赵丽琴. 大数据浪潮下《多元统计分析》课程教学改革[J]. 山西青年，2018(19)：78.

[37] 鄢汇琳. 高校教师"工匠精神"的自我提升路径[J]. 西部素质教育，2022，8(18)：112-115.

[38] 徐亚丹. 高职数学课程开展思政教育的实践初探：以二项分布教学为例[J]. 江西电力职业技术学院学报，2020，33(4)：85-86.

[39] 王凯，张钰. 基于 ADDIE 模型的概率论与数理统计在线课程思政教学方法研究[J]. 西昌学院学报(自然科学版)，2022，36(2)：98-101,128.

[40] 贾美玉，卢玢宇，徐玲玲，等. 基于过程考核与多元统计分析方法的课程思政评价研究[J]. 东华理工大学学报(社会科学版)，2022，41(3)：280-286.

[41] 张丽静，赵鲁涛，李娜. 基于唯物辩证法的概率论与数理统计课程思政建设与实践[J]. 大学数学，2022，38(2)：51-65.

[42] 石颐园，侯雪梅. 基于学科素养 实现教育价值：以"加权平均数"概念教学为例[J]. 山西教育(教学)，2019(11)：46-48.

[43] 吕文静. 基于学生"工匠精神"培育的高职学校实验室建设的探索与思考[J]. 才智，2022(34)：155-158.

[44] 魏满满，李石虎，周勤. 假设检验的基本思想和有关概念的教学设计[J]. 数学学习与研究，2022(8)：5-7.

[45] 陈学慧，李娜，赵鲁涛. 将思政元素融入概率论与数理统计"金课"建设与实践[J]. 大学数学，2021，37(3)：30-35.

[46] 张颖，刘锴，刘艳春. 课程思政融入"生物统计附实验设计"教学探讨[J]. 黑龙江动物繁殖，2022，30(3)：64-66.

[47] 赵亚辉. 灵活运用变通思维[J]. 新闻战线，2003(12)：29-30.

[48] 俞顺良. 没有规矩，不成方圆：新课程背景下加强文体教学之我见

[J]. 新课程学习(中), 2011(7): 62-63.

[49] 郑爱琳. 培养规则意识, 助力科学衔接[J]. 教育家, 2022(25): 53.

[50] 李芳. 浅析必然性与偶然性范畴[J]. 祖国, 2017(9): 156, 216.

[51] 张序萍, 郭秀荣, 吕亚男. 融入思想政治教育的《线性代数》教材建设研究[J]. 教育教学论坛, 2022(21): 177-180.

[52] 徐英, 徐雅静. 身边的概率统计之小概率原理[J]. 科技风, 2022(11): 148-150.

[53] 吉士东, 王丽. 师范专业认证背景下《生物统计与实验设计》课程教学改革探索[J]. 现代农村科技, 2022(4): 65-67.

[54] 郑国庆, 夏强, 夏英俊. 数据科学视角下"多元统计分析"课程教学改革探讨[J]. 黑龙江教育(高教研究与评估), 2022(7): 40-41.

[55] 王海龙. 思想政治教育视阈下大学生规则意识培育路径研究[J]. 吉林省教育学院学报, 2022, 38(8): 88-91.

[56] 袁晓惠, 李会贤, 王纯杰. 思政与《多元统计分析》教学结合的探索与实践[J]. 教育现代化, 2019, 6(79): 241-242.

[57] 王雅静. 太行精神的思想政治教育功能研究[D]. 太原: 太原理工大学, 2022.

[58] 秦思思, 苑帅军. 太行精神研究综述(2005—2020 年)[J]. 长治学院学报, 2021, 38(3): 55-58.

[59] 张寒冰, 叶茂林, 陈晓. 牺牲小我, 成就大我: 自我牺牲型领导研究述评[J]. 中国人力资源开发, 2017(2): 41-51.

[60] 马巧云, 曹洁, 苏克勤, 等. 线性代数教学中的课程思政实践路径[J]. 黑龙江科学, 2022, 13(17): 126-128.

[61] 范莉霞, 陈明. 线性代数课程思政教学的案例探索与实施[J]. 嘉兴学院学报, 2022, 34(6): 125-129, 140.

[62] 王建平, 张来萍, 李艳华. 谚语背后的数学原理[J]. 河南教育学院学报(自然科学版), 2021, 30(4): 47-50.

[63] 闫建中, 耿铭, 焦建利. 医学院校数学类基础课程的课程思政建设: 以"概率论与数理统计"课程为例[J]. 教育教学论坛, 2022(38): 152-155.

[64] 邵红能. 中国"天眼"之父: 南仁东[J]. 书屋, 2022(3): 14-15.

[65] 林周周, 李丹, 李盛楠. 主效应和交互效应双重考量下知识源化对区域专利产出的非线性影响研究[J]. 管理学报, 2022, 19(10): 1512-1521.

附　表

附表1　标准正态分布表

u	0	0.01	0.02	0.03	0.04	0.05	0.06	0.07	0.08	0.09
0.0	0.500 0	0.504 0	0.508 0	0.512 0	0.516 0	0.519 9	0.523 9	0.527 9	0.531 9	0.535 9
0.1	0.539 8	0.543 8	0.547 8	0.551 7	0.555 7	0.559 6	0.563 6	0.567 5	0.571 4	0.575 3
0.2	0.579 3	0.583 2	0.587 1	0.591 0	0.594 8	0.598 7	0.602 6	0.606 4	0.610 3	0.614 1
0.3	0.617 9	0.621 7	0.625 5	0.629 3	0.633 1	0.636 8	0.640 4	0.644 3	0.648 0	0.651 7
0.4	0.655 4	0.659 1	0.662 8	0.666 4	0.670 0	0.673 6	0.677 2	0.680 8	0.684 4	0.687 9
0.5	0.691 5	0.695 0	0.698 5	0.701 9	0.705 4	0.708 8	0.712 3	0.715 7	0.719 0	0.722 4
0.6	0.725 7	0.729 1	0.732 4	0.735 7	0.738 9	0.742 2	0.745 4	0.748 6	0.751 7	0.754 9
0.7	0.758 0	0.761 1	0.764 2	0.767 3	0.770 3	0.773 4	0.776 4	0.779 4	0.782 3	0.785 2
0.8	0.788 1	0.791 0	0.793 9	0.796 7	0.799 5	0.802 3	0.805 1	0.807 8	0.810 6	0.813 3
0.9	0.815 9	0.818 6	0.821 2	0.823 8	0.826 4	0.828 9	0.835 5	0.834 0	0.836 5	0.838 9
1.0	0.841 3	0.843 8	0.846 1	0.848 5	0.850 8	0.853 1	0.855 4	0.857 7	0.859 9	0.862 1
1.1	0.864 3	0.866 5	0.868 6	0.870 8	0.872 9	0.874 9	0.877 0	0.879 0	0.881 0	0.883 0
1.2	0.884 9	0.886 9	0.888 8	0.890 7	0.892 5	0.894 4	0.896 2	0.898 0	0.899 7	0.901 5
1.3	0.903 2	0.904 9	0.906 6	0.908 2	0.909 9	0.911 5	0.913 1	0.914 7	0.916 2	0.917 7
1.4	0.919 2	0.920 7	0.922 2	0.923 6	0.925 1	0.926 5	0.927 9	0.929 2	0.930 6	0.931 9
1.5	0.933 2	0.934 5	0.935 7	0.937 0	0.938 2	0.939 4	0.940 6	0.941 8	0.943 0	0.944 1
1.6	0.945 2	0.946 3	0.947 4	0.948 4	0.949 5	0.950 5	0.951 5	0.952 5	0.953 5	0.953 5
1.7	0.955 4	0.956 4	0.957 3	0.958 2	0.959 1	0.959 9	0.960 8	0.961 6	0.962 5	0.963 3
1.8	0.964 1	0.964 8	0.965 6	0.966 4	0.967 2	0.967 8	0.968 6	0.969 3	0.970 0	0.970 6
1.9	0.971 3	0.971 9	0.972 6	0.973 2	0.973 8	0.974 4	0.975 0	0.975 6	0.976 2	0.976 7
2.0	0.977 2	0.977 8	0.978 3	0.978 8	0.979 3	0.979 8	0.980 3	0.980 8	0.981 2	0.981 7

u	0	0.01	0.02	0.03	0.04	0.05	0.06	0.07	0.08	0.09
2.1	0.982 1	0.982 6	0.983 0	0.983 4	0.983 8	0.984 2	0.984 6	0.985 0	0.985 4	0.985 7
2.2	0.986 1	0.986 4	0.986 8	0.987 1	0.987 4	0.987 8	0.988 1	0.988 4	0.988 7	0.989 0
2.3	0.989 3	0.989 6	0.989 8	0.990 1	0.990 4	0.990 6	0.990 9	0.991 1	0.991 3	0.991 6
2.4	0.991 8	0.992 0	0.992 2	0.992 5	0.992 7	0.992 9	0.993 1	0.993 2	0.993 4	0.993 6
2.5	0.993 8	0.994 0	0.994 1	0.994 3	0.994 5	0.994 6	0.994 8	0.994 9	0.995 1	0.995 2
2.6	0.995 3	0.995 5	0.995 6	0.995 7	0.995 9	0.996 0	0.996 1	0.996 2	0.996 3	0.996 4
2.7	0.996 5	0.996 6	0.996 7	0.996 8	0.996 9	0.997 0	0.997 1	0.997 2	0.997 3	0.997 4
2.8	0.997 4	0.997 5	0.997 6	0.997 7	0.997 7	0.997 8	0.997 9	0.997 9	0.998 0	0.998 1
2.9	0.998 1	0.998 2	0.998 2	0.998 3	0.998 4	0.998 4	0.998 5	0.998 5	0.998 6	0.998 6
u	0	0.01	0.02	0.03	0.04	0.05	0.06	0.07	0.08	0.09
3.0	0.998 7	0.999 0	0.999 3	0.999 5	0.999 7	0.999 8	0.999 8	0.999 9	0.999 9	1.000 0

$$\Phi(-u) = 1 - \Phi(u)$$

u	0	0.01	0.02	0.03	0.04	0.05	0.06	0.07	0.08	0.09
0.0	0.500 0	0.496 0	0.492 0	0.488 0	0.484 0	0.480 1	0.476 1	0.472 1	0.468 1	0.464 1
-0.1	0.460 2	0.456 2	0.452 2	0.448 3	0.444 3	0.440 4	0.436 4	0.432 5	0.428 6	0.424 7
-0.2	0.420 7	0.416 8	0.412 9	0.409 0	0.405 2	0.401 3	0.397 4	0.393 6	0.389 7	0.385 9
-0.3	0.382 1	0.378 3	0.374 5	0.370 7	0.366 9	0.363 2	0.359 6	0.355 7	0.352 0	0.348 3
-0.4	0.344 6	0.340 9	0.337 2	0.333 6	0.330 0	0.326 4	0.322 8	0.319 2	0.315 6	0.312 1
-0.5	0.308 5	0.305 0	0.301 5	0.298 1	0.294 6	0.291 2	0.287 7	0.284 3	0.281 0	0.277 6
-0.6	0.274 3	0.270 9	0.267 6	0.264 3	0.261 1	0.257 8	0.254 6	0.251 4	0.248 3	0.245 1
-0.7	0.242 0	0.238 9	0.235 8	0.232 7	0.229 7	0.226 6	0.223 6	0.220 6	0.217 7	0.214 8
-0.8	0.211 9	0.209 0	0.206 1	0.203 3	0.200 5	0.197 7	0.194 9	0.192 2	0.189 4	0.186 7
-0.9	0.184 1	0.181 4	0.178 8	0.176 2	0.173 6	0.171 1	0.164 5	0.166 0	0.163 5	0.161 1
-1.0	0.158 7	0.156 2	0.153 9	0.151 5	0.149 2	0.146 9	0.144 6	0.142 3	0.140 1	0.137 9
-1.1	0.135 7	0.133 5	0.131 4	0.129 2	0.127 1	0.125 1	0.123 0	0.121 0	0.119 0	0.117 0
-1.2	0.115 1	0.113 1	0.111 2	0.109 3	0.107 5	0.105 6	0.103 8	0.102 0	0.100 3	0.098 5
-1.3	0.096 8	0.095 1	0.093 4	0.091 8	0.090 1	0.088 5	0.086 9	0.085 3	0.083 8	0.082 3
-1.4	0.080 8	0.079 3	0.077 8	0.076 4	0.074 9	0.073 5	0.072 1	0.070 8	0.069 4	0.068 1

续表

u	0	0.01	0.02	0.03	0.04	0.05	0.06	0.07	0.08	0.09
-1.5	0.066 8	0.065 5	0.064 3	0.063 0	0.061 8	0.060 6	0.059 4	0.058 2	0.057 0	0.055 9
-1.6	0.054 8	0.053 7	0.052 6	0.051 6	0.050 5	0.049 5	0.048 5	0.047 5	0.046 5	0.046 5
-1.7	0.044 6	0.043 6	0.042 7	0.041 8	0.040 9	0.040 1	0.039 2	0.038 4	0.037 5	0.036 7
-1.8	0.035 9	0.035 2	0.034 4	0.033 6	0.032 8	0.032 2	0.031 4	0.030 7	0.030 0	0.029 4
-1.9	0.028 7	0.028 1	0.027 4	0.026 8	0.026 2	0.025 6	0.025 0	0.024 4	0.023 8	0.023 3
-2.0	0.022 8	0.022 2	0.021 7	0.021 2	0.020 7	0.020 2	0.019 7	0.019 2	0.018 8	0.018 3
-2.1	0.017 9	0.017 4	0.017 0	0.016 6	0.016 2	0.015 8	0.015 4	0.015 0	0.014 6	0.014 3
-2.2	0.013 9	0.013 6	0.013 2	0.012 9	0.012 6	0.012 2	0.011 9	0.011 6	0.011 3	0.011 0
-2.3	0.010 7	0.010 4	0.010 2	0.009 9	0.009 6	0.009 4	0.009 1	0.008 9	0.008 7	0.008 4
-2.4	0.008 2	0.008 0	0.007 8	0.007 5	0.007 3	0.007 1	0.006 9	0.006 8	0.006 6	0.006 4
-2.5	0.006 2	0.006 0	0.005 9	0.005 7	0.005 5	0.005 4	0.005 2	0.005 1	0.004 9	0.004 8
-2.6	0.004 7	0.004 5	0.004 4	0.004 3	0.004 1	0.004 0	0.003 9	0.003 8	0.003 7	0.003 6
-2.7	0.003 5	0.003 4	0.003 3	0.003 2	0.003 1	0.003 0	0.002 9	0.002 8	0.002 7	0.002 6
-2.8	0.002 6	0.002 5	0.002 4	0.002 3	0.002 3	0.002 2	0.002 1	0.002 1	0.002 0	0.001 9
-2.9	0.001 9	0.001 8	0.001 8	0.001 7	0.001 6	0.001 6	0.001 5	0.001 5	0.001 4	0.001 4
u	0	0.01	0.02	0.03	0.04	0.05	0.06	0.07	0.08	0.09
-3.0	0.001 3	0.001 0	0.000 7	0.000 5	0.000 3	0.000 2	0.000 2	0.000 1	0.000 1	0.000 0

附表 2　正态分布的右侧临界值

α	u_{α}	α	u_{α}	α	u_{α}	α	u_{α}
0.000 0	0.000 0	0.045 0	1.695 4	0.090 0	1.340 8	0.135 0	1.103 1
0.005 0	2.575 8	0.050 0	1.644 9	0.095 0	1.310 6	0.140 0	1.080 3
0.010 0	2.326 3	0.055 0	1.598 2	0.100 0	1.281 6	0.145 0	1.058 1
0.015 0	2.170 1	0.060 0	1.554 8	0.105 0	1.253 6	0.150 0	1.036 4
0.020 0	2.053 7	0.065 0	1.514 1	0.110 0	1.226 5	0.155 0	1.015 2
0.025 0	1.960 0	0.070 0	1.475 8	0.115 0	1.200 4	0.160 0	0.994 5
0.030 0	1.880 8	0.075 0	1.439 5	0.120 0	1.175 0	0.165 0	0.974 1
0.035 0	1.811 9	0.080 0	1.405 1	0.125 0	1.150 3	0.170 0	0.954 2
0.040 0	1.750 7	0.085 0	1.372 2	0.130 0	1.126 4	0.175 0	0.934 6

α	u_α	α	u_α	α	u_α	α	u_α
0.180 0	0.915 4	0.260 0	0.643 3	0.340 0	0.412 5	0.420 0	0.201 9
0.185 0	0.896 5	0.265 0	0.628 0	0.345 0	0.398 9	0.425 0	0.189 1
0.190 0	0.877 9	0.270 0	0.612 8	0.350 0	0.385 3	0.430 0	0.176 4
0.195 0	0.859 6	0.275 0	0.597 8	0.355 0	0.371 9	0.435 0	0.163 7
0.200 0	0.841 6	0.280 0	0.582 8	0.360 0	0.358 5	0.440 0	0.151 0
0.205 0	0.823 9	0.285 0	0.568 1	0.365 0	0.345 1	0.445 0	0.138 3
0.210 0	0.806 4	0.290 0	0.553 4	0.370 0	0.331 9	0.450 0	0.125 7
0.215 0	0.789 2	0.295 0	0.538 8	0.375 0	0.318 6	0.455 0	0.113 0
0.220 0	0.772 2	0.300 0	0.524 4	0.380 0	0.305 5	0.460 0	0.100 4
0.225 0	0.755 4	0.305 0	0.510 1	0.385 0	0.292 4	0.465 0	0.087 8
0.230 0	0.738 8	0.310 0	0.495 9	0.390 0	0.279 3	0.470 0	0.075 3
0.235 0	0.722 5	0.315 0	0.481 7	0.395 0	0.266 3	0.475 0	0.062 7
0.240 0	0.706 3	0.320 0	0.467 7	0.400 0	0.253 3	0.480 0	0.050 2
0.245 0	0.690 3	0.325 0	0.453 8	0.405 0	0.240 4	0.485 0	0.037 6
0.250 0	0.674 5	0.330 0	0.439 9	0.410 0	0.227 5	0.490 0	0.025 1
0.255 0	0.658 8	0.335 0	0.426 1	0.415 0	0.214 7	0.495 0	0.012 5

附表 3　t 分布的右侧临界值表

df	α(单侧)								
	0.250	0.200	0.150	0.100	0.050	0.025	0.010	0.005	0.001
1	1.000	1.376	1.963	3.078	6.314	12.706	31.821	63.657	318.309
2	-0.816	1.061	1.386	1.886	2.920	4.303	6.965	9.925	22.327
3	-0.765	0.978	1.250	1.638	2.353	3.182	4.541	5.841	10.215
4	-0.741	0.941	1.190	1.533	2.132	2.776	3.747	4.604	7.173
5	-0.727	0.920	1.156	1.476	2.015	2.571	3.365	4.032	5.893
6	-0.718	0.906	1.134	1.440	1.943	2.447	3.143	3.707	5.208
7	-0.711	0.896	1.119	1.415	1.895	2.365	2.998	3.499	4.785
8	-0.706	0.889	1.108	1.397	1.860	2.306	2.896	3.355	4.501
9	-0.703	0.883	1.100	1.383	1.833	2.262	2.821	3.250	4.297

df	α（单侧）								
	0.250	0.200	0.150	0.100	0.050	0.025	0.010	0.005	0.001
10	−0.700	0.879	1.093	1.372	1.812	2.228	2.764	3.169	4.144
11	−0.697	0.876	1.088	1.363	1.796	2.201	2.718	3.106	4.025
12	−0.695	0.873	1.083	1.356	1.782	2.179	2.681	3.055	3.930
13	−0.694	0.870	1.079	1.350	1.771	2.160	2.650	3.012	3.852
14	−0.692	0.868	1.076	1.345	1.761	2.145	2.624	2.977	3.787
15	−0.691	0.866	1.074	1.341	1.753	2.131	2.602	2.947	3.733
16	−0.690	0.865	1.071	1.337	1.746	2.120	2.583	2.921	3.686
17	−0.689	0.863	1.069	1.333	1.740	2.110	2.567	2.898	3.646
18	−0.688	0.862	1.067	1.330	1.734	2.101	2.552	2.878	3.610
19	−0.688	0.861	1.066	1.328	1.729	2.093	2.539	2.861	3.579
20	−0.687	0.860	1.064	1.325	1.725	2.086	2.528	2.845	3.552
21	−0.686	0.859	1.063	1.323	1.721	2.080	2.518	2.831	3.527
22	−0.686	0.858	1.061	1.321	1.717	2.074	2.508	2.819	3.505
23	−0.685	0.858	1.060	1.319	1.714	2.069	2.500	2.807	3.485
24	−0.685	0.857	1.059	1.318	1.711	2.064	2.492	2.797	3.467
25	−0.684	0.856	1.058	1.316	1.708	2.060	2.485	2.787	3.450
26	−0.684	0.856	1.058	1.315	1.706	2.056	2.479	2.779	3.435
27	−0.684	0.855	1.057	1.314	1.703	2.052	2.473	2.771	3.421
28	−0.683	0.855	1.056	1.313	1.701	2.048	2.467	2.763	3.408
29	−0.683	0.854	1.055	1.311	1.699	2.045	2.462	2.756	3.396
30	−0.683	0.854	1.055	1.310	1.697	2.042	2.457	2.750	3.385
40	−0.681	0.851	1.050	1.303	1.684	2.021	2.423	2.704	3.307
60	−0.679	0.848	1.045	1.296	1.671	2.000	2.390	2.660	3.232
100	−0.677	0.845	1.042	1.290	1.660	1.984	2.364	2.626	3.174
∞	−0.674	0.842	1.036	1.282	1.645	1.960	2.326	2.576	3.090
df	0.5	0.4	0.3	0.2	0.1	0.05	0.02	0.01	0.002
	α（双侧）								

附表4 卡方分布的右侧临界值

df	α（单侧）											
	0.995	0.990	0.975	0.950	0.900	0.750	0.250	0.100	0.050	0.025	0.010	0.005
1			0.001	0.004	0.016	0.102	1.323	2.706	3.841	5.024	6.635	7.879
2	0.010	0.020	0.051	0.103	0.211	0.575	2.773	4.605	5.991	7.378	9.210	10.597
3	0.072	0.115	0.216	0.352	0.584	1.213	4.108	6.251	7.815	9.348	11.345	12.838
4	0.207	0.297	0.484	0.711	1.064	1.923	5.385	7.779	9.488	11.143	13.277	14.860
5	0.412	0.554	0.831	1.145	1.610	2.675	6.626	9.236	11.070	12.833	15.086	16.750
6	0.676	0.872	1.237	1.635	2.204	3.455	7.841	10.645	12.592	14.449	16.812	18.548
7	0.989	1.239	1.690	2.167	2.833	4.255	9.037	12.017	14.067	16.013	18.475	20.278
8	1.344	1.646	2.180	2.733	3.490	5.071	10.219	13.362	15.507	17.535	20.090	21.955
9	1.735	2.088	2.700	3.325	4.168	5.899	11.389	14.684	16.919	19.023	21.666	23.589
10	2.156	2.558	3.247	3.940	4.865	6.737	12.549	15.987	18.307	20.483	23.209	25.188
11	2.603	3.053	3.816	4.575	5.578	7.584	13.701	17.275	19.675	21.920	24.725	26.757
12	3.074	3.571	4.404	5.226	6.304	8.438	14.845	18.549	21.026	23.337	26.217	28.300
13	3.565	4.107	5.009	5.892	7.042	9.299	15.984	19.812	22.362	24.736	27.688	29.819
14	4.075	4.660	5.629	6.571	7.790	10.165	17.117	21.064	23.685	26.119	29.141	31.319
15	4.601	5.229	6.262	7.261	8.547	11.037	18.245	22.307	24.996	27.488	30.578	32.801
16	5.142	5.812	6.908	7.962	9.312	11.912	19.369	23.542	26.296	28.845	32.000	34.267
17	5.697	6.408	7.564	8.672	10.085	12.792	20.489	24.769	27.587	30.191	33.409	35.718
18	6.265	7.015	8.231	9.390	10.865	13.675	21.605	25.989	28.869	31.526	34.805	37.156
19	6.844	7.633	8.907	10.117	11.651	14.562	22.718	27.204	30.144	32.852	36.191	38.582
20	7.434	8.260	9.591	10.851	12.443	15.452	23.828	28.412	31.410	34.170	37.566	39.997
21	8.034	8.897	10.283	11.591	13.240	16.344	24.935	29.615	32.671	35.479	38.932	41.401
22	8.643	9.542	10.982	12.338	14.041	17.240	26.039	30.813	33.924	36.781	40.289	42.796
23	9.260	10.196	11.689	13.091	14.848	18.137	27.141	32.007	35.172	38.076	41.638	44.181
24	9.886	10.856	12.401	13.848	15.659	19.037	28.241	33.196	36.415	39.364	42.980	45.559
25	10.520	11.524	13.120	14.611	16.473	19.939	29.339	34.382	37.652	40.646	44.314	46.928
26	11.160	12.198	13.844	15.379	17.292	20.843	30.435	35.563	38.885	41.923	45.642	48.290
27	11.808	12.879	14.573	16.151	18.114	21.749	31.528	36.741	40.113	43.195	46.963	49.645
28	12.461	13.565	15.308	16.928	18.939	22.657	32.620	37.916	41.337	44.461	48.278	50.993
29	13.121	14.256	16.047	17.708	19.768	23.567	33.711	39.087	42.557	45.722	49.588	52.336
30	13.787	14.953	16.791	18.493	20.599	24.478	34.800	40.256	43.773	46.979	50.892	53.672
3i	14.458	15.655	17.539	19.281	21.434	25.390	35.887	41.422	44.985	48.232	52.191	55.003

续表

df	α（单侧）											
	0.995	0.990	0.975	0.950	0.900	0.750	0.250	0.100	0.050	0.025	0.010	0.005
32	15.134	16.362	18.291	20.072	22.271	26.304	36.973	42.585	46.194	49.480	53.486	56.328
33	15.815	17.074	19.047	20.867	23.110	27.219	38.058	43.745	47.400	50.725	54.776	57.648
34	16.501	17.789	19.806	21.664	23.952	28.136	39.141	44.903	48.602	51.966	56.061	58.964
35	17.192	18.509	20.569	22.465	24.797	29.054	40.223	46.059	49.802	53.203	57.342	60.275
36	17.887	19.233	21.336	23.269	25.643	29.973	41.304	47.212	50.998	54.437	58.619	61.581
37	18.586	19.960	22.106	24.075	26.492	30.893	42.383	48.363	52.192	55.668	59.893	62.883
38	19.289	20.691	22.878	24.884	27.343	31.815	43.462	49.513	53.384	56.896	61.162	64.181
39	19.996	21.426	23.654	25.695	28.196	32.737	44.539	50.660	54.572	58.120	62.428	65.476
40	20.707	22.164	24.433	26.509	29.051	33.660	45.616	51.805	55.758	59.342	63.691	66.766
41	21.421	22.906	25.215	27.326	29.907	34.585	46.692	52.949	56.942	60.561	64.950	68.053
42	22.138	23.650	25.999	28.144	30.765	35.510	47.766	54.090	58.124	61.777	66.206	69.336
43	22.859	24.398	26.785	28.965	31.625	36.436	48.840	55.230	59.304	62.990	67.459	70.616
44	23.584	25.148	27.575	29.787	32.487	37.363	49.913	56.369	60.481	64.201	68.710	71.893
45	24.311	25.901	28.366	30.612	33.350	38.291	50.985	57.505	61.656	65.410	69.957	73.166
46	25.041	26.657	29.160	31.439	34.215	39.220	52.056	58.641	62.830	66.617	71.201	74.437
47	25.775	27.416	29.956	32.268	35.081	40.149	53.127	59.774	64.001	67.821	72.443	75.704
48	26.511	28.177	30.755	33.098	35.949	41.079	54.196	60.907	65.171	69.023	73.683	76.969
49	27.249	28.941	31.555	33.930	36.818	42.010	55.265	62.038	66.339	70.222	74.919	78.231
50	27.991	29.707	32.357	34.764	37.689	42.942	56.334	63.167	67.505	71.420	76.154	79.490
51	28.735	30.475	33.162	35.600	38.560	43.874	57.401	64.295	68.669	72.616	77.386	80.747
52	29.481	31.246	33.968	36.437	39.433	44.808	58.468	65.422	69.832	73.810	78.616	82.001
53	30.230	32.018	34.776	37.276	40.308	45.741	59.534	66.548	70.993	75.002	79.843	83.253
54	30.981	32.793	35.586	38.116	41.183	46.676	60.600	67.673	72.153	76.192	81.069	84.502
55	31.735	33.570	36.398	38.958	42.060	47.610	61.665	68.796	73.311	77.380	82.292	85.749
56	32.490	34.350	37.212	39.801	42.937	48.546	62.729	69.919	74.468	78.567	83.513	86.994
57	33.248	35.131	38.027	40.646	43.816	49.482	63.793	71.040	75.624	79.752	84.733	88.236
58	34.008	35.913	38.844	41.492	44.696	50.419	64.857	72.160	76.778	80.936	85.950	89.477
59	34.770	36.698	39.662	42.339	45.577	51.356	65.919	73.279	77.931	82.117	87.166	90.715
60	35.534	37.485	40.482	43.188	46.459	52.294	66.981	74.397	79.082	83.298	88.379	91.952
61	36.301	38.273	41.303	44.038	47.342	53.232	68.043	75.514	80.232	84.476	89.591	93.186
62	37.068	39.063	42.126	44.889	48.226	54.171	69.104	76.630	81.381	85.654	90.802	94.419
63	37.838	39.855	42.950	45.741	49.111	55.110	70.165	77.745	82.529	86.830	92.010	95.649

df	α（单侧）											
	0.995	0.990	0.975	0.950	0.900	0.750	0.250	0.100	0.050	0.025	0.010	0.005
64	38.610	40.649	43.776	46.595	49.996	56.050	71.225	78.860	83.675	88.004	93.217	96.878
65	39.383	41.444	44.603	47.450	50.883	56.990	72.285	79.973	84.821	89.177	94.422	98.105
66	40.158	42.240	45.431	48.305	51.770	57.931	73.344	81.085	85.965	90.349	95.626	99.330
67	40.935	43.038	46.261	49.162	52.659	58.872	74.403	82.197	87.108	91.519	96.828	100.554
68	41.713	43.838	47.092	50.020	53.548	59.814	75.461	83.308	88.250	92.689	98.028	101.776
69	42.494	44.639	47.924	50.879	54.438	60.756	76.519	84.418	89.391	93.856	99.228	102.996
70	43.275	45.442	48.758	51.739	55.329	61.698	77.577	85.527	90.531	95.023	100.425	104.215
71	44.058	46.246	49.592	52.600	56.221	62.641	78.634	86.635	91.670	96.189	101.621	105.432
72	44.843	47.051	50.428	53.462	57.113	63.585	79.690	87.743	92.808	97.353	102.816	106.648
73	45.629	47.858	51.265	54.325	58.006	64.528	80.747	88.850	93.945	98.516	104.010	107.862
74	46.417	48.666	52.103	55.189	58.900	65.472	81.803	89.956	95.081	99.678	105.202	109.074
75	47.206	49.475	52.942	56.054	59.795	66.417	82.858	91.061	96.217	100.839	106.393	110.286
76	47.997	50.286	53.782	56.920	60.690	67.362	83.913	92.166	97.351	101.999	107.583	111.495
77	48.788	51.097	54.623	57.786	61.586	68.307	84.968	93.270	98.484	103.158	108.771	112.704
78	49.582	51.910	55.466	58.654	62.483	69.252	86.022	94.374	99.617	104.316	109.958	113.911
79	50.376	52.725	56.309	59.522	63.380	70.198	87.077	95.476	100.749	105.473	111.144	115.117
80	51.172	53.540	57.153	60.391	64.278	71.145	88.130	96.578	101.879	106.629	112.329	116.321
81	51.969	54.357	57.998	61.261	65.176	72.091	89.184	97.680	103.010	107.783	113.512	117.524
82	52.767	55.174	58.845	62.132	66.076	73.038	90.237	98.780	104.139	108.937	114.695	118.726
83	53.567	55.993	59.692	63.004	66.976	73.985	91.289	99.880	105.267	110.090	115.876	119.927
84	54.368	56.813	60.540	63.876	67.876	74.933	92.342	100.980	106.395	111.242	117.057	121.126
85	55.170	57.634	61.389	64.749	68.777	75.881	93.394	102.079	107.522	112.393	118.236	122.325
86	55.973	58.456	62.239	65.623	69.679	76.829	94.446	103.177	108.648	113.544	119.414	123.522
87	56.777	59.279	63.089	66.498	70.581	77.777	95.497	104.275	109.773	114.693	120.591	124.718
88	57.582	60.103	63.941	67.373	71.484	78.726	96.548	105.372	110.898	115.841	121.767	125.913
89	58.389	60.928	64.793	68.249	72.387	79.675	97.599	106.469	112.022	116.989	122.942	127.106
90	59.196	61.754	65.647	69.126	73.291	80.625	98.650	107.565	113.145	118.136	124.116	128.299

附表5 **F分布的右侧临界值**

df_2	α	df_1							
		1	2	3	4	5	6	7	8
1	0.005	16 210.7	19 999.5	21 614.7	22 499.6	23 055.8	23 437.1	23 714.6	23 925.4
	0.010	4 052.2	4 999.5	5 403.4	5 624.6	5 763.6	5 859.0	5 928.4	5 981.1
	0.025	647.8	799.5	864.2	899.6	921.8	937.1	948.2	956.7
	0.050	161.4	199.5	215.7	224.6	230.2	234.0	236.8	238.9
2	0.005	198.50	199.00	199.17	199.25	199.30	199.33	199.36	199.37
	0.010	98.503	99.000	99.166	99.249	99.299	99.333	99.356	99.374
	0.025	38.506	39.000	39.165	39.248	39.298	39.331	39.355	39.373
	0.050	18.513	19.000	19.164	19.247	19.296	19.330	19.353	19.371
3	0.005	55.552	49.799	47.467	46.195	45.392	44.838	44.434	44.126
	0.010	34.116	30.817	29.457	28.710	28.237	27.911	27.672	27.489
	0.025	17.443	16.044	15.439	15.101	14.885	14.735	14.624	14.540
	0.050	10.128	9.552	9.277	9.117	9.013	8.941	8.887	8.845
4	0.005	31.333	26.284	24.259	23.155	22.456	21.975	21.622	21.352
	0.010	21.198	18.000	16.694	15.977	15.522	15.207	14.976	14.799
	0.025	12.218	10.649	9.979	9.605	9.364	9.197	9.074	8.980
	0.050	7.709	6.944	6.591	6.388	6.256	6.163	6.094	6.041
5	0.005	22.785	18.314	16.530	15.556	14.940	14.513	14.200	13.961
	0.010	16.258	13.274	12.060	11.392	10.967	10.672	10.456	10.289
	0.025	10.007	8.434	7.764	7.388	7.146	6.978	6.853	6.757
	0.050	6.608	5.786	5.409	5.192	5.050	4.950	4.876	4.818
6	0.005	18.635	14.544	12.917	12.028	11.464	11.073	10.786	10.566
	0.010	13.745	10.925	9.780	9.148	8.746	8.466	8.260	8.102
	0.025	8.813	7.260	6.599	6.227	5.988	5.820	5.695	5.600
	0.050	5.987	5.143	4.757	4.534	4.387	4.284	4.207	4.147

df_2	α	df_1							
		1	2	3	4	5	6	7	8
7	0.005	16.236	12.404	10.882	10.050	9.522	9.155	8.885	8.678
	0.010	12.246	9.547	8.451	7.847	7.460	7.191	6.993	6.840
	0.025	8.073	6.542	5.890	5.523	5.285	5.119	4.995	4.899
	0.050	5.591	4.737	4.347	4.120	3.972	3.866	3.787	3.726
8	0.005	14.688	11.042	9.596	8.805	8.302	7.952	7.694	7.496
	0.010	11.259	8.649	7.591	7.006	6.632	6.371	6.178	6.029
	0.025	7.571	6.059	5.416	5.053	4.817	4.652	4.529	4.433
	0.050	5.318	4.459	4.066	3.838	3.687	3.581	3.500	3.438
9	0.005	6.541	6.417	6.227	6.032	5.832	5.625	5.410	5.300
	0.010	5.351	5.257	5.111	4.962	4.808	4.649	6.057	4.398
	0.025	4.026	3.964	3.868	3.769	3.667	3.560	4.320	3.392
	0.050	3.179	3.137	3.073	3.006	2.936	2.864	3.633	2.748
10	0.005	5.968	5.847	5.661	5.471	5.274	5.071	7.343	4.750
	0.010	4.942	4.849	4.706	4.558	4.405	4.247	5.994	3.996
	0.025	3.779	3.717	3.621	3.522	3.419	3.311	4.468	3.140
	0.05	3.020	2.978	2.913	2.845	2.774	2.700	3.478	2.580
12	0.005	5.202	5.085	4.906	4.721	4.530	4.331	6.521	4.015
	0.010	4.388	4.296	4.155	4.010	3.858	3.701	5.412	3.449
	0.025	3.436	3.374	3.277	3.177	3.073	2.963	4.121	2.787
	0.050	2.796	2.753	2.687	2.617	2.544	2.466	3.259	2.341
15	0.005	4.536	4.424	4.250	4.070	3.883	3.687	5.803	3.372
	0.010	3.895	3.805	3.666	3.522	3.372	3.214	4.893	2.959
	0.025	3.123	3.060	2.963	2.862	2.756	2.644	3.804	2.461
	0.050	2.588	2.544	2.475	2.403	2.328	2.247	3.056	2.114
20	0.005	3.956	3.847	3.678	3.502	3.318	3.123	5.174	2.806
	0.010	3.457	3.368	3.231	3.088	2.938	2.778	4.431	2.517
	0.025	2.837	2.774	2.676	2.573	2.464	2.349	3.515	2.156
	0.050	2.393	2.348	2.278	2.203	2.124	2.039	2.866	1.896

df_2	α	df_1							
		1	2	3	4	5	6	7	8
30	0.005	3.450	3.344	3.179	3.006	2.823	2.628	4.623	2.300
	0.010	3.067	2.979	2.843	2.700	2.549	2.386	4.018	2.111
	0.025	2.575	2.511	2.412	2.307	2.195	2.074	3.250	1.866
	0.050	2.211	2.165	2.092	2.015	1.932	1.841	2.690	1.683
60	0.005	3.008	2.904	2.742	2.570	2.387	2.187	4.140	1.834
	0.010	2.718	2.632	2.496	2.352	2.198	2.028	3.649	1.726
	0.025	2.334	2.270	2.169	2.061	1.944	1.815	3.008	1.581
	0.050	2.040	1.993	1.917	1.836	1.748	1.649	2.525	1.467
120	0.005	2.808	2.705	2.544	2.373	2.188	1.984	3.921	1.606
	0.010	2.559	2.472	2.336	2.192	2.035	1.860	3.480	1.533
	0.025	2.222	2.157	2.055	1.945	1.825	1.690	2.894	1.433
	0.050	1.959	1.910	1.834	1.750	1.659	1.554	2.447	1.352

df_2	α	df_1							
		9	10	12	15	20	30	60	120
1	0.005	24 091.0	24 224.5	24 426.4	24 630.2	24 836.0	25 043.6	25 253.1	25 358.6
	0.01	6 022.5	6 055.8	6 106.3	6 157.3	6 208.7	6 260.6	6 365.7	6 339.4
	0.025	963.3	968.6	976.7	984.9	993.1	1 001.4	1 018.2	1 014.0
	0.05	240.5	241.9	243.9	245.9	248.0	250.1	254.2	253.3
2	0.005	199.4	199.4	199.4	199.4	199.4	199.5	199.5	199.5
	0.01	99.388	99.399	99.416	99.433	99.449	99.466	99.498	99.491
	0.025	39.387	39.398	39.415	39.431	39.448	39.465	39.497	39.490
	0.05	19.385	19.396	19.413	19.429	19.446	19.462	19.495	19.487
3	0.005	43.882	43.686	43.387	43.085	42.778	42.466	41.847	41.989
	0.01	27.345	27.229	27.052	26.872	26.690	26.505	26.137	26.221
	0.025	14.473	14.419	14.337	14.253	14.167	14.081	13.907	13.947
	0.05	8.812	8.786	8.745	8.703	8.660	8.617	8.529	8.549

df_2	α	df_1							
		9	10	12	15	20	30	60	120
4	0.005	21.139	20.967	20.705	20.438	20.167	19.892	19.342	19.468
	0.01	14.659	14.546	14.374	14.198	14.020	13.838	13.474	13.558
	0.025	8.905	8.844	8.751	8.657	8.560	8.461	8.263	8.309
	0.05	5.999	5.964	5.912	5.858	5.803	5.746	5.632	5.658
5	0.005	13.772	13.618	13.384	13.146	12.903	12.656	12.159	12.274
	0.01	10.158	10.051	9.888	9.722	9.553	9.379	9.031	9.112
	0.025	6.681	6.619	6.525	6.428	6.329	6.227	6.022	6.069
	0.05	4.772	4.735	4.678	4.619	4.558	4.496	4.369	4.398
6	0.005	10.391	10.250	10.034	9.814	9.589	9.358	8.894	9.001
	0.01	7.976	7.874	7.718	7.559	7.396	7.229	6.891	6.969
	0.025	5.523	5.461	5.366	5.269	5.168	5.065	4.856	4.904
	0.05	4.099	4.060	4.000	3.938	3.874	3.808	3.673	3.705
7	0.005	8.514	8.380	8.176	7.968	7.754	7.534	7.090	7.193
	0.01	6.719	6.620	6.469	6.314	6.155	5.992	5.660	5.737
	0.025	4.823	4.761	4.666	4.568	4.467	4.362	4.149	4.199
	0.05	3.677	3.637	3.575	3.511	3.445	3.376	3.234	3.267
8	0.005	7.339	7.211	7.015	6.814	6.608	6.396	5.964	6.065
	0.01	5.911	5.814	5.667	5.515	5.359	5.198	4.869	4.946
	0.025	4.357	4.295	4.200	4.101	3.999	3.894	3.677	3.728
	0.05	3.388	3.347	3.284	3.218	3.150	3.079	2.932	2.967
9	0.005	6.541	6.417	6.227	6.032	5.832	5.625	5.410	5.300
	0.01	5.351	5.257	5.111	4.962	4.808	4.649	6.057	4.398
	0.025	4.026	3.964	3.868	3.769	3.667	3.560	4.320	3.392
	0.05	3.179	3.137	3.073	3.006	2.936	2.864	3.633	2.748
10	0.005	5.968	5.847	5.661	5.471	5.274	5.071	7.343	4.750
	0.01	4.942	4.849	4.706	4.558	4.405	4.247	5.994	3.996
	0.025	3.779	3.717	3.621	3.522	3.419	3.311	4.468	3.140
	0.05	3.020	2.978	2.913	2.845	2.774	2.700	3.478	2.580

df_2	α	df_1							
		9	10	12	15	20	30	60	120
12	0.005	5.202	5.085	4.906	4.721	4.530	4.331	6.521	4.015
	0.01	4.388	4.296	4.155	4.010	3.858	3.701	5.412	3.449
	0.025	3.436	3.374	3.277	3.177	3.073	2.963	4.121	2.787
	0.05	2.796	2.753	2.687	2.617	2.544	2.466	3.259	2.341
15	0.005	4.536	4.424	4.250	4.070	3.883	3.687	5.803	3.372
	0.01	3.895	3.805	3.666	3.522	3.372	3.214	4.893	2.959
	0.025	3.123	3.060	2.963	2.862	2.756	2.644	3.804	2.461
	0.05	2.588	2.544	2.475	2.403	2.328	2.247	3.056	2.114
20	0.005	3.956	3.847	3.678	3.502	3.318	3.123	5.174	2.806
	0.01	3.457	3.368	3.231	3.088	2.938	2.778	4.431	2.517
	0.025	2.837	2.774	2.676	2.573	2.464	2.349	3.515	2.156
	0.05	2.393	2.348	2.278	2.203	2.124	2.039	2.866	1.896
30	0.005	3.450	3.344	3.179	3.006	2.823	2.628	4.623	2.300
	0.01	3.067	2.979	2.843	2.700	2.549	2.386	4.018	2.111
	0.025	2.575	2.511	2.412	2.307	2.195	2.074	3.250	1.866
	0.05	2.211	2.165	2.092	2.015	1.932	1.841	2.690	1.683
60	0.005	3.008	2.904	2.742	2.570	2.387	2.187	4.140	1.834
	0.01	2.718	2.632	2.496	2.352	2.198	2.028	3.649	1.726
	0.025	2.334	2.270	2.169	2.061	1.944	1.815	3.008	1.581
	0.05	2.040	1.993	1.917	1.836	1.748	1.649	2.525	1.467
120	0.005	2.808	2.705	2.544	2.373	2.188	1.984	3.921	1.606
	0.01	2.559	2.472	2.336	2.192	2.035	1.860	3.480	1.533
	0.025	2.222	2.157	2.055	1.945	1.825	1.690	2.894	1.433
	0.05	1.959	1.910	1.834	1.750	1.659	1.554	2.447	1.352

附表6 多重比较中的 q 值表

$\alpha=0.01$	秩次距											
df	2	3	4	5	6	7	8	9	10	20	50	100
1	90.0	135.0	164.3	185.6	202.2	215.8	227.2	237.0	245.5	298.0	358.9	400.1
2	14.0	19.02	22.29	24.72	26.63	28.20	29.53	30.68	31.69	37.94	45.33	50.38
3	8.26	10.62	12.17	13.32	14.24	15.00	15.64	16.20	16.69	19.77	23.45	25.99
4	6.51	8.12	9.17	9.96	10.58	11.10	11.54	11.93	12.26	14.39	16.98	18.77
5	5.70	6.98	7.80	8.42	8.91	9.32	9.67	9.97	10.24	11.93	14.00	15.45
6	5.24	6.33	7.03	7.56	7.97	8.32	8.61	8.87	9.10	10.54	12.31	13.55
7	4.95	5.92	6.54	7.01	7.37	7.68	7.94	8.17	8.37	9.65	11.23	12.34
8	4.75	5.64	6.20	6.63	6.96	7.24	7.47	7.68	7.86	9.03	10.47	11.49
9	4.60	5.43	5.96	6.35	6.66	6.92	7.13	7.33	7.49	8.57	9.91	10.87
10	4.48	5.27	5.77	6.14	6.43	6.67	6.88	7.05	7.21	8.23	9.49	10.39
11	4.39	5.15	5.62	5.97	6.25	6.48	6.67	6.84	6.99	7.95	9.15	10.00
12	4.32	5.05	5.50	5.84	6.10	6.32	6.51	6.67	6.81	7.73	8.88	9.69
13	4.26	4.96	5.40	5.73	5.98	6.19	6.37	6.53	6.67	7.55	8.65	9.44
14	4.21	4.90	5.32	5.63	5.88	6.09	6.26	6.41	6.54	7.39	8.46	9.22
15	4.17	4.84	5.25	5.56	5.80	5.99	6.16	6.31	6.44	7.26	8.30	9.04
16	4.13	4.79	5.19	5.49	5.72	5.92	6.08	6.22	6.35	7.15	8.15	8.87
17	4.10	4.74	5.14	5.43	5.66	5.85	6.01	6.15	6.27	7.05	8.03	8.74
18	4.07	4.70	5.09	5.38	5.60	5.79	5.94	6.08	6.20	6.97	7.92	8.61
19	4.05	4.67	5.05	5.33	5.55	5.74	5.89	6.02	6.14	6.89	7.83	8.50
20	4.02	4.64	5.02	5.29	5.51	5.69	5.84	5.97	6.09	6.82	7.74	8.40
30	3.89	4.46	4.80	5.05	5.24	5.40	5.54	5.65	5.76	6.41	7.22	7.80
40	3.83	4.37	4.70	4.93	5.11	5.27	5.39	5.50	5.60	6.21	6.96	7.50
60	3.76	4.28	4.59	4.82	4.99	5.13	5.25	5.36	5.45	6.02	6.71	7.21
100	3.71	4.22	4.52	4.73	4.90	5.03	5.14	5.24	5.33	5.86	6.52	6.98
∞	3.64	4.12	4.40	4.60	4.76	4.88	4.99	5.08	5.16	5.65	6.23	6.64

$\alpha=0.05$	秩次距											
df	2	3	4	5	6	7	8	9	10	20	50	100
1	17.97	26.98	32.82	37.08	40.41	43.12	45.40	47.36	49.07	59.56	71.73	79.98
2	6.09	8.33	9.80	10.88	11.73	12.44	13.03	13.54	13.99	16.77	20.05	22.29
3	4.50	5.91	6.83	7.50	8.04	8.48	8.85	9.18	9.46	11.24	13.36	14.82
4	3.93	5.04	5.76	6.29	6.71	7.05	7.35	7.60	7.83	9.23	10.93	12.09
5	3.64	4.60	5.22	5.67	6.03	6.33	6.58	6.80	7.00	8.21	9.67	10.69
6	3.46	4.34	4.90	5.31	5.63	5.90	6.12	6.32	6.49	7.59	8.91	9.84
7	3.34	4.17	4.68	5.06	5.36	5.61	5.82	6.00	6.16	7.17	8.40	9.26
8	3.26	4.04	4.53	4.89	5.17	5.40	5.60	5.77	5.92	6.87	8.03	8.84
9	3.20	3.95	4.42	4.76	5.02	5.24	5.43	5.60	5.74	6.64	7.75	8.53
10	3.15	3.88	4.33	4.65	4.91	5.12	5.30	5.46	5.60	6.47	7.53	8.28
11	3.11	3.82	4.26	4.57	4.82	5.03	5.20	5.35	5.49	6.33	7.35	8.08
12	3.08	3.77	4.20	4.51	4.75	4.95	5.12	5.27	5.40	6.21	7.21	7.91
13	3.06	3.73	4.15	4.45	4.69	4.88	5.05	5.19	5.32	6.11	7.08	7.77
14	3.03	3.70	4.11	4.41	4.64	4.83	4.99	5.13	5.25	6.03	6.98	7.65
15	3.01	3.67	4.08	4.37	4.60	4.78	4.94	5.08	5.20	5.96	6.89	7.55
16	3.00	3.65	4.05	4.33	4.56	4.74	4.90	5.03	5.15	5.90	6.81	7.46
17	2.98	3.63	4.02	4.30	4.52	4.71	4.86	4.99	5.11	5.84	6.74	7.38
18	2.97	3.61	4.00	4.28	4.49	4.67	4.82	4.96	5.07	5.79	6.68	7.31
19	2.96	3.59	3.98	4.25	4.47	4.65	4.79	4.92	5.04	5.75	6.63	7.24
20	2.95	3.58	3.96	4.23	4.45	4.62	4.77	4.90	5.01	5.71	6.58	7.19
30	2.89	3.49	3.85	4.10	4.30	4.46	4.60	4.72	4.82	5.48	6.27	6.83
40	2.86	3.44	3.79	4.04	4.23	4.39	4.52	4.63	4.74	5.36	6.11	6.65
60	2.83	3.40	3.74	3.98	4.16	4.31	4.44	4.55	4.65	5.24	5.96	6.46
100	2.81	3.36	3.70	3.93	4.11	4.26	4.38	4.48	4.58	5.15	5.83	6.31
∞	2.77	3.31	3.63	3.86	4.03	4.17	4.29	4.39	4.47	5.01	5.65	6.09

附表 7 多重比较中的 SSR 值表

$\alpha=0.01$	秩次距											
df	2	3	4	5	6	7	8	9	10	20	50	100
1	90.0	90.0	90.0	90.0	90.0	90.0	90.0	90.0	90.0	90.0	90.0	90.0
2	14.0	14.0	14.0	14.0	14.0	14.0	14.0	14.0	14.0	14.0	14.0	14.0
3	8.26	8.32	8.28	8.28	8.28	8.28	8.28	8.28	8.28	8.28	8.28	8.28
4	6.51	6.68	6.74	6.76	6.76	6.76	6.76	6.76	6.76	6.76	6.76	6.76
5	5.70	5.89	5.99	6.04	6.06	6.07	6.07	6.07	6.07	6.07	6.07	6.07
6	5.24	5.44	5.55	5.61	5.66	5.68	5.69	5.70	5.70	5.70	5.70	5.70
7	4.95	5.14	5.26	5.33	5.38	5.42	5.44	5.45	5.46	5.46	5.46	5.46
8	4.75	4.94	5.06	5.13	5.19	5.23	5.26	5.28	5.29	5.30	5.30	5.30
9	4.60	4.79	4.91	4.99	5.04	5.09	5.12	5.14	5.16	5.20	5.20	5.20
10	4.48	4.67	4.79	4.87	4.93	4.98	5.01	5.04	5.06	5.12	5.12	5.12
11	4.39	4.58	4.70	4.78	4.84	4.89	4.92	4.95	4.97	5.06	5.06	5.06
12	4.32	4.50	4.62	4.71	4.77	4.81	4.85	4.88	4.91	5.01	5.01	5.01
13	4.26	4.44	4.56	4.64	4.71	4.75	4.79	4.82	4.85	4.96	4.96	4.96
14	4.21	4.39	4.51	4.59	4.65	4.70	4.74	4.78	4.80	4.92	4.92	4.92
15	4.17	4.35	4.46	4.55	4.61	4.66	4.70	4.73	4.76	4.89	4.89	4.89
16	4.13	4.31	4.42	4.51	4.57	4.62	4.66	4.70	4.72	4.86	4.88	4.88
17	4.10	4.28	4.39	4.47	4.54	4.59	4.63	4.66	4.69	4.83	4.86	4.86
18	4.07	4.25	4.36	4.44	4.51	4.56	4.60	4.64	4.66	4.81	4.85	4.85
19	4.05	4.22	4.34	4.42	4.48	4.53	4.58	4.61	4.64	4.79	4.84	4.84
20	4.02	4.20	4.31	4.39	4.46	4.51	4.55	4.59	4.62	4.77	4.83	4.83
30	3.89	4.06	4.17	4.25	4.31	4.37	4.41	4.45	4.48	4.65	4.77	4.77
40	3.82	3.99	4.10	4.18	4.24	4.30	4.34	4.38	4.41	4.59	4.74	4.76
60	3.76	3.92	4.03	4.11	4.17	4.23	4.27	4.31	4.34	4.53	4.71	4.77
100	3.71	3.87	3.98	4.06	4.12	4.17	4.22	4.25	4.29	4.48	4.68	4.77
∞	3.64	3.80	3.90	3.98	4.04	4.09	4.13	4.17	4.21	4.41	4.64	4.78

$\alpha=0.05$	秩次距											
df	2	3	4	5	6	7	8	9	10	20	50	100
1	18.0	18.0	18.0	18.0	18.0	18.0	18.0	18.0	18.0	18.0	18.0	18.0
2	6.08	6.08	6.08	6.08	6.08	6.08	6.08	6.08	6.08	6.08	6.08	6.08
3	4.50	4.52	4.50	4.50	4.50	4.50	4.50	4.50	4.50	4.50	4.50	4.50
4	3.93	4.01	4.03	4.03	4.03	4.03	4.03	4.03	4.03	4.03	4.03	4.03
5	3.64	3.75	3.80	3.81	3.81	3.81	3.81	3.81	3.81	3.81	3.81	3.81
6	3.46	3.59	3.65	3.68	3.69	3.70	3.70	3.70	3.70	3.70	3.70	3.70
7	3.34	3.48	3.55	3.59	3.61	3.62	3.63	3.63	3.63	3.63	3.63	3.63
8	3.26	3.40	3.48	3.52	3.55	3.57	3.58	3.58	3.58	3.58	3.58	3.58
9	3.20	3.34	3.42	3.47	3.50	3.52	3.54	3.54	3.55	3.55	3.55	3.55
10	3.15	3.29	3.38	3.43	3.47	3.49	3.51	3.52	3.52	3.52	3.52	3.52
11	3.11	3.26	3.34	3.40	3.44	3.46	3.48	3.49	3.50	3.50	3.50	3.50
12	3.08	3.23	3.31	3.37	3.41	3.44	3.46	3.47	3.48	3.48	3.48	3.48
13	3.06	3.20	3.29	3.35	3.39	3.42	3.44	3.46	3.47	3.48	3.48	3.48
14	3.03	3.18	3.27	3.33	3.37	3.40	3.43	3.44	3.46	3.48	3.48	3.48
15	3.01	3.16	3.25	3.31	3.36	3.39	3.41	3.43	3.45	3.48	3.48	3.48
16	3.00	3.14	3.23	3.30	3.34	3.38	3.40	3.42	3.44	3.48	3.48	3.48
17	2.98	3.13	3.22	3.28	3.33	3.37	3.39	3.41	3.43	3.48	3.48	3.48
18	2.97	3.12	3.21	3.27	3.32	3.36	3.38	3.40	3.42	3.47	3.47	3.47
19	2.96	3.11	3.20	3.26	3.31	3.35	3.37	3.40	3.41	3.47	3.47	3.47
20	2.95	3.10	3.19	3.25	3.30	3.34	3.37	3.39	3.41	3.47	3.47	3.47
30	2.89	3.04	3.13	3.20	3.25	3.29	3.32	3.35	3.37	3.47	3.47	3.47
40	2.86	3.01	3.10	3.17	3.22	3.27	3.30	3.33	3.35	3.47	3.50	3.50
60	2.83	2.98	3.07	3.14	3.20	3.24	3.28	3.31	3.33	3.47	3.47	3.49
100	2.81	2.95	3.05	3.12	3.18	3.22	3.26	3.29	3.32	3.47	3.47	3.57
∞	2.77	2.92	3.02	3.09	3.15	3.19	3.23	3.27	3.29	3.47	3.47	3.73

附表8 相关系数临界值表

自由度(α_{n-2})	0.10	0.05	0.02	0.01	0.001
1	0.987 69	0.099 692	0.999 507	0.999 877	0.999 998 8
2	0.9	0.95	0.98	0.99	0.999
3	0.805 4	0.878 3	0.934 33	0.958 73	0.991 16
4	0.729 3	0.811 4	0.882 2	0.917 2	0.974 06
5	0.669 4	0.754 5	0.832 9	0.874 5	0.950 74
6	0.621 5	0.706 7	0.788 7	0.834 3	0.924 93
7	0.582 2	0.666 4	0.749 8	0.797 7	0.898 2
8	0.549 4	0.631 9	0.715 5	0.764 6	0.872 1
9	0.521 4	0.602 1	0.685 1	0.734 8	0.847 1
10	0.497 3	0.576	0.658 1	0.707 9	0.823 3
11	0.476 2	0.552 9	0.633 9	0.683 5	0.801
12	0.457 5	0.532 4	0.612	0.661 4	0.78
13	0.440 9	0.513 9	0.592 3	0.641 1	0.760 3
14	0.425 9	0.497 3	0.574 2	0.622 6	0.742
15	0.412 4	0.482 1	0.557 7	0.605 5	0.724 6
16	0.4	0.468 3	0.542 5	0.589 7	0.708 4
17	0.388 7	0.455 5	0.528 5	0.575 1	0.693 2
18	0.378 3	0.443 8	0.515 5	0.561 4	0.678 7
19	0.368 7	0.432 9	0.503 4	0.548 7	0.665 2
20	0.359 8	0.422 7	0.492 1	0.536 8	0.652 4
25	0.323 3	0.380 9	0.445 1	0.486 9	0.597 4
30	0.296	0.349 4	0.409 3	0.448 7	0.554 1
35	0.274 6	0.324 6	0.381	0.418 2	0.518 9
40	0.257 3	0.304 4	0.357 8	0.393 2	0.489 6
45	0.242 8	0.287 5	0.338 4	0.372 1	0.464 8
50	0.230 6	0.273 2	0.321 8	0.354 1	0.443 3
60	0.210 8	0.25	0.294 8	0.324 8	0.407 8
70	0.195 4	0.231 9	0.273 7	0.301 7	0.379 9
80	0.182 9	0.217 2	0.256 5	0.283	0.356 8
90	0.172 6	0.205	0.242 2	0.267 3	0.337 5
100	0.163 8	0.194 6	0.230 1	0.254	0.321 1

附表9 2015年我国农村居民人均主要食品消费量的原始数据   单位：kg/年

地区	谷物	植物食用油	蔬菜	猪肉	牛肉	羊肉	禽类	水产品	蛋类	奶类	干果	食糖
北京	95.9	9.4	91.0	15.3	1.5	2.6	4.2	5.6	11.7	13.9	52.1	1.0
天津	158.7	12.5	107.8	14.7	0.9	2.1	3.4	12.3	15.1	11.0	66.7	1.6
河北	137.6	9.6	82.4	11.3	0.4	0.8	2.9	3.4	11.1	7.5	45.3	1.0
山西	138.4	7.5	66.2	8.3	0.2	0.6	1.4	1.0	9.1	8.4	33.1	1.0
内蒙古	159.6	5.4	69.4	17.5	2.0	6.0	3.9	2.6	7.3	12.5	32.5	1.2
辽宁	139.8	10.2	120.1	16.9	0.5	0.5	2.7	6.0	9.2	4.8	32.9	0.9
吉林	130.7	10.3	89.8	15.6	0.6	0.3	3.7	4.9	8.5	4.6	34.4	1.0
黑龙江	132.7	13.4	66.4	11.8	0.5	0.4	3.5	4.9	6.5	4.5	37.6	1.4
上海	120.4	11.2	89.0	23.3	1.3	0.9	12.9	20.4	10.0	12.3	34.4	1.6
江苏	135.7	12.8	93.4	17.9	1.0	0.7	8.1	13.7	9.5	11.5	28.9	1.0
浙江	137.6	10.5	85.3	22.5	1.1	0.4	8.3	19.6	6.8	9.0	34.0	1.5
安徽	160.0	9.4	92.9	17.4	1.0	0.5	10.8	9.4	10.2	7.6	33.9	1.0
福建	148.4	7.6	87.4	25.8	0.8	0.4	12.2	20.1	7.3	6.9	28.8	1.8
江西	174.5	11.0	103.8	17.6	0.7	0.1	6.1	7.9	6.3	5.8	24.7	1.2
山东	133.9	8.4	76.7	10.7	0.2	0.5	5.2	6.4	14.1	11.6	45.6	0.8
河南	125.5	7.5	67.7	9.7	0.5	0.5	3.9	2.5	10.7	5.0	39.1	1.0
湖北	141.8	15.2	123.1	24.1	0.8	0.4	4.3	11.7	8.3	3.6	22.4	0.8
湖南	179.6	7.9	103.9	25.1	0.7	0.3	9.1	8.7	7.3	2.9	42.3	2.0
广东	153.8	8.3	101.7	31.7	0.8	0.2	20.0	18.7	6.2	2.6	23.3	1.9
广西	167.0	5.3	87.4	26.1	0.4	0.2	17.6	7.0	5.2	2.0	27.9	1.2
海南	110.0	4.7	74.7	21.9	0.8	0.3	16.3	21.5	3.8	1.3	14.3	1.0
重庆	181.8	12.0	134.7	33.6	0.4	0.3	6.4	7.1	10.3	7.6	28.3	3.4
四川	177.3	10.9	125.0	34.4	0.4	0.4	9.2	4.9	8.4	6.2	23.8	1.9
贵州	141.7	5.3	92.3	31.6	0.8	0.3	3.6	1.1	3.5	1.5	20.5	1.0
云南	140.5	4.0	89.7	27.6	0.7	0.5	6.8	2.3	4.4	2.0	16.8	1.0
西藏	304.8	9.2	13.4	5.7	29.4	6.4	0.0	0.0	1.9	23.1	2.0	3.5
陕西	141.3	10.6	64.9	9.4	0.2	0.6	1.4	0.8	6.2	6.5	24.6	0.7
甘肃	169.3	8.4	55.4	12.5	0.6	2.0	3.5	0.8	6.4	6.5	35.1	1.7
青海	130.8	9.9	53.3	10.1	4.1	7.0	2.7	0.7	2.5	10.5	17.0	1.5
宁夏	142.4	8.5	75.4	6.8	3.0	4.7	5.8	1.2	4.8	8.2	52.4	1.2
新疆	203.0	13.8	90.0	1.6	4.0	14.8	3.4	0.9	5.4	12.9	48.5	0.8

附表 10　2018 年我国农村居民人均主要食品消费量的原始数据　单位：kg/年

地区	谷物	植物食用油	蔬菜	猪肉	牛肉	羊肉	禽类	水产品	蛋类	奶类	干果	食糖
北京	81.7	7.1	106.3	16.3	3.3	2.7	5.8	8.9	14.6	26.0	74.7	1.0
天津	107.9	9.8	116.8	16.8	2.9	2.7	5.7	16.7	17.7	18.6	86.2	1.4
河北	119.6	7.3	95.5	15.8	1.5	1.4	4.9	5.9	13.7	14.4	66.8	1.0
山西	121.3	7.2	83.7	10.8	0.7	1.1	2.4	2.6	11.3	15.7	55.9	1.0
内蒙古	140.0	7.4	94.0	20.0	3.3	7.5	5.6	5.2	9.2	22.2	58.0	1.4
辽宁	113.3	10.1	107.7	19.0	2.6	1.3	5.1	13.7	12.1	14.9	61.8	1.2
吉林	119.0	10.6	92.3	18.9	2.3	0.7	4.9	8.0	10.1	10.0	53.9	1.3
黑龙江	126.5	12.8	95.8	18.5	2.0	1.1	5.3	9.0	10.9	10.4	64.3	1.8
上海	98.1	7.5	103.6	22.4	3.0	1.1	12.3	24.5	12.0	20.8	63.5	1.5
江苏	108.9	8.8	100.1	21.2	2.1	0.9	10.7	17.8	10.5	15.1	45.1	1.0
浙江	119.6	10.9	91.7	23.7	2.5	0.7	10.7	22.9	8.4	13.2	52.6	1.5
安徽	126.1	8.5	95.3	22.1	2.2	0.9	12.0	12.0	11.3	11.7	52.6	1.0
福建	115.9	7.9	90.8	29.1	1.9	0.7	11.5	23.9	8.6	11.7	47.2	1.7
江西	124.9	12.9	97.0	25.5	2.2	0.4	8.7	12.7	7.2	10.1	41.5	1.0
山东	107.1	7.5	92.8	15.9	1.2	1.0	6.0	12.1	16.0	16.4	74.2	0.9
河南	113.0	8.3	84.7	12.9	1.2	1.1	6.0	4.0	12.8	12.5	56.0	1.3
湖北	100.3	10.1	111.4	22.9	1.9	0.6	5.6	15.4	7.1	6.8	43.7	0.8
湖南	128.4	9.0	94.4	29.8	1.9	0.6	10.8	11.9	7.8	6.7	57.5	1.3
广东	101.1	8.6	100.6	34.0	2.2	0.7	21.1	22.0	7.4	8.6	39.4	1.6
广西	121.8	6.7	85.2	31.3	1.9	0.7	18.5	9.9	5.5	5.6	39.0	1.2
海南	89.8	7.4	90.7	29.2	2.1	1.0	18.8	27.0	4.8	4.7	28.4	1.0
重庆	121.2	11.7	132.0	38.8	1.3	0.6	10.0	9.9	9.8	12.6	43.7	2.8
四川	134.2	10.8	120.7	38.9	1.7	0.5	10.4	7.2	8.4	12.5	40.6	1.9
贵州	100.1	5.1	75.2	29.1	1.0	0.2	4.6	2.2	3.4	4.4	33.2	0.8
云南	108.6	5.4	83.8	27.5	2.0	0.4	6.7	3.5	4.3	5.1	29.6	1.0
西藏	201.7	9.9	42.7	6.7	17.9	4.5	1.5	0.5	3.6	14.3	6.0	4.3
陕西	118.9	10.4	83.5	11.8	1.0	1.1	2.9	2.8	7.8	13.8	46.6	1.0
甘肃	139.3	9.3	79.9	14.3	1.2	2.4	4.8	2.4	8.7	13.6	75.6	1.9
青海	107.8	8.9	52.3	9.8	9.4	6.6	2.9	1.7	3.7	17.6	24.8	1.4
宁夏	105.4	7.1	87.5	7.0	4.1	4.1	6.8	2.5	5.9	13.5	78.7	1.4
新疆	153.1	13.8	91.8	3.7	5.1	14.0	4.9	2.9	5.6	19.9	52.3	1.2

附表 11　2021 年我国农村居民人均主要食品消费量的原始数据　单位:kg/年

地区	谷物	植物食用油	蔬菜	猪肉	牛肉	羊肉	禽类	水产品	蛋类	奶类	干果	食糖
北京	121.7	9.0	114.3	22.5	2.5	3.7	7.1	8.0	17.8	17.4	71.5	1.2
天津	141.6	13.1	116.7	19.2	1.2	2.0	6.4	15.8	20.2	10.6	90.3	1.5
河北	171.5	9.7	115.7	18.9	0.7	1.1	7.4	6.7	19.3	12.3	80.3	1.7
山西	149.3	9.5	100.5	10.7	0.4	1.0	3.4	1.8	16.6	14.4	58.1	1.4
内蒙古	180.0	7.7	98.2	31.3	3.1	6.1	7.6	4.7	13.5	16.8	50.2	1.8
辽宁	177.6	11.4	124.6	27.2	1.8	0.7	5.8	9.2	15.2	7.9	54.5	1.3
吉林	156.4	13.1	104.6	23.6	1.4	0.5	7.4	8.0	13.6	6.4	55.7	1.9
黑龙江	199.3	20.1	127.3	26.9	1.5	1.2	10.4	9.2	17.0	6.7	73.7	2.8
上海	156.0	12.7	127.7	32.1	2.7	1.1	18.8	32.2	16.3	16.3	60.0	1.9
江苏	140.7	11.5	119.8	25.3	2.0	1.0	13.3	19.8	14.5	12.0	46.4	1.3
浙江	165.4	12.8	118.5	32.7	2.7	0.8	14.8	28.5	13.2	14.3	62.3	2.5
安徽	156.2	9.8	113.5	21.8	1.6	0.9	15.8	13.9	14.5	10.8	53.6	1.0
福建	161.9	10.1	104.3	29.8	1.3	0.6	18.7	24.2	11.7	9.5	42.5	2.4
江西	177.8	15.1	121.8	29.3	2.1	0.3	13.7	16.8	12.1	8.8	50.1	1.3
山东	144.2	9.3	93.9	20.4	0.7	0.8	9.7	9.0	22.3	13.3	77.1	0.9
河南	144.6	8.6	95.8	17.7	1.3	0.8	8.9	4.6	20.1	12.0	67.4	1.3
湖北	143.8	15.6	140.3	29.5	1.6	0.5	8.1	17.5	9.7	6.8	40.2	0.9
湖南	179.3	10.9	102.4	31.5	1.5	0.5	16.4	12.8	12.3	6.3	56.2	1.3
广东	142.3	11.8	106.2	33.4	2.2	0.5	30.6	24.8	8.1	8.0	36.2	1.3
广西	164.6	8.6	96.0	30.5	1.0	0.4	26.8	10.6	6.2	3.5	33.7	1.1
海南	129.3	9.1	103.7	27.8	1.9	0.7	31.3	32.0	5.3	2.9	23.9	0.7
重庆	179.9	13.2	148.6	40.3	0.9	0.4	14.2	12.3	15.5	10.6	42.2	3.1
四川	160.6	10.9	121.2	36.7	1.2	0.4	13.3	8.5	10.1	7.8	41.7	2.0
贵州	132.4	6.6	90.8	25.1	0.4	0.1	5.7	2.6	4.2	3.1	33.3	1.0
云南	142.9	5.0	89.5	34.2	0.9	0.4	10.4	4.0	4.0	3.6	31.2	1.3
西藏	168.1	2.7	39.9	3.9	18.2	6.9	0.4	0	1.1	4.7	6.2	3.9
陕西	159.2	13.8	94.8	13.2	0.5	1.0	3.1	1.5	9.9	10.6	40.9	2.0
甘肃	165.1	10.5	74.9	15.3	0.8	1.2	6.3	1.3	8.4	8.3	44.4	2.0
青海	134.1	9.0	57.1	12.8	10.0	6.1	3.0	0.7	3.9	11.4	21.8	1.9
宁夏	139.6	10.6	90.5	6.6	6.5	4.6	10.8	1.4	5.9	10.3	74.5	1.9
新疆	147.4	13.7	86.4	2.1	4.6	16.5	5.4	0.8	6.7	9.0	49.4	1.4

附表 12 2005 年我国各地区农村居民家庭人均生活消费现金支出 单位:元/年

地区	食品	衣着	居住	家庭设备及服务	交通和通信	文教娱乐用品及服务	医疗保健	其他商品及服务
北京	1 697.3	378.5	853.2	326.3	615.5	797.0	504.2	101.6
天津	1 092.2	256.6	614.3	117.1	327.6	328.9	179.2	40.3
河北	640.1	155.3	398.9	101.5	222.0	225.8	134.8	38.7
山西	596.8	202.3	193.6	68.9	160.3	279.5	102.9	32.5
内蒙古	645.7	147.2	293.9	84.4	293.3	309.4	176.4	41.7
辽宁	837.5	220.1	354.4	100.4	300.7	376.9	233.5	67.9
吉林	736.9	168.1	207.4	81.9	284.9	261.1	193.6	56.4
黑龙江	751.0	184.1	450.1	73.8	256.6	277.0	253.5	49.1
上海	2 497.4	366.4	1 319.7	458.1	747.5	936.5	561.7	204.0
江苏	1 155.6	191.1	498.0	166.9	363.8	478.9	198.6	85.0
浙江	1 835.3	318.5	886.4	260.4	618.3	723.0	415.6	121.2
安徽	638.9	117.2	310.2	103.6	196.7	256.8	133.7	40.5
福建	1 211.7	186.7	402.9	154.4	365.6	356.5	154.0	97.0
江西	727.5	124.4	282.0	96.3	229.6	276.9	154.7	55.3
山东	826.9	158.7	442.7	136.5	294.4	377.2	188.5	45.5
河南	533.7	131.9	272.5	82.6	159.7	177.7	123.4	38.6
湖北	611.1	121.8	278.6	109.4	223.2	271.9	135.4	62.2
湖南	873.1	127.7	289.4	114.3	219.0	329.3	168.2	57.5
广东	1 370.0	143.5	466.5	152.0	411.6	360.7	203.9	116.2
广西	750.5	79.5	326.7	95.5	214.1	226.4	123.4	44.4
海南	719.6	66.4	115.9	92.3	178.0	198.7	93.0	60.0
重庆	509.5	96.0	204.2	95.7	163.0	249.7	142.6	33.5
四川	623.6	116.0	208.1	98.2	171.5	225.2	144.5	36.0
贵州	375.4	79.6	224.2	61.7	99.2	160.9	71.8	22.8
云南	486.0	80.3	183.7	67.0	99.8	182.6	122.3	35.2
西藏	447.0	177.3	75.0	79.7	79.3	28.2	44.4	38.6
陕西	562.3	124.2	208.9	83.6	163.2	297.3	165.8	37.5
甘肃	347.3	92.1	228.9	73.8	155.0	257.9	114.0	26.6
青海	406.5	154.6	294.8	82.6	208.4	109.5	152.3	36.5
宁夏	484.1	143.0	338.4	77.2	178.5	177.9	198.8	50.5
新疆	476.1	166.9	324.0	67.2	183.0	159.3	169.3	36.4

附表 13　2010 年我国各地区农村居民家庭人均生活消费支出　　单位:元/年

地区	食品	衣着	居住	家庭设备及服务	交通和通信	文教娱乐用品及服务	医疗保健	其他商品及服务
北京	2 994.7	699.4	1 990.2	473.6	1 112.4	950.6	840.6	193.2
天津	2 060.8	365.9	888.3	233.0	467.5	462.3	360.5	98.5
河北	1 351.4	250.9	839.7	218.9	464.8	296.1	344.3	78.9
山西	1 372.5	315.8	614.7	173.6	357.7	420.2	328.9	80.4
内蒙古	1 675.0	317.7	752.0	177.9	598.6	374.2	468.0	97.4
辽宁	1 714.2	369.2	745.0	185.2	449.0	500.3	413.8	112.9
吉林	1 523.3	309.8	752.8	171.9	368.6	454.1	462.4	104.5
黑龙江	1 484.0	387.2	793.8	164.6	455.9	560.7	443.2	101.9
上海	3 806.8	554.1	2 070.3	528.0	1 459.5	997.7	584.5	209.7
江苏	2 491.5	350.0	1 170.9	327.7	785.5	908.1	362.3	146.9
浙江	3 055.6	551.5	2 044.3	410.6	1 146.0	839.2	709.3	172.3
安徽	1 633.0	232.2	867.5	231.2	339.0	363.9	264.4	82.1
福建	2 537.2	310.1	865.5	292.7	638.1	462.2	251.4	141.2
江西	1 812.7	174.6	782.7	205.3	331.8	285.2	243.8	75.5
山东	1 804.5	305.6	833.0	324.7	649.2	421.9	383.9	84.5
河南	1 371.2	261.5	765.2	254.5	401.4	250.5	287.8	90.1
湖北	1 763.1	217.6	816.4	262.3	331.4	288.1	295.2	116.7
湖南	2 087.9	209.9	719.2	243.9	343.8	315.9	293.6	96.2
广东	2 630.1	215.5	986.7	235.0	637.1	326.5	307.4	177.3
广西	1 675.4	110.5	692.5	192.8	310.3	182.6	229.0	62.3
海南	1 724.5	117.4	609.8	135.2	312.5	318.0	138.4	90.5
重庆	1 750.0	224.1	548.0	260.7	281.7	239.0	270.3	50.7
四川	1 881.2	226.6	625.3	239.5	360.7	218.6	276.1	69.6
贵州	1 319.4	137.5	621.8	135.6	229.7	186.2	178.1	44.2
云南	1 604.5	160.7	638.1	167.0	337.9	206.5	239.9	43.1
西藏	1 325.7	326.7	352.9	181.3	282.4	51.1	71.2	75.8
陕西	1 299.2	237.9	837.5	233.4	336.2	397.6	376.2	75.8
甘肃	1 315.3	184.2	551.6	146.9	256.7	238.0	203.1	46.1
青海	1 442.9	255.2	944.2	193.6	369.6	198.5	307.9	62.6
宁夏	1 541.8	302.6	776.4	188.1	444.0	241.1	417.9	101.2
新疆	1 394.4	303.7	695.2	137.7	382.1	170.2	314.7	59.9

附表 14　2015 年我国各地区农村居民家庭人均生活消费现金支出　单位:元/年

地区	食品	衣着	居住	家庭设备及服务	交通和通信	文教娱乐用品及服务	医疗保健	其他商品及服务
北京	4 372.1	996.1	4 636.0	992.9	2 140.0	1 144.9	1 336.0	193.2
天津	4 346.3	1 060.5	3 278.8	1 153.7	2 196.2	1 245.3	1 159.9	298.7
河北	2 578.1	625.3	2 014.2	527.5	1 298.5	870.4	920.5	188.4
山西	2 150.2	558.5	1 536.8	382.4	820.3	1 017.1	794.3	161.5
内蒙古	3 123.0	765.1	1 817.1	475.0	1 646.8	1 457.7	1 117.7	235.0
辽宁	2 498.8	598.6	1 666.4	396.5	1 351.2	1 122.0	1 064.5	174.8
吉林	2 550.8	594.6	1 698.3	353.5	1 203.6	1 117.7	1 058.1	206.8
黑龙江	2 306.7	639.9	1 554.5	357.5	1 162.2	1 097.9	1 112.8	159.8
上海	5 660.0	857.1	4 161.3	722.5	2 046.1	893.3	1 464.3	347.6
江苏	4 078.3	777.9	2 649.9	754.0	1 879.9	1 319.9	1 088.1	334.5
浙江	5 008.4	950.8	3 732.3	804.8	2 565.7	1 486.4	1 246.3	313.0
安徽	3 212.0	503.4	1 899.8	498.5	1 056.3	834.4	808.2	162.6
福建	4 493.8	610.6	2 907.6	620.6	1 248.6	1 003.9	826.9	248.9
江西	3 071.8	431.9	2 026.4	491.5	865.7	882.3	569.7	145.3
山东	2 661.6	540.0	1 626.6	553.5	1 393.0	912.1	919.2	141.8
河南	2 301.3	655.2	1 643.3	560.6	970.3	851.4	769.0	136.4
湖北	2 952.7	549.1	2 150.3	599.9	1 218.4	1 118.1	985.1	229.5
湖南	3 188.9	494.5	2 191.0	604.7	920.2	1 276.4	844.1	170.7
广东	4 511.3	367.1	2 494.8	654.6	1 160.4	952.4	723.1	239.1
广西	2 680.6	237.1	1 729.9	455.5	821.8	841.7	709.7	105.7
海南	3 506.3	281.7	1 470.0	404.6	836.0	904.1	634.5	173.0
重庆	3 571.1	530.2	1 481.8	651.7	888.2	923.5	745.9	145.4
四川	3 618.4	580.4	1 675.4	659.9	1 019.8	699.4	839.8	157.5
贵州	2 270.2	355.4	1 442.0	379.5	784.2	872.7	449.5	91.2
云南	2 486.7	304.9	1 228.6	383.1	987.0	782.3	577.6	79.9
西藏	2 912.0	506.9	701.9	290.2	718.5	179.3	136.4	134.5
陕西	2 199.5	496.3	1 785.5	491.2	793.2	1 036.6	958.2	140.2
甘肃	2 244.1	466.3	1 221.1	445.0	811.7	853.7	669.8	118.0
青海	2 564.2	626.9	1 461.7	444.6	1 278.1	806.6	1 190.9	193.6
宁夏	2 452.7	664.0	1 561.2	571.8	1 070.9	995.4	926.0	172.9
新疆	2 622.5	691.3	1 486.5	396.0	1 031.6	632.0	731.8	106.0

附表 15　2020 年我国各地区农村居民家庭人均生活消费现金支出　单位:元/年

地区	食品	衣着	居住	家庭设备及服务	交通和通信	文教娱乐用品及服务	医疗保健	其他商品及服务
北京	6 663.5	1 265.7	7 020.2	1 377.0	3 387.9	1 316.7	2 211.9	331.0
天津	6 385.0	1 073.1	3 677.6	1 144.7	2 719.5	1 386.3	2 427.2	472.0
河北	4 703.4	1 023.8	2 812.2	930.0	2 336.1	1 540.6	1 745.5	299.0
山西	3 525.1	807.2	2 554.2	590.8	1 322.5	1 120.5	1 254.6	235.0
内蒙古	4 721.2	854.4	2 827.6	704.2	2 605.8	1 709.7	1 950.7	317.9
辽宁	4 376.4	895.3	2 844.6	645.1	2 234.7	1 630.3	1 644.9	334.6
吉林	4 055.0	784.2	2 125.8	573.6	1 923.4	1 697.7	1 922.9	328.3
黑龙江	5 119.9	1 017.6	2 267.7	680.0	2 287.6	1 595.5	1 938.8	318.0
上海	10 153.4	1 489.5	5 075.1	1 529.3	4 773.7	1 298.3	2 216.4	669.0
江苏	6 781.3	1 195.2	4 618.0	1 376.6	3 141.3	1 815.0	1 781.9	420.7
浙江	7 872.9	1 265.3	7 166.1	1 370.3	3 346.0	2 203.6	1 751.8	439.2
安徽	5 769.3	1 053.7	3 465.3	1 003.1	1 899.1	1 978.5	1 672.1	322.2
福建	6 765.0	917.9	4 894.0	938.6	2 232.2	1 661.7	1 484.3	396.6
江西	5 221.8	691.4	3 915.0	814.6	1 699.4	1 776.9	1 347.4	196.5
山东	4 231.6	786.8	2 692.8	925.3	2 428.0	1 498.7	1 505.8	229.8
河南	4 142.7	1 059.1	2 876.3	874.7	1 619.6	1 711.2	1 542.1	247.4
湖北	5 630.5	958.5	3 328.7	927.0	2 685.8	2 032.3	1 836.5	247.7
湖南	5 254.1	767.9	3 764.4	965.5	1 921.0	2 212.1	1 827.5	238.2
广东	7 867.4	721.4	4 722.4	1 014.2	2 222.9	1 789.4	1 342.2	331.8
广西	4 715.5	459.7	2 814.4	784.4	2 002.9	1 820.6	1 392.5	175.3
海南	6 447.6	431.8	2 879.5	675.8	1 738.2	1 789.0	1 264.9	260.5
重庆	5 884.4	888.5	2 908.6	965.4	1 842.0	1 565.8	1 781.8	259.3
四川	5 969.5	835.2	2 990.8	1 074.7	2 135.2	1 272.6	1 877.3	288.8
贵州	3 934.3	675.5	2 709.2	737.0	1 833.1	1 498.7	940.8	228.4
云南	4 431.2	495.2	2 450.0	607.5	1 835.2	1 346.4	1 059.2	161.7
西藏	3 996.5	799.4	2 538.1	575.5	1 529.9	471.0	489.8	176.4
陕西	3 814.6	724.8	3 049.5	772.9	1 657.0	1 235.1	1 702.3	201.9
甘肃	3 467.1	674.1	2 180.4	630.9	1 401.9	1 292.7	1 362.2	197.0
青海	4 248.1	907.2	2 357.3	674.0	2 255.1	1 136.0	1 400.7	321.9
宁夏	3 941.9	733.0	2 583.7	760.9	2 344.5	1 302.1	1 603.2	266.5
新疆	3 911.7	830.6	2 532.8	715.5	1 657.6	1 316.8	1 210.6	645.8